稻米全書
The Rice Book

目錄

第一章

稻米風景

A Rice Landscape

人們對稻米的印象是什麼呢？在想起古代亞洲農民種植的稻米和現代超市貨架上擺放的稻米時，所產生的印象肯定是完全不同的，而且我確信，即使在同一個人的意識裡，也會對這兩種印象感到矛盾。在不同的背景下，稻米可能會被認為是第三世界人民賴以生存的食物，也可能會被當成是形容某種熟食的美食詞彙。稻米可能會致使人體發胖（含有澱粉），而且精白米的蛋白質含量很低（令人想起那些食用稻米而缺乏維生素，導致患腳氣病的兒童）；但它又是一種無害、純天然、不會引起任何過敏反應的健康食品，並且應該入選減肥食品才對。

稻米，就像其他主要農作物一樣，最早是野生的，後來人類才開始自己種植，並且此後人們不惜一切代價地想獲取它。亞洲人民在艱苦年代裡還吃不到稻米，但總能找到更易種植或者更便宜的食物拿來果腹。他們在種植農作物上遇到很多難題，因為他們所生產的其他主食類作物在味道、口感和滿意度上，都無法與稻米相媲美。

對經常在超市或小商店購物的人來說，關於稻米的一切：從種子培育、選種、種植、收穫、碾磨到進入市場的整個過程，都是很陌生的。任何運到市場上的稻米，都經過了無數人或機器多次的核對總和分級，才可以確保它的品質。除此之外，人們對擺在貨架上的稻米也不是十分地瞭解；像這樣的生活必需食品，被包裝成各式各樣的形狀而有多種不同的名稱時，難道不會影響人們的選擇嗎？

當然不是，一定會有影響的；如果你對於挑選稻米有更全面的知識和經驗，你就會做出更明智的判斷。然而，懂得選擇還不是最關鍵的問題；比如說你知道巴斯馬蒂米（Basmati）和得克斯馬蒂米（Texmati，這種品種沒有一點稻米的天然香味）之間是有差別的，但如果你你碰巧是在休士頓市購物時，你就只能選擇得克斯馬蒂米了。又你如果你是在倫敦郊區買呢，當地的小超市裡也就只有一種「美國長粒米」（long-grain rice）牌子的稻米可選購；另外，如果你在附近方圓幾公里內只能找到一種舊包裝、做布丁用的稻米，那你也只好購買了。當然，最後的結果仍然是這些米可以食用，有營養，也許還很美味。

大致上，在這本食譜書裡，會標示出原料最理想的稻米的品種。除了少數的幾個食譜外，你不必非得找到書中指定的品種，才來進行烹調，盡量找到類似的即可。

{第一節}
稻米的分類與貯存

多樣又營養的稻米

在這一節裡，我們來談談那些在超市或者雜貨店裡能找到的各種稻米。顯而易見，各個國家的稻米品種很不一樣，但在同個地區內，大致會以一、兩個品種的稻米爲主；比如在澳大利亞，人們喜歡選擇「太陽米」，而在美國，人們則喜歡選擇「本大叔的米」（Uncle Ben's Rice）。

稻米作爲農產品可以有多種分類方法，所以這一節基本上就是要談談稻米的分門別類。

從物質的外觀來分

稻米分爲：長粒米、中粒米、短粒米、巴特那米（編按：原產於印度的細長硬質米）、玫瑰米（編按：美國加州一級特香米）、珍珠米（編按：粳米的一種）、紅米、黑米等。

一般來說，長粒米和中粒米經常與開胃菜和主菜搭配，而短粒米在西方國家通常是用來做布丁的。像日本產的米多爲短粒黏米，適合用來做壽司；有些歐洲產的米也是短粒米，適合用來做類似肉菜飯這種風味的菜肴，但無論如何，這些描述也都是相對的。不同品種的穀粒的長度構成了很有規律的譜系，又因爲穀粒寬度也各不相同，因此專業的稻米分級，其依據也包括長寬的比率。最短的米看起來幾乎是球形的，而最長的米則像一個小飛艇。我們所見到的最短的短粒米就是價格昂貴、在市場上被稱爲「炸彈」的西班牙品種；最長的長粒米就是很多種類裡都有的巴斯馬蒂米。巴斯馬蒂米有一個特性就是在烹飪的過程中，長度會越變越長，而寬度卻不變。在義大利，稻米貿易是從 1931 年被規範起來的，根據長度，糙米可分爲：

comune 長度不超過 5.2 公分
semifino 長度爲 5.2 ～ 6.4 公分
fino，superfino 長度爲 6.4 公分以上

　　然而尺寸並不代表品質。所有的義大利稻米品質都是很好的，但在程度上卻還是有差別，像「superfino」就明顯優於「fino」。一位倫敦的義大利稻米進口商文森特（Vincent）告訴我，著名品牌阿皮羅米（Arborio）僅僅是因爲它的長度優勢就被定爲高價米，其實要說用來做義大利調味飯，它無論如何也比不上「Carnaroli」和「Vialone Nano」。

　　一些美國磨坊主仍然用巴特那米、玫瑰米和珍珠米來稱呼他們的產品，其實就是指長粒米、中粒米和短粒米。

　　另外一種分類方法是透過米粒的顏色來區分。米的顏色僅僅是指穀粒的外皮和研磨物的外層。紅米呈褐色，但是褐色的米卻又會是另外一種米了。大部分紅米都被當作劣質品，農民們認爲它們是寡收的品種，只有在少數地方才值得一種；譬如法國的一個濕潤地帶卡馬格（Camargue）地區，就特產紅米。那兒長期產稻米，但稻米產業卻是在近幾十年才發展起來的；自1980年起，這個地區的稻米產量已經翻了四番，而且「卡馬格」品牌的稻米已經開始出口。紅米需要的烹飪時間很長。

　　黑米，呈黑色或紫色，在西方國家的商店裡經常會被看作是遠東的產品。

從碾磨和加工方式來分

　　稻米分爲：白米、糙米（編按：日本人稱爲「玄米」）、營養強化米（編按：添加一種或多種營養素之米產品）米、蒸穀米（parboiled rice，編按：俗稱半熟米，稻穀經浸潤、蒸煮、乾燥等過程而得）、袋煮米、爆米花或膨化食品、碾軋米片、米粉（精米粉），還有速食米——預煮米（預先烹調好的或即熱）、冷食的半熟品、易熟品。

　　白米經碾磨，穀物外皮已完全脫落。米粒呈純白色，半透明，也有不透明呈混濁狀的，那是因爲其中帶有小氣泡。白米經常被描述爲「光亮的」，儘管這個詞經常是指用甘油或滑石粉甚至礦物油，使穀粒顯得平滑而有光澤，就好像給它們打了蠟，閃閃發光似的，但不管是滑石粉還是甘油，我們在一生當中可能吃進去的量都是極其少的；不過這種加工方法現在已經越來越少見了。加利福尼亞州或其他地區的磨坊主，有時會在稻米外包裝上標明「無滑石粉」。

　　糙米也叫整體米，在義大利叫「semigreggio」，它還有外皮，因此比白米更有營養。在西方國家出售的所有糙米都是長粒米或中粒米，它比白米的實際烹飪時間要長，吃起來很有嚼勁，有一種淡淡的堅果類果皮的香味。在出產稻米

的國家裡，糙米通常是買給小孩或病人吃的。而不管在哪兒，糙米總是會賣得貴一些，一是因為它的市場需求小；二是因為它的外皮還可以用來單賣。

糙米是很好的健康食品，但如果你的飲食均衡，就不需要食用它。正在減肥的人倒是需要吃它，因為它得咀嚼很久，經常會讓人很快就有飽腹感了，並且比平時吃得還要少。作為一種食物療法，它所產生的良性作用是很明顯的──尤其對於那些原本並不吃稻米的人。就我個人來說，我不想經常吃糙米，但有些人卻對它很上癮。

區別白米和糙米，還有一系列的半碾磨米，它們還保留有一點外皮，所以更像是白米；這種米在義大利叫做「semilavorato」。就烹飪方法來說，基本上與白米相同，但需要蒸煮的時間更長。

營養強化米富含維生素、蛋白質，因為它添加了植物天然缺乏的或在碾磨中丟失的營養成分，所以它的加工過程所需的成本較高。一般營養強化米總是包裹著一層薄薄的可溶性塑膠皮，然後混跡於未增補的米當中，比例通常是1：20。大多數在美國加工的稻米都富含鐵、煙酸（一種合成維生素B的成分）、維生素B1，有些州甚至禁止出售未經增補營養素的稻米。

蒸穀米是一種既古老又現代的方法製成的稻米，大概起源於2000多年前的印度（也有的學者認為是4000多年前）。今天在印度北部還有很多人採用這種加工工藝，很多中東人也一直堅持這樣做。我猜很多美國或歐洲人吃這種米的時候，並不知道是由這種加工工藝而來的，像美國最出名的稻米品牌「本大叔的米」就是這樣的。在北美，「本大叔」是用「速煮米」來註冊商標的。在英國，「本大叔的米」的價格起碼比普通稻米貴兩倍，因為要算上其包裝、配送、廣告還有關稅的費用，實在是價格不菲。東南亞的人們據我所知就不那麼喜歡這種稻米了，他們認為這種稻米失去了天然香味且不易咀嚼。蒸穀米通常是長粒米或中粒米。

關於蒸穀米的製作技術，各個國家都不相同，現代化工廠裡都有很成熟的工藝。它基本包括兩個階段：將已經打好的脫粒稻穀，不去外殼，先在水裡浸泡幾個小時，然後蒸十分鐘；脫水之後，再進入一般的碾磨過程。

這種工藝有兩個優勢：第一，外殼中的營養成分會粘著或進入胚乳的澱粉中，這樣碾磨的時候蛋白質和其他營養成分就不會流失得太多；第二，半熟稻穀變得易碎，所以碾磨起來更容易，節省了成本，也降低了損耗。

這種蒸穀米通常在買來的時候呈淡黃色，在烹飪過程中，淡黃色就會消

失。因為米質很硬，所以需要很長的時間才能做熟。

　　袋煮米如今也多半是半熟米。這裡袋子的作用，據我所知，就是防止粘鍋的，而這點用途看來似乎不值一提，但如果真的用了它，確實會減少米的浪費而且鍋子會更易清洗。

　　爆米花是用蘸過糖的短粒米，置於高壓下，然後穀粒中的水分都蒸發了，米粒迅速膨脹爆開。穀粒需要的加熱時間非常短，如果你在西式爆米花裡倒入奶油之後，長時間烘烤就會變糊。1991年，我曾遇見一位臺灣的食品科學家，當時他正在研究怎麼用微波爐來製作爆米花。澳大利亞人、美國人和北歐人還用它製成了美味而又健康的易攜帶食品──膨化餅乾。

　　碾軋米片是經過強力碾壓變平的半熟米。在美國和歐洲，它是用來做食品的加工原料，比如早餐麥片、點心、甜食等，只有在指定商店才賣這種米。亞洲人用它來做烹調配料，比如在做家禽填料食物時用來調味，或做甜食時用來調料。如果是做甜食，通常會把它染成淡綠色。

　　米粉（米粉、精米粉）可以拿來做那種黏糯的、有椰子味的蛋糕和甜點，這在亞洲的一些國家裡，通常是用來招待客人的茶點。有時也可以撒一點在調味汁裡，使汁更濃，還可以做奶油麵糊。但要是用它來做發酵麵包，就不適合了，因為它不含麩子，因此，不能保留住發酵時所產生的小氣泡；不過如果你要在家自己烤麵包，就不妨試用它代替1/4量的小麥粉（你會發現這樣就比平常需要更多的水）。這樣做出的麵包會有米的香味而且比較脆。

　　精米粉是品質更為精良的米粉，在英國，通常只在中國人或其他亞洲國家的人開的店裡才有賣。本書的一些食譜，比如「韌皮雅克（Rempeyek，編按：蛋花脆餅，一種馬來零食）」的製法中就指定要用這種米粉，因為它比普通米粉要好一些。

　　速食米和普通米比起來，營養成分、味道及口感上都差不多，顧名思義，還更易於烹飪，因此就更受人們的歡迎了；但儘管烹飪時間短是其唯一的優點，卻不應該比普通米貴那麼多。如果你平常都吃稻米，那麼你一定更願意買普通的白米或糙米；但無論如何，你還是會想嘗試在市場上出售的各種不同品種的米，而不是一直只吃一種米。

　　速食米是指預先煮過，脫水之後包裝起來的米。吃的時候只須加水加熱即可；加熱的目的只是為了速度更快，且熱食比冷食口感好得多。澳大利亞出售一種先泡在水裡，然後放入冰箱經過一夜就可以吃的即食米。

　　但如果是其他品牌的即食米，則最好不要嘗試以上的做法，因為不同的加工工藝，產品也是不同的，最好依產品包裝上的說明去做。如果你買了那種即食米，但並打算煮熟它的話，也應該用開水泡，然後再放進冰箱裡去，這樣可以防止桿狀細菌感染。這種細菌在4℃以下或60℃以上就不能存活，而如果是4～60℃之間，則會猖獗繁衍，人們食用了被它感染的食物就會腹瀉。

　　以上是關於冷食米、半熟米、即熟米的幾種製作方法，這幾種米基本上是相似的，只要根據包裝袋上的說明來烹調，就不會錯。

　　適合微波爐烹飪的米，製造商似乎以為標註上「微波」二字就能證明這種米很適合在微波爐裡烹飪，並且只需很短的時間；事實上，任何一種米都可以在微波爐裡烹飪，只是這樣做並無一點益處罷了。

從味道和口感來分

　　稻米分為：黏米或糯米、甜糯米。

　　沒有哪種米含有黏性劑或者蠟，「糯米」（glutinous rice，編按：glutinous原意為有黏性）這個詞真的是英語詞彙和科學界的敗筆，但我們日常生活當中卻依然離不開這個詞彙。

　　糯米的黏性主要來自澱粉。稻穀所含的澱粉分為兩類：一類是直鏈澱粉；

另一類是支鏈澱粉。黏米富含支鏈澱粉；每個澱粉顆粒都含有兩種類型的分子，每個分子又含有成千上萬個由葡萄糖組成的鏈。支鏈澱粉的分子有很多分支，因此相對緊湊，而直鏈澱粉的分子都是較長的單鏈，因此很容易互相結合在一起或與水分子相結合，這就是爲什麼它們能使湯汁更爲濃稠的原因。就這一效果而言，如果是支鏈澱粉就需要用很大的數量才能達到。稻米在烹飪的過程中，直鏈分子形成一長串的膠狀體圍住水分子，支鏈分子卻各自分離，變得柔軟、黏稠。

這種食品的化學作用在哈洛德‧馬基（Harold McGee）的《食物與廚藝》（*On Food and Cooking*）一書中，針對外行人士進行了很詳實的闡述。根據穀物的長度和黏度，建立了一個完整的譜系，從一點都不黏的米到非常黏的米，任何一種在這兩個極端之間的米的品種都被包括進去了。然而，所有品種的米，其中直鏈澱粉的成分都只占到17％～28％，支鏈分子總是占大多數，甚至最不具黏性的巴斯馬蒂米也一樣。

幾乎所有黏性很強的米都是短粒米。世界上大部分食用稻米的人都把不黏的米作爲主食，而用糯米做甜食，但仍有少數國家，例如寮國、柬埔寨、越南的山區裡一直保持吃糯米的習慣。大部分釀酒時用的米都是糯米，但全世界糯米的產量也只占米類的2％。

甜糯米是指日本的短粒糯米。

從用途來分

稻米分爲：布丁用的米、咖哩飯用的米。這沒什麼更多可講的，做布丁用的米是短粒米，而做咖哩飯用的是長粒米。

從產地來分

稻米分爲（大概看得出是產自何處）：巴斯馬蒂米、巴特那米、泰國香米（Thai Fragrant）、阿皮羅米。

這些不是品牌的名稱，也許使用品牌是有限制的（例如西班牙米的註冊商標是「denominacion de origen」，像酒名）。這些米經常有很多品名，很多義大利米就有各式各樣的名字，大概超過50種，所以義大利的購物者還眞是不好做出選擇呢。巴斯馬蒂米就經常在其包裝上標示了商業名稱，讓你根本不知道這到底是一種什麼樣的米。我的朋友吉格斯（J‧伊達‧辛格‧卡爾拉），居住在新

德里的美食作家與顧問，他告訴我們說，印度頂級巴斯馬蒂米的品牌是「拉爾克拉」（Lalkilah）和「紅色堡壘」（Red Fort），但最好的米絕對是出自旁遮普（Punjab）的一個小鎮拉姆伯森普拉（Rambirsingpura）。為什麼是那兒呢？沒有人知道；可能是土壤、水分甚至空氣等綜合因素造就的。巴斯馬蒂米生長在印度北部，主要在旁遮普與巴基斯坦交界的地方。其他印度北部產的著名稻米還有出口的德拉頓米（Dehra Dun）和巴特那米，都是適合做燴飯、咖哩飯和印尼茱飯的長粒非黏性米。

我們在英國最愛吃的是泰國香米，也稱為茉莉米。它是長粒米，烹飪時略帶黏性，氣味很香，冷卻或重新加熱後仍然很美味。

從品牌來進行分類

在超市裡，品牌是唯一能夠區分那些稻米的方式。一家新加坡稻米進口公司的市場總監說，他們和競爭對手都在出售同樣的六種稻米，提高市場占有份額的唯一競爭手段就是採取鋪天蓋地的廣告攻勢。這也無可厚非，新加坡不是盛產稻米的地方，如今更是和中國香港特別行政區一樣完全終止了稻米的種植；因此，我認為這裡沒有必要列出那些稻米的品牌了。

從稻穀的生長方式來分

稻米分為：有機米（編按：organice rice，依中央主管機關公告的有機米農產品相關規定所生產之稻米）、生物動力自然農耕米、野生米。

有機米指不用人工化肥、除草劑和農藥的方式生產出來的米；這種農業模式值得讚賞，但最後收穫的產品卻是價格相當高的普通米。

而運用生物動力自然耕種法生產的稻米就更少了，這方法是由魯道夫‧斯坦納（Rudolf Steiner）在1920年代制定的，當時被一些人懷疑為「巫術」。而採用這種方式的農民和園藝愛好者們卻在各種作物的耕種方面取得了令人矚目的成就。生物動力自然農法耕種出來的米是以「Biodyn」和「Demeter」的品牌在市場上進行銷售的。

野生米是一種草，非常接近水稻，但是只生長在北美某些湖泊的淺灘裡，過去常常是由當地的齊佩瓦族人（Chippewa）乘獨木舟去收割的，很獨特。現在或許也是，但大部分進入市場的野生米都是產自同一個區域的灌溉區。所以這種長長的、發光的黑色米並不是真正的稻米，也不是真正的野生米；可

是這種稻米外觀和口感都很好，舉例來說，「野生米、白米混合肉飯」就要用這種米。注意：野生米也需很長的烹飪時間。

貯存稻米的好方法

你要是在倫敦，能購買到的稻米都是那種在原產國碾磨和包裝袋上標著「新米」的稻米，尤其是來自加州的日本風味稻米。好吧，又有哪一種稻米在剛收割的時候不是新鮮的呢？它們到底能貯藏多久呢？

不同的人會給出不同的答案，但一般的調查資料顯示，稻穀（帶殼的米）至少能在一年內保持完好。一年後，它會慢慢變黃變脆，這樣的米若要自己吃還是不錯的，但不再適合在市場上出售，除非賣低價，也不太可能再拿去碾磨，然後出現在某地的超市裡。菲律賓呂宋島（Luzon）的邦都族人（Bontoc People）有一種傳統的貯藏方法，就是把稻米存放在茅草頂木質結構的穀倉裡，最多可以保存十年。現代邦都族人使用鐵皮頂的磚結構穀倉裡，稻米儲藏三年後就會變苦。

對磨坊主和貿易商來說，控制穀粒中的水分對稻米的貯存來說是關鍵因素。在稻米剛收割的時候，含水量相當高，大約在20％以上。脫水之後下降到14％，如果含水量超過15％，稻米在貯藏的過程中就很容易發霉。因此，假定稻米是儲存在一個乾燥的環境中，水分流失得很慢，那麼烹飪儲存了很久的稻米時就會需要更多的水來讓它吸收。而稻米一旦經過碾磨和精白，就至少能儲存三年，之後腐化的速度也會變慢，但是香米會因此逐漸失去香味。

熟米的儲存又是另外一個問題了。桿狀細菌在冰箱裡繁殖得很慢，在加熱的時候會被殺死；儘管這種細菌會被殺死，但它所產生的黴素卻不是無害的，這種黴素會導致食用者嘔吐和腹瀉。剛煮熟的稻米在冰箱裡保鮮至少可以長達24個小時。在電鍋裡保溫也是安全的，唯一的問題是在兩、三個小時之後，電鍋又會自動重新加熱，這樣會損壞稻米的質感。

〔第二節〕

稻米中的營養素

在澳大利亞和北美，稻米是作爲一種含維生素和纖維素的健康食品在出售，稻米中這兩種成分的含量比我們想像得還要多。它的特別之處還在於可以給人類的肌肉供給較爲持久的能量；相反的是，很多亞洲國家的人們卻轉而去吃麵包、肉類和乳製品，因爲覺得稻米會讓人增肥，而且他們想吃美國人吃的東西。我爲了寫好這一節的內容查了很多的相關資料，希望所書觀點盡量客觀和科學。稻米眞的對人體有好處嗎？有多好？

現今，食物的負面功效在逐漸升級；因此我們來看稻米，它不含任何「不好」的東西：膽固醇、植物蛋白、外源性糖。外源性糖會腐蝕牙齒。有很多人對植物蛋白過敏，因此不能吃麵包、義大利麵食或其他麥製品，卻很少聽說有人會對稻米過敏的。所以，我應該多談談稻米外殼頂部所含有的膽固醇。

從積極的角度來說，稻米含有非常少的脂肪和鹽分，卻含有較多以下提到的有益成分。

碳水化合物──提供穩定的能量

稻米給人體提供的最主要營養成分是澱粉。一顆穀粒，不管是糙米還是精白米，都含有80％的澱粉。食品作家最愛指出，碾磨和精白去除了富含食用纖維、維生素和礦物質的稻穀外殼及胚乳外層，但這並不妨礙白米成爲健康營養的食品，因爲這些不足會由人類飲食中的其他食物來彌補，即使是開發中國家的窮人，亦能由日常食物中彌補不足。目前，英國提出人類日常攝取的卡路里37％來自內源性糖、乳糖（不傷牙齒）及澱粉。澱粉對人體的能量需求十分重要，而且不會有人勸阻你不要食用澱粉，除非是有些人因爲食用澱粉太多而變胖。

稻米的熱量只能算中等：一杯120克或者4盎司的糙米含270卡路里，約等於1130千焦耳或三個中等馬鈴薯所含的熱量。這些能量主要來自於碳水化合物，也就是澱粉。

穀粒是植物的果實，也是種子從發芽直到植根於土壤中能一直依賴的能量儲存單位。植物生長正如其他的生物一樣需要能量，即糖分，準確點說是葡萄糖。一個澱粉顆粒是由葡萄糖分子鏈集合在一起組成聚合體或多糖分子；

把這些再分解成葡萄糖分子就是生物的基本化合作用了。

從我們分析的角度上來說，澱粉類植物含有三類澱粉；其中兩種是直鏈分子和支鏈分子，它們集中在外胚層，聚合成澱粉顆粒，稻米的烹飪和食用品質部分取決於它們的比例。直鏈分子與支鏈分子易吸收水分，然後呈糊狀，乾燥之後，每個澱粉顆粒就會包裹在一層纖維素內。纖維素是澱粉的第三種形態，它非常硬；僅有少數種類的動物靠內臟中的細菌才能直接消化掉它，牛或其他反芻類動物也可以消化，而人類就不行。所以，我們才必須透過烹煮澱粉類食物，來破壞其中的纖維素壁，釋放出澱粉分子。

我們攝入體內的澱粉通常會很快從胃轉移到小腸，在那兒再把多糖分解成葡萄糖分子，再透過腸壁輸送到血液中去，然後供給肌肉能量，並以肝糖（Glycogen）的形式儲存在體內。肝糖稱得上是肌肉的燃料；當它燃燒釋放能量時，肌肉就需要花費時間來重新建立存儲，從攝取稻米澱粉算起整個過程大概需要24～48個小時。換句話說，稻米是能提供穩定的中等時限的能量供給，而不是迅速補充體力的食品，這就是為什麼它被選用為維持運動員耐力的食品。

纖維素壁碎裂後還是太硬，不易被人體分解和吸收；它們作為食用纖維仍然發揮著自身的作用，那就是降低人體的消化功能。

維生素B群──糙米含量大於白米

稻米不含維生素A或C，但是富含維生素B群，糙米和白米在這點上有很大的差別，但這並不是說就應該選擇維生素豐富的糙米。人體可以從飲食的其他方面獲得充足的維生素。

不管在什麼情況下，一份均量的米（an average helping）都是指120克或4盎司的一杯熟米。請注意，人體日常需要的每種營養成分的比例都很接近，需要的量則依據性別、年齡、體重和體力決定。以我為例，就應根據一個四十歲的婦女，體重在55公斤或120磅左右，中等體力情況下的營養需求量進行計算。

硫胺（維生素B1）在把營養成分轉化為能量的過程中產生至關重要的作用。它主要分布在穀粒的外層，碾磨過程中外皮會剝落。人體缺乏維生素B1，會導致腹瀉，一份糙米含大約30%的人體日常所需的硫胺，而白米就只有2%或者更少。

核黃素（維生素B2）也跟營養成分的轉化有關，它的缺乏會影響到人類的皮膚和眼睛。一份白米含有人體日常所需核黃素的1%，糙米則為2.5%。

菸鹼酸（也叫尼克酸，維生素B3）對人體能量的釋放也有很重要的作用，它的缺乏會導致粗皮病。一份糙米能提供你日常所需煙酸的20%，而白米則為10%。

維生素B6更為人所知的名稱是比哆醇，對控制體內氨基酸有間接作用。嚴重缺乏維生素B6，會損害人體的中樞神經系統並使人體易於感染疾病；然而，很多食物當中都有維生素B6，人體很少會缺乏它。一份白米可以提供你日常所需維生素B6的6%。

葉酸（合成葉酸）是製造DNA和血紅蛋白的必需成分，和其他維生素一起作用有益於人體神經系統的運行。深色蔬菜是我們攝取葉酸的主要來源；如果嚴重缺乏葉酸，會引起貧血。一份糙米可供給你日常所需葉酸的8%，白米則為2.5%。

由以上可以看出，稻米是人體吸收維生素的有效來源。如有缺乏，可由我們飲食中其他富含維生素的食物來補充。有些加工米或米製品如早餐麥片，就添加了維生素或其他營養成分。具體細節在包裝袋上都有註明。

蛋白質——白米、糙米含量在伯仲之間

蛋白質和水是人體的主要構成成分；它們是由人體內20種氨基酸組成的複合化學產物，成人大概需要其中的8種，處於生長期的兒童需要10種以上，剩下幾種由人體自行合成。我們攝入體內的蛋白質還是要分解為氨基酸，用來構建骨頭、肌肉、血液、皮膚等等的營養物質。植物蛋白幾乎都是不完整的，缺少一些重要的氨基酸。素食者也能很健壯是因為所食用的蔬菜裡的蛋白質是互補的，能夠互相補充其中的不足。很多爪哇人（Javanese）買不起太多的肉食，日常就以稻米、黃豆為食，但他們攝取的蛋白質也都很充足。

米粒中的蛋白質分布在澱粉顆粒之間，所以白米和糙米含有幾乎相同比例的蛋白質：155克熟的白米含3.3克，而同量的糙米則含有3.9克。3.3克是男人日常所需蛋白質量的6%，婦女日常所需蛋白質量的7.3%。換種方式來說，一份熟米大概能供給一個成人日常所需蛋白質的9%。

礦物質──雖量少但有益

人體裡礦物質的出現，好像能喚起一種生命在地球上剛剛進化時的遙遠記憶；不管怎樣，它們能夠控制人體內水分和其他液體的平衡。稻米含有少量但有益的磷、鋅、硒、銅和碘等成分。

纖維素──糙米占優勢

營養學家經常把纖維稱爲NSP，那代表的是不含澱粉的多糖分子（多糖分子是一個長鏈糖分子，大多數多糖是澱粉）。糙米比精白米多兩倍的纖維素含量，這就是人們爲什麼會選擇它的原因。糙米在這一方面很有優勢，但一份155克的，甚至是熟的糙米，可以供給人體日常所需纖維量的7％，同樣一份白米就只有1.5％──主要是烹飪時產生的纖維素碎片。

值得一提的是，無論是白米還是糙米，烹飪過後都會含有RS（即抗性澱粉）。它是由澱粉顆粒組成的，這些澱粉顆粒在烹飪過程當中由於擠壓而緊緊結合在一起，成爲纖維。這些纖維是不易消化的，往往在人體結腸處集結成塊，然後被排泄出去。澳洲人宣稱煮熟的米是抗性澱粉最好的來源，富含直鏈分子──就是說中粒米或長粒米在烹飪時都維持了它的分子穩定性。熟的白米中80％的纖維據稱是抗性澱粉，那就是說比我們想像中的還要多。

每種稻米碾磨之後都會產生大量的糙米糠，也就是從碾磨機的滾筒裡剝落出來的外種皮。外殼占穀粒重量的5％左右，所以世界上糙米的年產量大約是4.8億噸，這裡面就包括0.24億噸的米糠。大部分稻殼都被碾磨脫落後，用來餵養動物，而人類再吃動物，這樣等於稻殼也沒有被浪費掉。但自從知道稻米外殼裡含有豐富維生素和某種優質油以後，人類自己也開始食用它，就不用再「麻煩」動物進行周轉了。

吃糙米就可以得到米糠的營養，有些國家甚至還可以買到加工過的米糠。未經加工的米糠有一個問題就是其中的油脂在碾磨後很快會變質。澳洲人透過稍微加熱穀殼擠出油脂來克服這個問題，使它看起來好像是顏色淺一點的即溶咖啡顆粒，加熱時會破壞導致油脂變質的酶。美國也有類似產品。

澳洲人稱他們的產品可以用來撒在早餐裡或加到菜裡。這種東西在吸收五倍於自身重量的水之後，就會有很好的稠化作用，如果你希望你的沙鍋菜、醬汁或湯更濃稠的話就撒一些。每天除了正常飲食之外，再食用兩湯匙米糠、兩杯糙米，就能攝取到充足的纖維素了。和小麥麩皮纖維一樣，米糠也

可用來促進排便，但米糠還有助於維持心臟的健康。

這是因為米糠和糙米都能降低人體內膽固醇的含量。膽固醇是一種人體需要合成荷爾蒙和細胞膜的脂肪類物質；它不溶於血液，只會隨著血液流動到需要它的地方，所以有一個載體，就是脂蛋白。脂蛋白有兩種主要類型，高密度脂蛋白（HDL）和低密度脂蛋白（LDL）。高密度脂蛋白在飲食書籍裡，經常被標註為「有益」的膽固醇，可被分解和排泄；低密度脂蛋白卻會停留在體內，附著在動脈血管壁上，可導致動脈硬化或心臟病。米糠不含膽固醇，還有助於增加高密度脂蛋白的比例。

米糠中含的油脂就是高密度脂蛋白，單分子的，多為不飽和物。據世界糧農組織（FAO）和美國健康教育保險事業部稱，米糠含有72％的不飽和脂肪酸和19％的飽和脂肪酸。沒有證據能證明米糠有可能減少心血管疾病的發生，但卻證明米糠有助於防止萎縮性心臟病的發生。

如果要提取稻米外殼中的油脂，會有較大困難而且成本很高；但是日本的某些地方卻在銷售這種油脂，遠東也有一些國家拿它來替代食用油。

{第三節}
世界上的稻米

所有關於稻米的資料都有一些可疑之處。它們的來源變換不定，觀點也各不相同；各地政府根據當時要討論的情況，隨意篡改資料；提供資料的人，則一味地進行維持和保護。不同的國家用不同的術語和不同的計算單位，但儘管這樣，發布出來的資料也還是有用的，只要我們把它當作近似資料來看待就可以了。

全世界稻穀的年產量大約是5.4億噸。稻穀（Paddy），是從馬來—印尼語padi演化而來的，指的是長在田裡、或者是已經被收割了，但脫粒或還沒脫殼的稻米，已經脫粒但是還沒脫殼的稻米在貿易中被稱為稻穀（rough rice，中文翻譯與paddy同）。它們可以直接拿來碾磨或者蒸至半熟再磨；在碾磨過程中，外殼先脫落，露出種皮。

然後就成為糙米（brown rice or whole rice），一般出口時，都是加工到此程序故又稱「出口米」（cargo rice），多用來出口。碾磨繼續把種皮也剝落後，就變

Major Rice-Growing Areas of the World

✱ 1,000,000 tonnes per annum
● Less than 1,000,000 tonnes per annum

成白米了，最後再把米糠磨光。進入市場銷售的都是精白米或精米，儘管包裝袋上標的是「白米」或只是「米」。

碾磨是一個相當「粗暴」的過程，至少對穀粒來說是這樣的。在小磨坊裡，稻殼和種皮從磨盤上被剝離出來只需一個步驟，而在現代化大型碾磨廠裡，則會透過一系列的機器操作，碾磨、滾軋、塑形。操作技工必須確保，讓盡可能多的穀粒透過這些過程後還能保持完整並成為精米。有些米會完全被碾碎，相比之下，這些碎米的價格會低很多，其中稍微大點的碎米會被摻回到精米裡去，剩下的則被賣給釀酒的商人。

在碾磨過程中，一顆穀粒脫殼和脫皮之後會比原來輕 1/3，所以世界年產稻穀 5.4 億噸，卻只有約 3.8 億噸可食用的米。三千噸的米糠會主要用來飼養動物，1.2 億噸左右的稻殼沒有用處，又不捨得扔掉，但實在難以為其找到理想的用途。

大多數這類穀物還是由人工耕種和收割的。機器變得越來越重要，但很難說機械化在稻米耕種收割中占了多大的比例。

有一個極端機械化的例子，在路易斯安那州（Louisiana）或新南威爾士（New South Wales），地是由平土機整平的，種子是由飛機低空撒種的，灌溉和施肥則由電腦來執行控制。大型聯合收割機會按合同約定的日期來收割和打穀，然後直接裝入大卡車運送到碾磨廠。用這種方式，一個人或一個家庭，只要工作努力就完全能經營 300 公頃的土地，一季收穫 2500 ～ 3500 噸的稻穀。

而另外一個例子是在印度或菲律賓，一個勞動力擁有 0.5 公頃或者更少的土地，一年收穫三季或者兩季，甚至一季，每季約有兩、三噸左右的稻穀，人們就已經很滿意，因為這就能夠自足了，如有剩餘就拿到市場上出售。他們所使用的機器通常是很簡單的。在泰國或韓國的典型農場裡，你會發現農民自己擁有固定份額的土地然後再租用一些土地，自己擁有小型機器或者也採取租用，進行耕地、撒種和收割。但在一些稻米產區，例如馬來西亞，生產方式正在由小農經濟發展為資本集中的商業化模式，這不可避免，從長遠角度來說也是有益的；然而這種轉變所帶來的痛苦也需要由一兩代人來承受。

稻米從一種維持生計的農作物轉變成一種經濟作物，從小農經濟轉變到服從於市場規律，從傳統模式轉變到農業綜合企業的管理模式；如果用聳立的資料直條圖來表示的話，我們可以看出這是一種巨大的變化。另一種變化是人們的口味發生了改變，在以稻米為主食的國家裡，人們比過去富裕，人均

消費稻米的數量卻減少了；而在稻米進口國或稻米是第二作物的國家裡，人均稻米消費量卻更多了。第三種不可思議的變化——很難用直條圖來描述，是在世界稻米貿易中，國際市場發生了變化，湧現出一些規模較大的進出口商。

國際稻作研究所的最新資料顯示，每年有超過三千噸的精米在各個國家間用作貿易，約占世界總產量的6%，這個資料至少應該是公平的（小麥的貿易數量占總產量的50%）。稻米產量的一半以上大都是在產地附近50公里以內的地方被消費掉的。稻米出口大國是泰國，每年490萬噸，其次是美國，每年270萬噸；因此，在世界生產聯盟裡，泰國排名第7，美國排名第11。世界最大的進口國是歐盟，在進口量裡排名第6（這是精米的資料；因為歐盟的關稅問題，他們鼓勵亞洲把米運到歐洲碾磨）。中國過去常透過買賣稻米來提高自身的貿易差額，儘管那時還只是自足的水準，但仍然在出口國裡排名第4。

僅次於歐盟的是巴西和馬來西亞、象牙海岸、古巴、塞內加爾。馬來西亞進口稻米是一種政策，因為利用別國資源比在本國種植更為有利。巴西的種植量和日本的差不多，預計巴西在2020年的稻米需求量會比1989年增加兩倍，而日本卻會比同期降低20%。依賴稻米進口的還有柬埔寨，每年進口量占所需量的6%，緬甸則是稻米的中等出口國。

這些資料看上半個小時以後，就會讓人頭暈，甚至會做出黯淡的前景預測。1989年全世界有1800萬噸的糙米盈餘，這是1960年代綠色革命的成果。但預計到2020年，稻米需求量會從4.5億噸增長為超過7.8億噸，在31年間需求量增長60%；屆時，可用的稻田只會比現在更少，因為土地都被徵用為工廠、機場或種植那些侵蝕破壞土壤的作物，土壤惡化就是砍伐熱帶雨林的代價。

我們賴以生存的植物又會變成什麼樣子呢？

{第四節}

生生不息的水稻植物

　　稻米是草本穀物，與小麥、燕麥、大麥及其他草本穀物相關，追溯它們的世系要從1300多萬年前的古代岡瓦納大陸演變時說起。在植物學術語裡，它是禾本科稻屬的種類，共有大約25種類別：其中之一就是非洲栽培稻，在很長的一段時間內都是西非人的主食（儘管已經被亞洲栽培稻所替代）。

　　非常貧窮的地方會採集野生品種來食用，它們的種子還被小心地保存在基因庫當中，因為它們可能含有某種有價值的遺傳基因，其實對種植具有潛在的危害性。因為它們有從祖先那裡繼承來的不良習性，農民世世代代都在培育改良品種：一旦成熟就會粉碎或者倒在田地裡。野生稻就好像那些野生植物一樣潛藏在田地邊，美國農民都把它們稱作「志願」稻米，栽培稻開花時，它們就散發出花粉來進行授粉。結果是，農民需仔細選種才能避免不良的野生血統。

　　栽培稻是一個單獨的品種，但是它的亞種和分類卻幾乎是無窮盡的。1914年，頂尖的植物學家們曾在瓦倫西亞（Valencia）試圖討論出它的分類，但是他們的繼任者到今天還在爭論，而無法總結出定論，甚至連主要的再分類都是模糊的。很多書都說亞洲栽培稻可分為兩大組：印度稻和日本稻；這是1928年由一位日本科學家定義和命名的，但中國人幾個世紀以來卻叫它們秈（編按：台灣俗稱的「在來米」）和稉（編按：台灣俗稱的「蓬萊米」）。印度稻是長粒非黏性米；日本稻是短粒米，帶不同程度的黏性。這些區別反映了它們產地來源的不同：印度稻產自印度；日本稻雖不是產自日本，但無論如何是產自遠東。

　　這種分類顯然不包括東南亞的長粒高黏性米，所以現在就有第三種分類，稱為爪哇稻，因為它可能產自爪哇。

　　稻米顯然與其他穀類作物有很多共同之處。我們來看它的不同之處，也是很有趣的。它的稻穗很長，分叉多，富有彈性，所以稻穀成熟時，莖都會彎下來，頭垂著，好像在展示自己的累累碩果。稻米穀粒與小麥不同，但是類似大麥和燕麥，都被硬殼保護著，只有強加的外力才能將其破開。稻米較其他穀類更需要高溫和長時間的日照，才能獲得營養。它本來不是一種熱帶植物，但人類花了幾千年的時間進行培育，使稻米也能在赤道的較熱條件下生長。

　　稻米的一個明顯特徵就是需要大量的水，但它並不是一種水生植物，它的

頭不能被水沒過，根透過呼吸來吸收氧氣，由微小的細管傳送到莖稈，釋放出二氧化碳和甲烷。水稻可以整個浸在水裡好幾天，種子則更久一些。

不同種類的稻米可以適應多種不同的環境條件，這並不廣為人知，但卻很值得注意。旱稻能在林地或荒山地區生長，只是需要大量的雨水；淺水稻或深水稻性喜水，適合在河口附近生長，每天能長高10～15公分，以便跟上水面線的增長。有些稻還偏好鹽鹼地，雖然大部分稻都不適宜；有些稻很耐寒，像喜馬拉雅山3000公尺高處的寒冷都能忍受，還能適應捷克或俄羅斯不穩定的夏季氣候；有些稻不受日照時間的限制；而有些稻則需精確計算日照時間，以便能判定開花的準確時間，以防在夏季結束之前還未成熟。傳統水稻成熟期在140～240天左右，現代水稻則是90天左右，這樣一年可以種兩季到四季稻。

灌溉水稻有另外一個顯著的特徵，就是可以年復一年地在同一片田裡種植，有些稻田甚至可以連續使用2000年以上，並且能保證收成。有些稻可以不斷地成熟，並且根部就用作肥料了。當然啦，如果不施用某些肥料，水稻產量是會迅速降低的，降到一個相當低的水準時，才開始逐漸增長。現代水稻裡最高產的品種，儘管施用化肥能創造豐收奇蹟，但如果不施用，照樣可以達到相當高的產量。

水稻田的一畝生命之水

為什麼水稻田裡全是水？一位義大利作家稱水為保溫毯，可以為莊稼隔絕外部的冷熱；其他人則說水的主要作用是淹沒雜草。這些作用純屬巧合，並不能解釋水稻為什麼進化為非水生的喜水類植物。從種到收，一個典型的水稻田需要有1～2公尺深，每天保持5～50公分的水。平均每1000克的水稻需要1000～3000升的水來灌溉。

水可以為稻株供給養分，但水稻並非單純依賴水而生存。過去的水稻田，像一個水族館，是一個保持自然平衡的複雜生態系統，僅僅是些細菌或微生物一直浮游其中，因為水田至多持續幾週或幾個月的時間，那些鴨子、青蛙、魚、甲殼類水生動物或其他生物，都只是期間的過客。

幾個世紀以前，農民們就知道灌溉水稻比旱稻合適，一經選擇，水稻就很難再變回去了。他們從那時起就懂得水稻的特性，所以成功地栽培了水稻。水稻可以在靜止的水甚至死水中生長，但明智的農民往往會不時地換水，有

些地區稻田間的水會從高地流向低地。有一個諺語說：最公平的水資源管理者，他的田地一定在最低處。

最好的水來自於江河，只要溫度不是太低，它會攜帶著黏土顆粒、有機物、青蛙卵和蝌蚪，有時還會有魚出現，捕來可以為農家佐餐。死水是最糟糕的，如果水在一塊田裡停留的時間太久，不僅會使水田溫度增高而損害葉子及沒有長大的幼苗，還易滋生毒蚊子。南加州的沼澤地就以此臭名昭彰，而西班牙和義大利很多年來都禁止稻田靠近城市。

收割前後，米香進行式

當稻種開始有生長能力並消耗掉胚乳中最後一點澱粉之後，它就生長出葉子和分蘗——莖稈（開花，結果）。分蘗從主莖長出，然後接二連三地分出幼芽。過去二、三十年的趨勢是培育大量的幼芽，讓它長成一棵濃密的、穀粒很重的植株，但這種形式已漸漸跟不上時代了，我們將看到的是一些更瘦弱低等的植株，一棵棵挨得很緊密，好使畝產量更高一些。從主莖和分蘗上長出的細嫩綠葉，會緊緊護住靠近莖稈的部位，然後自由地呼吸。在主莖的頂端，植株以一面「綠色尖旗」封頂，是「旗子」般的葉子。在各個從高到低的莖稈上，都有類似的「旗子」尖尖地豎立著。根的形狀像頭髮一樣，在土壤表面會形成一簇，從水中吸取額外的氧氣。

在播完種兩個月以後，莖頂開始長出散穗花序；這時，稻田是一片綠色的海洋，植株高約50～60公分，冠層下是一個封閉的環境，從而形成了自身的生態氣候，空氣聚在葉子下，還有水中散發的熱量，在9℃～10℃以上的清晨，稻田裡能達到16～18℃的水面溫度。這樣的熱空氣覆蓋，能幫助植株在開花的關鍵時期度過寒冷的夜晚，沒有熱空氣的保護，開出的小花就會直接接觸到外部的溫度，要麼太熱，要麼太冷，都會導致發育不良。

散穗花序不斷分出小穗，每個小穗上又孕育著一個花蕾，當溫度和濕度完全適合的時候，通常是7～9點，綠色的小花就會突然開放，但不是一次盛開。一個散穗花序有70個左右的花蕾，要一個星期左右的時間才能全開，頂部的最先開，靠近主幹的要等很長的時間或者根本就開不了。在一天最熱的時段裡，每朵花能開10分鐘到2個小時的光景。這個時候，如果你正好處於稻田的下風處，就會聞到一股微妙的甜香味兒，你有必要藉此先鍛練一下自己察覺這類味道的能力——在廚房裡煮米飯的時候，你會聞到類似香味兒。我

想這種味道一定會讓首位成功的稻農想起稻米的雌性靈魂。當這種香味撲鼻而來的時候，他們就確定地知道這就是他想要的莊稼，這似乎是緣於命運之神的偶然安排。

只要稻花一開，它的雄蕊就暴露在陽光下，花粉開始變乾脫落或者被吹散。至少有一兩粒幸運的花粉會落到正在底下等待的柱頭上，或者落在旁邊花朵的柱頭上，不久，這些花就會合上，它的子房開始從葉子和莖稈收集澱粉，向種子發展。曾經是稻花的綠色花瓣，形狀像碗的外稃和內稃開始變成纖維狀，用壓力鎖住澱粉粒子；剛開始還是柔軟蒼白的澱粉性胚乳就會漸漸乾燥變硬。如果天氣反常地炎熱，穀粒不能完全飽滿，帶有小氣泡，就會成為被碾米廠稱為「堊白粒」的稻米。在澱粉周圍，稻殼的內皮形成了，當種子發育時，會以附近的澱粉顆粒，和它們中間的蛋白質及稻殼裡的維生素和礦物質為營養。

臨近收穫的時候，植株會變乾，並從綠色變成茶色，只要稻穀含水量還很高就到了收割的最佳時機，聯合收割機往往在此之前就會來進行收割。當然這樣做，結果也沒什麼不同。外稃和內稃在穀粒成熟的時候就會變硬和老化，從而形成稻殼。從外稃的頂端長出的一個小穗，那就是芒刺。有時因為它太短小而不容易被看見，但有些稻米品種，就帶有像鬍子一樣的、長長

的、黃色的芒刺，類似大麥。

收割後的稻田讓人不那麼想看。稻茬又不像麥茬那樣金黃而整齊，稻田已
乾涸，一堆堆快腐爛的稻草覆蓋在乾泥巴的上面。收割過的稻田如果稻茬留
得長而且足夠乾燥的話，就可以用火燒，那樣，天空中就會翻騰著如巨浪般
的黑雲，每年的8月末，英國的鄉村就是這麼做的。世界上有些地方，會把
稻茬留在田裡，直到下一季重新發芽，這樣就可以收穫第二季稻；有時還到
第三季，甚至第四季，這種做法只需額外稍稍地投入一點氮氣。這些叫做雜
交水稻，每季產量都會相應減少，但是每一次水稻都不同於前一次的，甚至
美國就採用這種雜交法；現代的快速種植品種就鼓勵這樣的方法。在美國路
易斯安那州南部，農民通常在夏天天氣很好，主要作物也已經在4月上旬播
完種，7月中間就收割完的情況下，選用這種雜交稻的方法。反之，在300公
里外的北部，因為生長季節不夠長，所以不能用這種方法，稻田就只能留給
小龍蝦們了，它們在一年大部分的時間裡都生活在地下。然而，每年1月，
稻田就要重新灌水，小龍蝦不得不遊弋其中，最終被逮，然後成為阿卡迪亞
人（Cajun）餐桌上的美味。

當然，還有其他的方式，那就是把稻田全部犁整一遍。

{第五節}
穀物與聖潔的穀倉

收穫季節就這樣過去了，收割完的稻穀堆積在一起。現在就等著脫粒、曬
乾和碾磨了，在這個過程中，它們就可能被買賣轉手好幾次，或許還會漂洋
過海，但也有可能還在種植戶的倉庫裡。

稻穀或其他類似作物常用的舊式脫粒方法是——抓住莖稈，舉過頭頂然後使
勁地摔打。在巴里島，男人打完穀後，會由妻子用一個竹篩來篩穀。她們站
在風口處，優雅地把竹篩舉過頭頂，來回晃動使穀粒落下，而稻稈則會被風
吹走。

農民將自己要吃的稻穀存進自家的倉庫裡；穀倉是一個極具誘惑性的研究
課題。它們被當作聖潔的地方，稻米的靈魂就住在那兒，直到下一次播種收
穫……所以穀倉必須是一個適合這類超自然物生息的居所。它們經常有著

精美的雕刻和裝飾，比如倫敦在很多年前爲人類博物館建造的塔拉亞穀倉（Toraja）。穀倉還能代表主人的階級地位，在印尼南部靠近巴里島的龍目島，就用了三種傳統類型的穀倉分別代表著主人間不同的身分。此外，還有非常嚴格的規則來規定誰可以進入穀倉及以什麼方式取米。舉例來說，在印尼，只有婦女才可以進入穀倉，而且一天只能進去一次。如果家裡恰有客人到訪，那麼女主人會用梯子爬進穀倉，好讓裡面的稻米靈魂察覺不到有人在一天內兩次入侵這塊神聖的領地。

稻穀只以一、兩種形式被送去碾磨，而秸稈卻用處很多：做動物飼料、肥料、加工草菇、製磚、造糙紙，或在某些地方還用來編草鞋和草繩。稻穀碾磨有兩個過程：首先脫殼，然後去皮。以前是人工用重木槌和石磨來碾穀；美國部分地區直到19世紀中葉還在使用這種手工方式，亞洲國家的一些偏遠地區現在也仍沿用。手工碾磨的稻米在當地可以賣個好價錢，因爲這種米會略帶一點外皮，提高了它的營養價值，味道也更好。

但手工碾磨只能作爲一時的風尚或用來吸引遊客。在印尼婆羅洲（Borneo）的加里曼丹（Kalimantan），我們參觀了一個區，是由爪哇農民最近移民過來組成的。他們就在一個木棚裡安裝了一台體積不大、雜訊卻很多的碾磨機。機器由柴油發動機驅動，每小時可磨10公斤稻穀，其中1公斤拿來做碾磨的費

用。在亞洲，千餘家像這樣的小磨坊就能滿足當地農民的需求，他們明顯不是商業模式，但足以充足供應小社區範圍內的需求。

　　商業磨坊根據不同的經營者而有所差別；有些磨坊在靠近生產區的地方，有些則靠近零售市場。亞洲和美國經常把糙米出口到歐洲，因爲糙米的歐盟關稅比精米的低很多——這也是爲什麼英國碾磨的泰國香米或加州玫瑰米（Calrose），在本國售價很高的原因。英國有很多碾米廠，像利物浦（Liverpool）的約瑟夫・希普（Joseph Heap）和埃塞克斯（Essex）的蒂爾達（Tilda），但如今歐洲最大的碾米廠是在荷蘭。它們在整體規模、先進技術和占有市場份額方面的優勢，都是同時代歐盟其他任何國家的新工廠無法與之競爭的。

　　現代化大規模碾磨需要高技能，它不但需要很多書本知識，而且還需要很多實際操作經驗。在現代碾米廠裡，碾磨機是由一個帶著許多燈和開關的大型控制台來控制的，而這些燈和開關絕不能弄錯位置。我們參觀過西班牙的一個碾米廠，它看起來好像什麼情況都能應付得了——儘管在那些一排排閃爍的燈上面，有的地方已經用透明膠帶黏成了十字。

　　可以說，不論是磨坊主還是他的客戶，目標都是產出標準化的產品，然而成堆運來的原材料，其大小、品質、濕度卻都是無法估量的。當磨坊主取樣逐一進行測試的時候，他必須依靠肉眼和長期積累的經驗來做出決定；他或者會抓一些穀粒放在手上或者用嘴咬一下，或者和一些磨粒一起推入一個藍色標準監控台上（藍色是爲了突顯變化）。機器的精確裝置尤其重要；如果機器判斷產生了誤差，那就意味著這樣的稻穀會碾出很多碎米，碎米當然要比精米的價格低得多。一位阿姆利特薩（Amritsar）的磨坊主告訴我說，優質的巴斯馬蒂米，百分之百是整粒米，1公斤可售30～36盧比，而碎米就只值5盧比了。

{第六節}
農夫、商人及科學家

　　農人首先要決定選擇何種種子播種，但選擇耕作物的自由可能會受限於實際狀況和官方決策。就我印象所及，我沒見過任何農人曾以人權或其他理由隨性選擇自己想栽種的作物。我曾聽說巴里島並不鼓勵農人種植當地人喜愛

的傳統稻種，因為其結穗量低的緣故，所以當地農人便在隱匿山間的小塊田地裡私下種植。農人當然會受迫於商業壓力而種植標準作物，特別是這些農作物若是要銷往海外的話。

另一方面，如果鄰近地區每個農戶皆種植相同的農作物，那麼所有的農作便有同時遭受病蟲害或同時碰上氣候異常的風險。有位馬來西亞的政府官員曾告訴我，他所屬的機構會發布一份經過認可的農作物清單，並向農民宣導，相互比鄰的田地應該要栽種不同的農作物；儘管有認可的農作物清單，但如果農民想要的話，官方仍防止不了農戶全部栽種同種作物的情形。因為，就這些新種的神奇稻種來說，現在的農民不會完全相信自己的判斷；只要當季盛行的，不管是什麼東西，農人和鄰戶都會一窩蜂地種植相同的作物。

單一栽培會遇到的另一個狀況是，除非有細心謹慎的機構能將農戶彼此間的栽種期交錯安排，否則所有的農人屆時都會在同一時間收成，所有鄰近的農工（或所有的農機農具）會應付不來。在盛產稻米的馬來西亞西部，各家的栽種排程會公佈在各村落的佈告欄上，如果有農人沒注意排程、破壞了眾人的收割順序，那麼他會發現自己的免費供水或肥料津貼會被取消。

美籍研究學者路西安‧漢克（Lucien Hanks）曾寫過一本標題宏大的絕佳好書《稻米與人類》（*Rice and Man*），這本書事實上是他在某個約在曼谷市郊二十公里外的一處稻米耕農小村落的詳細研究（我懷疑這座小村子如今已被吸納進曼谷城的範圍內）。他在書中詳述該地如何在不到一百二十年的時間裡，從旱地種稻開始、接著轉為水耕，以期每年可收成兩次；而在第一次世界大戰之後，村裡多數農地又因鼓勵稻米減產而回復到旱耕系統、每年收成一次的演變。換言之，如果農人耕種是為了市場所需，那麼他們會按市場的需求調整、變通。

在和漢克相距約莫二十年後，我造訪了與他當年觀察的小村相距不遠的地區，發現當地農民已不再採用插秧方式種稻，而是直接在農地上以手播撒稻種，一如在中世紀手抄書中的裝飾圖裡所見的歐洲農人。但我在當地所攀談的農人們每年可收成兩次，他們所栽種的現代稻種如今的熟成速度之快，已不再需要花額外的時間種植肥料作物，而且化學除草劑也讓農人無需煩惱雜草問題。

儘管泰國農人的經驗豐富、技巧嫻熟，採用手工撒種播種的問題之一是，播撒出去的作物種子一定還是會有散布不均的問題，屆時將無法在秧苗列間

除草；不過一旦雜草竄生的話，這個問題可藉由一、兩季內回復先前的插秧方式來克服。澳洲和美國因爲土地夠軟的關係，當地農人會採用飛機從空中低飛撒種播種。但無論採用何種播種方式，稻米種子都得先浸泡一夜，再保持兩天的濕潤才能發芽，稻籽也才能準備好一旦在柔軟、溫暖的泥地上著床之際，開始生根。例外的狀況是，要是該地土質就像多數亞洲國家被森林覆蓋的山陵地那樣堅硬，就會改由一列手執尖杖的農人挖洞植入稻籽，或是像美國稻米種植面積最高的阿肯色州，該地是以鑽子將稻籽植入土中。小麥也是以此法植入。

如我們所見的，水耕稻田如果照顧得宜，便無須施肥，田裡的養分會長期維持在低度、固定的狀態。但幾世紀以來，農人還是會爲了滋養田地多做點事；他們會在稻米收割過後鏟起殘株（通常會燒掉），把雜草壓進泥地內讓它腐爛，利用稻梗和糞肥製作堆肥，在田裡撒上泥灰、石灰、或是從鄰近河床上挖來的肥沃黑泥；農人也會在稻米收成過後，把家禽家畜趕進田裡，讓它們爲田土施肥，亦或是—特別是在中國的古城附近，農人會運來人類的排泄物在田中施撒澆灌。在菲律賓和其他地方，農人會種植一些例如田菁這樣生長快速的植物當作「綠肥」之用，這些植物富含氮素，會被堆回所生長的土裡作爲肥沃土壤的養分。

甚至連稻殼也會用來作爲肥料。農人會先將稻殼堆在養雞場裡，幾個月之後再把富含雞屎養分的稻殼載往田裡作爲施肥之用。可惜這種方法對每年收割打穀後留下的大量稻殼消耗得並不多，另有一小部份的稻殼會被焚燒成灰之後灑進土裡。

化學肥料在使用上更加地科學、精確，也比其他方式有效，當然造成的影響也更爲複雜。化學肥料價格昂貴，售價會波動、無法預期，如果疏忽濫用的話對生態也不利；此外還會讓農民養成依賴性，甚至造成農產量過剩；更有甚者，會導致富有的國家或是跨國企業對窮國的剝削。最糟的是，化學肥料不當地打斷了農田在泛濫過後會重新回復天然養分的自然機制。一旦農人開始使用化學肥料，就很難停止；儘管有許多因素值得反對使用化學肥料，但我們如今已束手無策，未來當然也無計可施了。

除草劑、殺蟲劑、殺菌劑則是另外一個截然不同的問題。早年的農人會預期自己的農作收成因爲蟲害或病症而有損失，通常是折損一半，有時甚至是全數損失；對此狀況農人除了與鄰戶加入捕鼠隊，或是設置響鈴、讓小孩子

在農收期到臨時扯繩拉響警鈴驅鳥之外，無法有太多計策可施。

　　通常，最成功的農人化肥使用得也越節制，因為他們受過訓練，能以較科學的方式施用肥料。在澳洲，交替耕植農作物的作法也讓農地幾乎無須施肥，再加上當地稻米耕種區與世隔絕的程度，也保護了農地免受病蟲害侵擾。提高農作收成量的關鍵不在於投入更多經費或是補助各式農產，而是對農戶提供更佳的教育。

　　同樣身為國際組織的國立稻米研究協會認為，像教育農民這樣的延伸服務就跟科學研究一樣重要。國際稻作研究所是一個非政治組織，也是一個似乎人人皆曾耳聞的機構，部分原因是因為該機構有一個好聽又好記的名稱縮寫「IRRI」（International Rice Research Institute., IRRI）。國際稻作研究所的總部位在馬尼拉南方六十五公里處的洛斯巴諾斯城（Los Baños）。我們在當地待了十天，和幾位世界頂尖的稻米專家相談，也長途駕車前往呂宋島北部、中部山區，探訪國際稻作研究所的專案計畫施作。

　　國際稻作研究所的專案計畫點其中一地是在邦加錫南（Pangasinan）省的一座小村落，當地農婦會在村裡栽種草菇。國際稻作研究所並不宣揚空泛的理念，而是實際地關心婦女在稻米栽植上所扮演的角色—說得更廣一點，國際稻作研究所關心的是婦女在第三世界經濟體裡的生活狀況。在東南亞國家中，婦女擔負了百分之四十的農務；這些通常包含了所有插秧、收割、甚至是打穀的工作。（在印度，婦女更擔負高達百分之八十的農務工作）。

　　國際稻作研究所向卡羅蘇坎（Carosucan）當地的婦女介紹我們，我們便在國際稻作研究所專案辦事處外的小庭院暢談了一下午，嘲笑那些門外漢最後一事無成、浮誇的計畫—這些離海幾公里遠的平坦內陸地區，曾經利用電力幫浦系統引水澆灌農地，當晚我們散步時，看到了水泥築成的水渠和儲水槽裡空無水流。自從一九七四年的石油危機之後，這些水渠和水槽已經乾涸多年；因為村子裡本身並沒有電力供應，引水灌溉所需的電費成本竟比二次稻米收成的價值還高。「選舉之前，政府的人來到村子裡豎了幾根電線杆，告訴我們電就快送來了。選舉一結束，政府又派車子來把電線杆給載走。」這樣更好！

巴納韋梯田

　　我們的第二站來到了伊夫高人（Ifgugao，編按：菲律賓呂宋島北部一個崎嶇多山、森林密佈的省分）位在崇山峻嶺中的棲息地，這裡的居人仍然保持著傳統

的習慣，在近乎垂直的陡峭山坡上耕種他們的梯田。我們在日出之後就離開了洛杉巴尼奧斯（Los Baños，編按：菲律賓首都馬尼拉南部的一個城市），穿過了馬尼拉市中心的重重煙霧以及車水馬龍的街道，一路向北橫跨新怡詩夏（Nueva Ecija，編按：位在伊夫高南邊的一個省）附近一望無際的平原。聖荷西（San Jose）北面的山丘就在我們的前方，但一整個早上它都靜靜地躺在地平線的終點，始終沒有靠近的跡象，彷彿在嘲笑我們的牛步。終於我們來到了山腳下，沿著一條溪谷往上攀爬。路上的車輛無論往來方向，全都只用馬路的半邊而已。

「這些都是載著木頭的卡車，」我們的司機說。「往北開的車子都是空的，所以路面沒被壓壞。等他們回頭的時候，車上載滿了幾噸幾噸的木材，馬路承受不了的。你看那邊路上的大洞！」受到這些伐木業危害的其實不只是馬路而已。我們舉目望去，所有的山坡幾乎都光禿禿的，一棵樹也沒有。「25年前，我記得這裡還長滿了很高的樹木。這些年來一切全沒了。」這個村子活脫脫就像一本教科書，說明為什麼熱帶地區的森林不能砍伐。山坡都被侵蝕了，大雨把土壤沖刷下去，堵塞了河流。禍是貪婪的伐木工闖的，可是受害的卻是山下平地的農民。過去充沛的河水讓他們一年可以收成稻米兩次，現在因為缺乏灌溉，只能有一次。

我們抵達巴納韋（Banaue）已經是黃昏時分了。隔天早上，太陽宛如一架碩大的火箭升上朗朗晴空，澄澈的陽光照耀著整個山谷，空氣中卻仍帶著絲絲涼意。我們會見了負責國際稻作研究所抗寒基地（cold tolerance station）的年輕科學家。此處海拔高達兩千公尺，雖然不會結冰，但夜晚還是十分寒冷，只有特別品種的稻米才能生存下來。這個科學家正在一個小房間裡研究一塊稻米幼苗，幼苗周圍有簡陋的柵欄保護著，以防被老鼠偷吃。老鼠，農民們最古老也最危險的敵人。

路旁的一塊招牌讓我們注意到了巴納韋梯田的神奇之處：它已經有兩千年的歷史，且名列世界八大奇蹟之一……所有的景色都美妙的超乎尋常。我很高興看到伊夫高人像重視它們的稻田一樣地重視森林，山頂上的高處仍然有樹木覆蓋。先祖構築與修護梯田的技術完整地流傳了下來，梯田與灌溉水道也仍運作良好。

但是，我們不禁懷疑這個招牌以及旅遊手冊上的描述是否是真的。如果它們2000年前就存在，那麼在1660年代就來到這裡的西班牙探險家為何沒有在他們鉅細靡遺的報導中提到這些梯田呢？

更令人費解的問題是為何有人願意如此勞師動眾。這個地區人口並沒有特別密集（通常需要梯田種稻的地區都是如此），沒有什麼特別難以抗拒的因素逼迫伊夫高採取這種吃力的農耕方式。有一種可能的理論主張，最初他們是打算在梯田上種芋頭的，而這種不太可口的食物為了養活相同的人口需要更大的耕地。另一種解釋是說，伊夫高人原本是居住在平地的農人，後來才被侵略者趕到山上……但至今沒有一種說法足以澄清所有迷團。千百年來這些梯田靜靜的存在著山谷中，養活了世世代代的伊夫高人，並與周遭的山水融合為美麗的一體，但沒有人知道為什麼當初的人們要建造它。

新幹線上的便當盒

回到國際稻作研究所的招待所之後，我們一直跟其他來自各國的旅客打招呼，特別是那些來自我們即將訪問卻又沒有熟識的國家的人。某天早上吃早餐的時候，我們與兩位日本朋友聊了起來，他們對我們的研究計畫很感興趣。我們禮貌性的交換了名片，他們建議我們下個月去日本的時候不妨順道參觀他們的研究中心。

日本人對稻米的態度解釋了為什麼日本政府設下嚴格的農業保護政策。根據他們的神話，大和民族的誕生起源於上天賜予了他們種植稻米的技巧；第一任的天皇本身就是一位農夫。這世界上大概再也沒有一個國家，更別說是一個科技與經濟強權，會用如此神秘且充滿敬意的態度來看待稻米了。另一方面，因為日本國會的選區劃分大致上仍沿襲1946年戰後的規劃，儘管農村選區已經沒落，但能選出的國會議員卻比人口急速膨脹的都會區還要多。因此，日本政治人物始終對稻農禮敬有加，農業津貼一毛都不能少，外國稻米一粒也別想進口。

這種對稻米的熱愛也呈現在日本的家庭主婦身上，她們堅持買品質最好的稻米，而不在乎價格的高昂。不管經濟蕭條在西方有多嚴重，在亞洲各地我們看到一片欣欣向榮的景象。

工業化與都市化產生了城市的煙霧，而就像150年前煙霧裊繞的布萊佛德（Bradford）與雪菲爾（Shieffield）一樣，亞洲的每一個主要城市都被覆蓋在一層煙霧之下。他們都把日本當作楷模，是推動亞太地區商業巨輪的原動力。然而，我們卻發現日本的群眾卻沒有那麼的自信。

「十年以後，日本的經濟可能會一蹶不振，」一個日本人一邊這麼說，一邊

展開他的雙臂像是一駕飛機一般向下俯衝。「我們說我們要糧食自足，但農民都跑到城市裡去了。農田被荒廢了，或是只種蔬菜。」他說，全日本有30%的稻田停止生產。「此外，補助津貼也越來越少，所以兼職作農夫的誘因也降低了。城市裡的地價飛漲，農村裡卻剛好相反。再過幾年，全國各地的地價都會崩盤。那時候我們的經濟就麻煩大了。」

　　如同其他地區的稻田一樣，日本的稻田相當狹小。日本法律規定，當一個地主去世之後，土地必須平分給每一個孩子，且如果其中有人想要轉讓其繼承權給比較想要耕種的人，他們還必須繳一筆稅金。傳統文化中對稻米的執著並沒有阻止日本人借用高科技來篩選最優良的品種。今天所有日本人栽種的稻米，都是新培育出來的品種，它們經過精心的改良，務求適合耕作當地的環境與氣候。今天日本已經不流行吃米食了，平均每個日本人的年消耗量已經下降到65公斤，國際稻作研究所預期這個數字還會繼續下跌，但日本政府誓言要改善這個狀況。在植物培育實驗室（Plant Breeding Laboratories）裡，我們看到科學家們用40多項指標來評鑑一種新稻米的良窳，包括它的口味。大部分的評鑑都是由機器來完成，但口味呢？這個部門的主任告訴我們「喔，我們就是大家坐下來一起品嚐看看。」這聽起來合理多了。

　　我問其中一位資深的科學家，他認為誰應該主導稻米培育的計畫？他回答我：「這不是問題，因為政府決定了一切。」早在20世紀之前，日本就是亞洲第一個開始從事稻米培育之科學研究的國家。然而即使有了最新的雜交技術與生物組織培養法（laboratory tissue cultures），一個新品種的誕生，從不斷的改良、測試、到推廣使用，可能還是需要十年以上的功夫。新品種的註冊通過需要所有的相關人士的同意，包括政府單位、地方人士、以及農民代表。「其中可能牽涉到地方政治的角力，」他小心的說。他認為，在可見的將來，稻米依然會是日本的主要作物，「但農業必須要面對的問題是，農民的數量在迅速減少。也許5年或10年之後會有重大的變化。」然而，日本跟美國不一樣的是，一個人若非本身就有農民身份，他是無法取得稻田來種稻的。

　　在去東京的路上，我們決定搭乘急行火車（express train）而非新幹線，這種急行車其實一點也不著急，所以乘客可以悠閒的欣賞沿途的景色風光。我們從上越（編按：日本北方一個靠海的城市）出發，向南蜿蜒穿越橫貫本州的中央山脈，沿路上精耕細作的農田與荒地之間往往只用一個鐵絲網分隔。這裡的水土保持好多了，森林似乎可以防止山坡上的土壤侵蝕，但在實驗站工作的朋

友說還是有一些問題。戰爭的時候，原始的巨木都被砍光了，雖然後來又種上新的樹木，但整體規劃出了紕漏。當森林長得越來越茂密的時候，這裡缺乏懂得如何修剪、清理它們的技術工。現在全部植物都擁擠在一起，過度密集導致它們發育不良且體弱多病。

這位朋友對日本可耕地的問題非常憂心，我們在旅行中也清楚地看出來了這一點。稻田都停產了，有的荒廢，有的被拿來種高麗菜。一兩個星期前當我們還在台北的時候，一個當地農委會（Council of Agriculture）的官員告訴我們台灣政府是如何處理稻米食用量下降的問題，他說「我們會從於孩子們的便當盒下手。」他們已經開始了一項大眾宣導計畫，鼓勵媽媽們親手為孩子準備中午的便當，而不是給錢讓他們去買漢堡。

日本也採取了幾乎相同的手法。但是，為了確保這項計畫成功，首要的條件是人們有辦法做出美味可口的便當。所幸，在離開京都的一列火車上，我們見識了日本人製作物美價廉的便當的高超手藝。這便當做的真是太漂亮了，我們甚至在動筷之前為它拍了照好留作紀念。裡面有壽司（為了保持海苔的脆度，它被放在另一個盒子裡），天婦羅（有炸蝦還有野菜），米飯，漬物（白蘿蔔、蓮藕等等），以及幾片水果。

西馬來西亞的米倉

馬來西亞和日本都有一些關於稻米的相同問題，但他們卻提出截然不同的解決之道。雙方政府都完全參與計畫、資源分配、以補助的方式管理稻米經濟，兩國也都妥善照顧農民，但兩國的農民皆用快慢不等的離開速度，來獲得外界的關注。然而馬來西亞的官方態度是國家對糧食不應該僅自給自足，其產業應該要擴大到出口佔內需的一半（現今數字約為40%）。

最豐饒的馬來西亞米倉是從馬來半島的西北延伸到泰國邊界，包括吉打州（Kedah，編按：位於馬來西亞〔馬來半島〕西北部，北部與玻璃市州和泰國的宋卡府及亞拉府為鄰，南部和西南部與霹靂州及檳城州為鄰。）及玻璃市（Perlis，編按：馬來西亞最小的州，所以沒有縣份單位，簡稱玻州。）二省。在此你可以看見最典型稻米景觀：一片稻海，延伸至地平線，隨著微風掀起萊姆綠的波浪。或許你認為吉打州自遠古時代就開始種植稻米，事實上這片土地最早的種植記錄是17世紀末期——大約和南卡羅納州第一次種植稻米的時間相同。

在這裡，將近10萬公頃的田地是利用慕達河（Muda river，編按：吉打州

最長的河川，並提供給鄰近的檳城水源。）的水灌溉，並由慕達農業發展機構（MADA，編按：為一馬來西亞官方組織，母法於1972年公佈。）管理，農民也被嚴格控制：他們從官方的清單中選擇種植的作物，跟隨固定的時間表。任何不規矩的人都會影響其他人。過去這種嚴密監控是因為在種植或收割的時間總是無法找到可工作的人，而需要雇用勞工。但隨著機器接收這些工作，農村的窮人想找到臨時工作的機會也變得越來越少。

在某些地區，政府會成立稻米產業（the rice estate），集合小眾的農民們，讓他們可以買得起機器及化學肥料或農藥等。也許有人會問：農夫們想變成政府的代表（agent）嗎？吉打的稻米工作者獲得免費的水源灌溉田地，代價是他們要參與管理決策，只是他們仍擁有土地。前一兩天，我們前往馬來西亞農業研究與發展機構（MARDI，編按：提供諮詢及建議給想農業科技、技術及管理相關的企業及投資者。）總部，和我們談過的人認為，若非農地「產業化」，也就是集合小塊農地的作法，這片土地就會荒廢，或是由外來勞工耕種。「所以他們想到一個辦法，為何不讓政府組織一種產業，讓農民藉由勞力與採收量賺錢？如此一來，他們就能買農務機與收割機」。

因此，這巧妙地避開我那關於政府代表的問題。「政府盡可能地幫助農民是因為農民大多貧困，而現在他們至少高於貧窮線」（Poverty line，又稱貧窮門檻，是為滿足生活標準而需的最低收入水平。），這表示一個家庭的收入為375馬幣（相當於95英鎊或145美元）。為了達到這個目標，家庭需要約4.5公頃的稻田，大約是平均產量的三至四倍。因此農夫必須向鄰居或搬到城市去的親戚租借田地耕種。在以稻米為主要作物的亞洲國家，這已經變成一種常見的模式，但這樣的農地仍然不夠大到產生獲利，「他們想變成澳洲那些有錢的農夫當然是很困難的」。

我可以想像這樣的談論在新南威爾斯會獲得怎樣的回應，在那裡我們看到的是一群孤立的種稻家庭──在地理和經濟上都是孤立的──為了生存而打一場成功的戰役。我們問了東尼‧布雷肯尼（Tony Blankeney），一個揚可農業機構（Yanco Argricultural Institute，編按：澳洲新南威爾斯省初級產業局轄下的機構，追求穩定的稻米和園藝供給，國家蔬菜產業中心及馬蘭吉比河農村研究中心也都在該機構裡。）的穀物化學家，是什麼造成好農民和壞農民之間的差異，他毫不遲疑地回答「管理決策」，「如果有人原本應該這星期訂購種子，卻拖到下星期，之後又晚一個禮拜播種─他就是個只能收穫七噸的農夫」。每公頃種出7噸的米

在新威爾斯是被視為非常差的收成量，有些農夫可以種出12或13噸。

極端易變無常的作物

事後看來，稻米在澳洲新南威爾斯省（New South Wales）的落地生根相當合乎邏輯，但對於眼見其發展的旁觀者而言，一切卻又異乎尋常。此處的稻米生長區域位於瑞福利納（Riverina）——那是位於慕任比基河（Murrumbidgee River）和穆理河（Murray River）交會處的寬淺河谷，地形平坦且翠綠如茵，彷彿是張放大的撞球檯面。1817年，政府調查員約翰．奧克斯利（John Oxley）路經此地，他留下記錄：「我是第一個發現此地的白種人，但絕對不會是最後一個。這個國家的不毛荒地都是一個模樣，它們乏味透了，遠超出我所能形容…」。直到了1900年，此地的牧羊場業者開始自慕任比基河汲取源自雪山（Snowy Mountain）、終年不絕的「無盡水」（never-failing water），蘇格蘭的農夫更時發現了灌溉系統有助阻止河水流失浪費的可能性，地方政府自此積極鼓勵人們自內陸遷往海邊，以利推廣系統使用計劃。

時至1913年，灌溉水渠的長度達到3,000公里，移居者則開始占據新大陸，而他們極有可能向前述計劃購買用水，進一步協助新南威爾斯省清償開發工程期間的舉債。儘管多年來當地果農和罐頭工廠建立起平衡的產業生態，但由於移民多以灌溉水需求量較小的果樹栽種為主，因此購水金額遠低於地方政府的期待值。

然而稻米的潛在價值早已引起地主與地方政府的注意，但即便在理想的狀況下，當地也欠缺相關的種植知識及技術，更何況瑞福利納整體狀況距離「理想」還有一段差距。1905年，一位對稻米似有所知的英雄——高須（Jo Takasuka）來到墨爾本（Melbourne）。他的父親曾在日本貴族家中擔任主廚，並被授予武士身份，而高須本人則曾於日本及美國研究經濟學，一度擔任日本眾議院代表。他的妻子是法官的女兒，在高須40歲時，他捨下松山市（Matsuyama，編按：日本四國島上最大的城市）家中的舒適生活，決定將餘生和所有的家庭資源，投注在新南威爾斯接近維多利亞省（Victoria）邊境的穆理河谷稻米栽種計劃上，於是舉家前往澳洲。

在當地政府早期的報告中顯示，高須不假辭色地對眼前的困難發表看法：「稻米栽培是非常困難且需要特殊知識…在我的家鄉，耕作技術被掌握在那些世代以來皆遵循文化並以此維生的農人手中。稻米，是極端易變無常的作

物。」他極力預防水災、乾旱、霜寒、熱浪、蟲害、疾病、來自政府的敵意、冷漠、當時相當普遍的種族歧視以及在所難免、來自稻米女神無常的「關注」。最終，高須不但能種稻維持一家基本生計，更贏得鄉里鄰居的尊重。直到一年，它出售幾袋稻米種子給揚可農業機構，並將這個新品種命名為「高須」。在他七十歲那年，乘船回到日本渡假，因心臟病逝世於親人家中。

儘管「管理決策」並非高須的強項，但是他的故事感動了我，不僅只是他個人，還有無數被遺忘的農夫和他們的家人，為了「易變無常的作物」——稻米奉獻終生，在「女神」的動念間歡喜豐收抑或苦渡荒年。令人高興的是，那些揚可農業機構購自高須的稻米種子於慕任比基河於今已有每公頃12公噸的產量，只不過這些四季被播下的種子，總是不免得和暑熱、蝗蟲、育苗的失敗以及歲末的霜害對抗。

在此同時，1920年利通達水果罐頭工廠（Letona Fruit Cannery）的經理布萊迪（N.C. Brady）於造訪美國期間，發現日本品種的稻米在加州栽種成功，而此刻新南威爾斯省政府的經費正因慕任比基計劃捉襟見肘，瑞福利納的各項支出也因此受政府

部門的嚴格限制。在這裡，許多農夫都是第一次世界大戰的退役老兵，他們選定落地生根的處女地多位於禁酒區，因此即便此處有大量的水，卻沒有酒。布萊迪購買了三麻袋的米並把它們船運回家中，將其命名為「卡洛羅」（Caloro）、「卡盧索」（Caluso）和「瓦川邦」（Watrambune）。湯尼‧布萊肯尼（Tony Blakeney）告訴我們這一段故事。

「它們可能只是出口自日本的糙米，有人說它們將會被當作種子使用。於是這三袋稻米在抵達後花了九個月的時間散布出去，之後有些人決定將種子一分為二，半數播種於新南威爾斯省，半數播種於商業性農業地（commercial farming）。」這些種子的產量極豐，但卻非官方政府的計畫。「政府部門幾乎沒幫上任何忙。在此期間，這些種子中還出現了少量令人害怕的紅米，並且開始生長，尤以瓦川邦為甚。卡盧索則出現了其他的問題。」稻米一如其他成長自種子的，植物，對育種的純粹度應隨時保持高度警覺，以預防品種在基因上退化至最初的野生形態。紅米格外不受歡迎是因為基因中的紅色有可能致使稻米在成熟前，其種子因故產生離層而脫落。

在新南威爾斯地方政府及部份保守派農夫的不懷好意下，採訪仍順利進行。我取得了稻米品種培育的圖片，「『卡洛斯』（Calrose）來自加州，身為卡

洛羅的後代它的適應力極佳，屬於我們前面提到過的短粒米。其他則是卡洛羅與『賴特女士』（Lady Wright）的雜交品種『康樂蒂』（Callady），康樂蒂再於卡洛羅混種則交配出卡洛斯。」無論如何，卡洛斯並非至今日才被種植於加州。「現代化的植物培育者給了它新的名稱，但我們仍稱它為卡洛斯。在沖繩對稻米仍有需求的期間，澳洲的卡洛斯是優先被送往該地米種，這點令美國人喪失信心。」

據此湯尼解釋，澳州人多半是盎格魯撒克遜民族（Anglo-Saxon），習慣食用短粒米，用以製作米布丁。「當時亞洲的移民以及來自東南亞的食物知識開始創造對於長粒米的需求，在1960年早期，人們試著種植諸如『藍帽』（Bluebonnet 50）的美國南方長粒米種，結果產量極差，於是展開了雜交計畫，發表了另一名為『古魯』（Kulu）的品種。未料古魯在品質上仍不盡如人意，雖說最終收獲量尚足以支撐長粒米產業的生存。為了解決稻米碾製問題，業者將稻穀先預熱，煮成半熟，這也是其後蒸穀米的由來。」

「1972年，古魯被另一品種『英格』（Inga）取代，當時我已經在這裡工作，基於幾點考可能性我選擇了英格——首先，它是我有限範圍那的最佳選擇，此外它有絕佳的外觀，但我覺得過軟，我不了解東南亞居民較喜歡口感軟的稻米，專家（並非多位）告訴我，我們需要的是來自美國、煮熟後粒粒分明（firmer-cooking rice）的米種。當時英格在香港及其他地方受到空前的歡迎，且廣為澳洲市場接受，於是我們覺得自己應該擁有一種充滿澳洲風格、煮熟後仍保持黏性（soft-cooking rice）的長粒米種。」

在組織鬆散、土壤貧瘠的不利條件下，透過細心照顧，農人仍獲得相當高的收益。「一開始施行的是為期五年的輪作，早期他們擁有大量的綿羊，四年種植苜蓿，一年種植稻米。」時至今日，輪作已改為五年種植苜蓿，作為放牧場，接下來兩年種植稻米。如此一來可滋養土壤，同時預防有害的動植物入侵，阻礙稻米的生命週期。這意味著在任何農場，在任何一年，僅有七分之二的土地用於稻米種植。但是此處的農場面積普遍寬廣，平均值在300公頃/750英畝左右，遠遠是菲律賓卡洛蘇肯（Carosucan）退役老兵所擁有的農場的五十倍大。無怪乎我居住在馬來西亞的友人覺得澳洲農場經營者都十分富有。

不同的是，馬來西亞的農夫仍需為水付出代價。灌溉用水透過一只設置在溝渠入口處、名為「戴思力奇量水計」（Dethridge wheel）的金屬輪狀物計量。我詢問利頓稻米種植合作社（Ricegrowers' Cooperation in Leeton）的克里斯・布

萊克（Chris Black），揚可（Yanco）往南幾公里處的稻田彷彿是澳洲90年代初期的農場景象。

「在邊緣倖存，澳洲的農人是全世界最後一群自由貿易者。」他說道。「他們沒有補助金，面對進口商品的競爭缺乏保護——總有一天我們將出口80％～90％的稻米，在接下來的兩年內我們內銷澳洲的比例將爲20％。就等著它日本市場開放，我們已經準備好爲其培育全新的稻米品種。」此外，布萊克對於方才發表不久的商用新品種相當滿意，認爲它絕對能與進口的泰國香米一較高下。

不可或缺的灌漑用水

即便在未來，灌漑用水在稻米種植業中仍扮演著足以挑戰貨幣價值的關鍵性角色。但是「誰該買單？」，這個問題仍引人關切。特別在各別農地面積較小的地區，鄰居較容易因爲（灌漑用水）供給權掌控在誰的手中致使關係緊張。小型農田與大型農田相較，在水資源的運用上較不經濟部份原因來自於用水量小，農人們不必經常爲此付費，但主要原因還是因爲小型農田有著爲數眾多輸入、輸出的流動關係（inflows and outflows），諸如池塘、蓄水庫、水閘；絕大多數的大型農田對此的需求較低。水，是稻米農業之所以能夠壯大的原因之一。傳統上，水費應依其運作方式的不同來支付，最有說服力的例子莫過於巴里島人的薩巴克（subak，編按：即灌漑的意思）。當眼前出現吸引眾人目光的驚人景象時，我們正開車路經鄰近烏布（Ubud）的丘陵，於是在一旁的停車場將車停下。我們停車的地方鄰近一座橫跨兩公尺寬灌漑水渠的橋樑，水渠中盡是流動的、清澈的淨水，其邊緣處精心地飾以正方形水泥塊，鴨群悠遊其上，自在地以喙理毛，成爲這幅景觀中最華美的裝飾品。面對馬路的柱子上掛著木牌，整潔且恰到好處，上頭的文字提醒我們：「任何污染這條水渠者將支付5,000盧比罰款給薩巴克。」。5,000盧比約等同於2.5美金，亦或當地10公斤白米的市售價格。

再往前走，稻田一片金黃，正是等待收割的季節。隨處可以發現以石頭製成的神龕，上面裹以彩色的外衣，以示對稻米女神的敬意。百公尺外，稻田順著地勢向下沒入深而蜿蜒的河谷，遠處伴隨群巒疊翠，在午後陽光的照耀下閃爍著綠色的輝煌。

在這裡，由於密集的熱帶風暴造訪，經常烏雲密佈，不乏豐沛水量，但若

不能將其有效收集，則終將流向大海，形成水資源的浪費。然而巴里島人在數百年前就已精通水源利用的技術——無人得知正確的時間，大約十六世紀前後，約莫是印度末代國王在伊斯蘭教進攻前自爪哇逃出的時候，又或許更早。

但是巴里島有一套爪哇島上沒有的水利系統。薩巴克是一群需要用水的人組織起來的團體，與會的成員每年都要繳納會費並提供一定的勞務，具體的內容由每月一次的團員會議來決定。巴里島是一個由各式各樣的人際網絡建構起來的社會，一個人既屬於他的家族，又屬於他的村落，有時候你的家族網絡與村落網絡並不相符，甚至還彼此衝突。你同時還屬於一個階級（caste），以及貿易或職業工會，而如果你是一個農民，你應該也會是薩巴克的一份子。薩巴克的組織原則與村落或是田地無關，它只看水利系統，有的時候是一條起源於遙遠的山上的河流。

巴里島人的文化一直到最近才開始區別宗教與世俗事務的差異，因此，薩巴克也被賦予了一種神聖的色彩。這可以從它的兩座寺廟裡看得出來，一座位在水源地附近，另一座位在河水分流的地方，透過一支主要渠道，河水被引進每塊農田裡。每一個成員都有責任維持整個灌溉系統正常運作，確保水源公平的分配給每一個人，並監督廟裡的祭典合乎禮俗。

聽起來這真是一幅詩情畫意的田園風情，但我擔心好景不長。新式的官僚以為，讓掌握電腦技術的官員來分配水源會更有效率。此外，巴里島也不是什麼世外桃源，全世界所有種稻的地方都會有偷水賊，這裡也不例外。在過去，這常導致村莊之間公然的火拼。在稻穀即將成熟等等的關鍵時刻，農家們會小心的在夜晚派人出來巡守，以防宵小在他們的溝渠上鑿洞放水。還好，因為薩巴克的成員來自於不同的地區與家族，所以每個人的效忠的對象都不太一樣，這樣一來就緩和了彼此的對立。

灌溉的問題永遠在過於不及之間徘徊。水不是太多，就是太少；不是流得太快，就是流得太慢。雨季之後就是乾季，狀況始終在變化。稻米在開花之後最需要大量的水分，但在收成之前又必須讓田地抽乾。為了解決水量過剩的問題，傳統的解決辦法是在主要水道之外開鑿支道，這樣一來每塊田地就可以各取所需。

位在中國四川省，西藏高原山腳下的都江堰是這方面的偉大傑作。從公元前230年運行到今天，它可說是人類水利工程的奇蹟。岷江匯集了山上融化的雪水向長江奔流而去，在河床上挖出了一個深深的溝底，雖然因此沿岸的

平原不用擔心河水氾濫，但它也因此挾帶了大量的泥沙。為了怕泥沙的淤積，所以無法在這裡建造水壩。在西元前250到230年間，擔任此地首長的李冰父子在岷江的中央用大量的石頭堆起了一個人工的小島，島的前端叫做魚嘴。這個魚嘴將江水一分為二，兩條支流分別流向不同方向。當江水高漲的時候，其中一條有疏洪的作用。冬天的時候，兩條支流可以輪流關閉起來，所以泥沙不會淤積在江底。現在有五百萬人靠著都江堰與岷江的河水過活。幾世紀以來，本來會堵塞江流的泥沙被疏導分散到周遭的農田上，帶來肥沃的養料。

打從人類開始農耕，爭奪水資源的紛爭就沒停止過。在西班牙的稻米產地，古老的水之法庭（Tribunal de las Aguas），仍然定期在瓦倫西亞大教堂（Valencia cathedral）的使徒大門（Puerta de los Apostoles）召開。這個法庭的三個成員都是農民，所以熟悉相關的法律紛爭。相傳水之法庭是由摩爾人（the Moors）創立的，這說法有點根據，因為稻米就是由他們引進西班牙的，且他們在瓦倫西亞與穆爾西亞（Murcia）山上建造的灌溉水渠到現在也都還在使用。每週四中午法官們會聚集一次，因為隔天就是穆斯林的祈禱日（編按：在阿拉伯文中，星期五就是「聚會日」的意思，類似基督徒的「禮拜日」，當天所有男性穆斯林都要聚集在一起祈禱。），所以是一個適宜辦大事的吉祥日。此外，瓦倫西亞大教堂原址就是一座穆斯林的「星期五清真寺」（Friday Mosque，編按：瓦倫西亞大教堂是由一座摩爾人的清真寺改建而成的。而穆斯林因為在星期五聚會，習慣用星期五來為清真寺命名。時至今日，「星期五」是全世界最多清真寺用的名字。）水之法庭全程都只有口頭對話，沒有任何文字書寫或紀錄。而且一旦判決之後，不可以上訴。

綠色革命

如同大部分享有聲譽，抑或是惡名昭彰的革命運動一般，1960年晚期到70年代的綠色革命掀起了一股熱潮。它的成功部分是因為稻米培育技術的進步，然而若是少了基因工程技術，這一切都不會發生，且無庸置疑地，當然也不會出現造成轟動的「奇蹟稻米」（miracle rice），還有那些頭條新聞。幾千年來，農人們和園藝愛好者，一直都將最好的種子儲存起來，以備來年之用，直到最近，他們開始仰賴隨機突變，或者是交互育種，雖然他們並不了解其中原理，也無法主動自行培育。

　　事實上，早在1898年，日本滋賀農業試驗站（Shiga Agricultural Experiment Station），就已經透過雜交培育出一種新的稻米品種，藉由不同品種互相授粉，這對於自體授粉植物是一種繁複的過程。而在往後的十五年期間，日本農民培育出二十種新的品種，每一種都代表了多年的耐心培育，以及偉大技術的運用。日本官方也教導並鼓勵農民耕種新的品種，並且擁有能夠運送種子和肥料到偏遠鄉村的基礎建設，也會資助有意願購買它們的農民。簡而言之，這些都是國際稻作研究所所長斯瓦米納坦博士（Dr. Swaminathan）之後提出的「交響農業」（symphonic agriculture），所需要的元素。

　　到了1940年，印度的稻米產量漸漸有所提昇，而在爪哇則成長了更多，在那裡早有荷蘭人自中國引進，不受日照影響的稻米。這對一年想要栽種不只一種作物的農民來說，是非常必要的。假如你想在不同的季節裡多次收成的話，放任稻米熟成長大到可以收穫是不好的。他們還完成了許多灌溉工程，大部分到現在都還運作良好。然而當戰爭結束之後，先是日本人撤離，再來是歐洲人的離開，除了灌溉溝渠和水閘之外，能夠保留下來的設施非常少。土地還在那裡，農民也在，但是這些基礎資源並無法應付迅速擴張的人口。

　　最主要的問題是，必須要找出能夠像短粒粳米那般，可以與肥料活躍運作的中長粒和長粒的秈米。大部分的秈米根本就沒有施肥──從播種到長成都沒有。假如對它們施以氮肥，大部分的作物都會長得過高，且會長出許多分蘗（tillers，編按：從永久根的根部長出的枝芽，是稻作發育的關鍵因素。），使得稻莖無法承受其重量，於是便整株垂到水裡。假如不同品種的粳米和秈米能夠交互雜交……1949年聯合國糧食暨農業組織（Food and Agriculture Organization）設立了國際稻米委員會（International Rice Commission,. IRC）。幾年之後，國際稻米委員會培育出許多粳米和秈米的混種，其中1965年發表的瑪蘇麗（Mahsuri）品種，被廣泛運用於馬來西亞。且迅速遍布至少五個主要稻米生產國，至今仍是最成功的稻米品種之一，特別在生長環境困難的區域。

　　在此同時，洛克菲勒基金會在墨西哥亦很活躍，與墨西哥政府合作發展當地農業研究設施，訓練墨西哥科學家，並與墨西哥農民共同討論他們最熟悉的作物。1960年代中葉，墨西哥不僅可以自給自足小麥，也栽種出矮種高收穫的小麥品種，且不會因其沉重的分蘗而倒下。

　　然而這樣還是不夠，洛克菲勒基金會資助了所有在亞洲的國際農業研究所，但是時間緊迫。於是在1960年四月，福特和洛克菲勒基金會共同創立

了國際稻作研究所，與菲律賓大學共用在洛斯巴諾斯城的土地。兩年後，建置的工作根本連進一步的研究都搆不上。又過了三年後，1965年，國際稻作研究所發表了它們第一個成果——IR8，印尼芭達Peta（多產卻相當高大的品種，很容易傾翻或是倒伏）與台灣品種低腳烏尖（Dee-Geo-Woo-Gen）的混種。

「低腳」簡單解釋就是「短腳」的意思，這樣的特性對於它的後代IR8而言，是非常具有優勢的，而IR8在化學肥料的反應上，也是成長快速（一百三十天就可以成熟），不僅可以長出很多分蘗，以及富饒的稻穗，且其堅韌而短健的稻莖依然可以保持挺立。它亦不受日照長短影響，可以充分享受陽光照耀與其溫暖，因此它可以在灌溉良好的土地上成長，且在任何季節都可以收成。

IR8在一公頃的良田上，可以收穫八或九公噸，在此之前，同一塊土地上，可以有四或五公噸的收成都算是豐收了。在不過四年裡，國際稻作研究所的科學家們（在許多國家的國際研究所和農民的合作之下），製造了一個贏家。綠色革命贏了。我們終於可以從此幸福快樂了。

但是，這當然是不可能的。沒有一位國際稻作研究所的人這樣想過，或是假裝會是如此。IR8有許多潛在的問題。它需要許多的肥料，在一定的時間裡，施以一定的數量，而在許多區域的農民們，並沒有金錢或是專業去施作。它也需要定期的水源灌溉，而灌溉系統在許多地方仍然是缺乏的，且無法信賴。新的科技、社會與經濟的衝擊，總是非常複雜的，而最終對於人們的效益，更是難以預期的。

而當農民們嚐過他們耕種的作物之後，對於一公頃九公噸收益的熱情將會冷卻下來，IR8不是美食家會想嚐的稻米。（據我所知，它至今仍未曾在西方的超級市場出現過。）事實上，它非常難煮，吃起來也非常可怕，只有饑荒者會想吃它。它也很受害蟲和疾病的喜愛。

這些不吸引人的特質恰好讓成功培育出IR8的團隊們，得以將之去除，而現在許多高收益的品種，不管是磨成粉、烹煮，或者是嚐起來的品質都非常好。然而新科技對農民的衝擊，仍然是受到爭議的。

然而，在1980年代，造成綠色革命嚴重倒退，甚至全面停滯的原因，並不是對其影響力的質疑。部分原因是，它其實是其成功的受害者。在1980年代的印尼，有一家歷史悠久的國際級稻米進口商，不僅有辦法自給自足，甚至還出口了十幾萬噸的稻米。國際稻米市場變化多端，因為在世界總產量中，僅有很少比率可供進出口。因此，稻米價格顯著下滑，造成諸如泰國和緬甸

這類主要出口國，非常嚴峻的問題。

政府很快就得到了這樣的訊息：稻米技術和其支援系統已不再是一項好的投資，尤其在石油收益下滑，而且工業發展需求與日俱增，幾乎佔去了所有的經費。而事實也是如此，收獲得來更容易了：分區系統的基礎建設和碾米設施已到位，主要的灌溉工程也已完成。饑荒與民眾的動盪不安，也不再是立即的威脅。實在不難想見，在1980年代，何以稻米產量成長減緩，而後達到一種平衡。

〔第七節〕
宗教和習俗、文化與神話

在綠色革命文化的影響下，這是我們即將失去的領域。我們不應該為民間傳說經常伴隨著的貧窮而感到惋惜；我們當中，年紀很大的人應該會為我們還能看見古老世界的某些東西的原樣，而感到欣慰，儘管那個世界已走向衰落，現在已經變為研究課題或者主題公園。在吉隆坡就有一個很大的新農業公園，孩子們可以在那兒看到八塊方形稻田，分別展示稻子生長的八個不同階段。在新加坡時，我們與溫美玉（Violet Oon）交談過，她是一位食品週報的創立者和經營者。我問她：「新加坡人對農民是什麼看法？」她笑了：「新加坡人對農民沒看法！他們以為稻米是從天上掉下來的……」

稻米的禮物

關於稻米起源的神話，很多都跟上帝和住在那兒的神靈有關，但是也強調勞動。有一些是伊甸園的故事，關於天堂是怎麼被驕傲和不順從的人們破壞掉的，其他就是把生命看作一件嚴肅的事情，且人性本惡。根據馬來西亞的土著所描述，天空在最開始的時候是平鋪在大地上的，每個人都很討厭它，直到有一個部落的婦女，用她們長長的木製米杵將它頂了起來，才使得我們現在可以自由地呼吸和走動。此外，在位於阿波火山（Mount Apo）和海洋之間的棉蘭老島（Mindanao，菲律賓東南部）種植稻米的巴格勃人（Bagobo），講述的是英雄魯瑪拜特（Lumabat）的故事：

◆

　　這位英雄決定去天上探險，並堅持要他的姐姐米布妍（Mebuyan）跟他一起同行；米布妍斷然拒絕，並在勸說弟弟不成時，紮紮實實地坐進了一個米臼裡。當米臼下沉陷入土裡時，米布妍卻還在上面；後來就在她逐漸要從地面消失時，米布妍撒下了一把米，表示有大量的靈魂將跟隨著她。從此以後，她便一直生活在地底下。

　　米布妍似乎就像是冥後的普洛塞爾皮娜（Proserpine）那個類型，而那些種子也必須是死的。

　　尚有不計其數的其他傳說。在另一個菲律賓神話裡，所羅神決心娶一個名叫布賴特‧祖兒（Bright Jewel）的少女為妻。少女為了考驗他，先隱藏了自己的愛意；她派所羅去找一種比她吃過的所有食物都美味的東西。然而，他再也沒有回來，祖兒就在深深的懊悔中死去，最後，她的墳墓上長出了第一株稻子。此外，在加里曼丹的中部，樂幹人（Luangan）會在早稻田周圍和小徑上種植特別的植物；他們解釋說，這些植物是稻穀和稻神魯英（Luing）的朋友，而魯英指的是一名女性，稻米的第一顆種子就是來自她的血液。

　　結構主義者在稻米神話裡可以找到很多樂趣。有個來自爪哇的故事，其主人公的關係似乎是在模仿所羅和祖兒——一個名叫希絲娜瓦提（Tisnawati）的女神，大神巴塔拉‧古魯（Batara Guru）的女兒。當希絲娜瓦提從天上往下望時，看見一個男人在耕種稻田而這男子氣慨十足時，旋即愛上了這個凡人亞卡蘇達那（Jakasudana）。大神巴塔拉就此威脅女兒，如果讓他抓到了她與那年輕人多說一句話，就要馬上把她變成一根稻稈。後來巴塔拉出門與其他神作戰去了，希絲娜瓦提便趁這個機會在亞卡蘇達那面前現了形，這使得亞卡蘇達那幾乎不敢相信自己的好運。不幸的是，這對小情侶的笑聲實在太大了（或者我猜也只是吃吃地笑），以致巴塔拉聽見後匆忙趕了回來。他不能收回對女兒的恐嚇，於是就把希絲娜瓦提變成了稻稈；可憐的亞卡蘇達那只能難過地凝視著「她」，直到巴塔拉動了慈悲心，把他也變成了一根稻稈。爪哇人慶祝收穫的儀式，就是再次為他們倆舉行的婚禮。

　　爪哇稻米起源的神話有很多版本。瑪格麗特‧維薩（Margaret Visser）在她的書《一切取決於晚餐》（*Much Depends on Dinner*）裡講了一個弗洛依德式（Freudian）的故事。她給稻米的章節取了個意味深長的名字〈有靈魂的暴君〉

（the tyrant with a soul）。

◆

　　這個故事要從安塔（Anta）講起；他是一個醜陋的、形狀怪異的小神，正在為找不到禮物獻給巴塔拉·古魯的新殿而沮喪不已。他流下了三滴眼淚，都變成了蛋。一隻老鷹突然來襲擊他，慌亂中的他把其中的兩個蛋都打碎了，第三個卻孵化出一個漂亮的小女孩。這個小女孩被獻給了巴塔拉的妻子烏瑪（Uma），由她撫養並取名為薩雅姆·斯瑞（Samyam Sri）。斯瑞很快長成一個非常美麗的女孩，使得巴塔拉也對她垂涎三尺，但是巴塔拉礙於自己的妻子是斯瑞的奶媽，因此名義上斯瑞還是他的女兒。

　　但巴塔拉好幾次不顧地試圖強暴斯瑞，導致最後驚醒了其他神靈，神靈們便把斯瑞殺死，埋葬了她的身體以捍衛她的貞操。之後，從斯瑞身體的不同部位，長出了不同的植物，其中有從乳房上長出黏性米，從眼睛長出普通米。巴塔拉把這些植物都賜給了人類做食物，猜想他是因為懊悔；但其實更是為了挽救他的自尊。斯瑞被升格為女神，名叫德維·斯瑞（Dewi Sri），成為掌管著整個群島土地的肥沃和糧食增產、保護稻田和在田裡辛苦勞作的人們、守衛穀倉和米倉的保護神；並以其他很多名字被東南亞地區的農民廣泛地崇拜著。

這些神話因不同的來源，而產生了很多複雜的版本和詳細的闡述。荷蘭學者W‧H‧雷瑟（W.H.Rassers）在皮影戲《哇揚戲》（the wayang kulit）裡再現了爪哇人現存的最古老的神話版本。他從那些皮影裡總結出了兩個故事，都是關於農業的。其中之一是往常在收穫前所表演的：

◆

公主斯瑞在一個婚禮上被一位來自鄰國的王子追求，斯瑞的父親希望他們倆能夠結婚；但是斯瑞拒絕了王子，她表示只會嫁給像哥哥塞達納（Sedana）那樣的男人。她因此逃進了森林，在一對稻農夫婦的幫助下建立了一個新社區；後來哥哥也加入了，因為他也認為，除非能找到像妹妹那樣的女人，否則就不結婚。

祖先的神話

雷瑟解釋說，在前印度部落起源的神話裡，部落被分為兩半；部落裡的人只能與另一個部落裡的人通婚，這是異族通婚的原則，主要是為了防止亂倫。不過因為祖先都是同一個大神所生的兒女，所以兄妹姊弟亂倫成了不可避免的一種原罪；因此，每對夫婦在結婚前都必然經歷艱難的開端，然後再逐漸轉變直到完全準備好。

放逐到森林是歷練之一，其他方式還有破解謎語或者尋找不可能的東西。雷瑟講的第二個故事是，經常在村莊和鄰近地區溝渠清理乾淨了、籬笆也修補好了，什麼都準備妥當的情況下，準備下一輪耕種時的表演。

◆

作為宇宙之神的巴塔拉‧古魯，受到了卡尼卡普特拉（Kanekaputra）的威脅；卡尼卡普特拉是歷經海底多年的苦修和冥想，而獲得神力的，威力非常可怕。爪哇人依舊會為了追求神力而進行苦修，儘管終究無法達到那樣的標準。當卡尼卡普特拉手裡握有一塊被稱作萊特納‧杜米拉（Retna Dumicah），代表神力、閃閃發光的寶石時，巴塔拉試圖過去搶奪它，不料，這顆寶石從

他的手上飛落掉到凡間，被一條叫做安塔博加（Antaboga）的蛇發現，並放到
一個盒子裡藏了起來。眾神們雖然找到了安塔博加和盒子，卻怎麼也打不開
盒子，巴塔拉·古魯於是就把盒子扔在地上摔碎。碎片裡跑出了一個三歲的
漂亮小女孩，一座雄偉的宮殿瑪拉卡塔（Marakata）此時也拔地而起，這個小
女孩馬上就有了一批隨從而且住進了宮殿；她還被賦予一個名字——希絲娜瓦
提（Tisnawati）。

　　11年過去了，小希絲娜瓦提長成為一個適婚年齡的漂亮女孩，巴塔拉看見
了她，決定據她為妾（原配想當然爾是烏瑪）。希絲娜瓦提順從地參加了典
禮，但卻提出巴塔拉必須給她三樣東西才可入洞房的條件。第一件是吃過的
東西裡，可以讓食者賴以為生，並且滿意的食物；巴塔拉於是派他的僕人卡
拉古瑪朗（Kalagumarang）出發尋找這種不可能存在的東西。爪哇戲劇裡的僕
人特別像是莎士比亞筆下的人物，他們的舉止大多像小丑，並且總是向主人
報告一些不受歡迎的事情。在一陣爆笑聲中，卡拉古瑪朗出發了。情節的發
展越來越複雜，也越來越令人費解，希絲娜瓦提被她醜陋的丈夫巴塔拉追逐
而逃進了沼澤地……巴塔拉試圖強暴她，她死在了他的懷抱裡……因為懊悔
（或其他什麼原因），巴塔拉在森林裡砍出一片空地把希絲娜瓦埋進了墳墓……
從希絲娜瓦的頭部長出了椰子樹，從她的牙齒上長出了玉米，從她的手掌上
長出了香蕉，從她的私處長出了稻子。同時，卡拉古瑪朗被變成一隻豬，而
後被箭射死……他的血和腐爛的屍體滋生了從15或20個世紀以前，一直到今
天還在侵襲稻子的害蟲和疾病。

　　雷瑟說，這些只是很多故事裡其中的兩個；在大多數版本裡，斯瑞和希絲
娜瓦提不是稻米女神，而只是爪哇人那一半的部落之母、維士努（Vishnu）的
配偶、「左」半邊的女性始祖（她的形象在《哇揚戲》皮影螢幕上也是占據左邊）。她
們或是比較相像的兩個人，或是反對人性黑暗面的代表，或是月亮漸滿的象
徵。這些故事碰巧說明了她們都與農業相關，因此在人們遇到農業問題的季
節裡，她們會很受歡迎並且很有影響力。

　　我忍不住要再講一個，關於認為稻米女神和她僕人真實的存在所帶來危險
的故事。它仍是印尼目前最著名的故事之一，我最近看到過它被塑造成一個
精緻的浮雕群組——就在富人和有權勢的人居住的雅加達郊區，一個非常小的
房子外面。

◆

有一天，七個維達瑞——也就是天使、聖靈、仙女（不管她們被翻譯成什麼
樣的名字），她們從天堂裡飛了下來，落到爪哇山區裡，這山區美得連天堂
都無法比擬。她們想在這個隱蔽峽谷中的一池清水裡洗浴，於是脫去了身上
的衣服，歡快地玩起水來。一個窮苦稻農在前往田間的路上，偶然看見了她
們，當然充滿了驚奇和敬畏。他應該沒有被完全嚇住，否則就不能思考了。
他悄悄地撿起了其中最年輕、最漂亮的仙女的衣物藏了起來；順道提一下，
她的名字叫娜娃·烏蘭（Nawang Wulan），意思是清澈的月光。

當其他仙女都從水中出來，相繼飛回天堂時，娜娃·烏蘭卻因為沒有衣服
而被留了下來，很是尷尬苦惱。為了取回她的衣服或者還有其他原因，她答
應嫁給稻農，條件是他永遠不能違抗她的命令；當她在做飯的時候，丈夫不
准掀開鍋蓋。稻農笑著同意了，於是倆人安頓了下來，生活得非常幸福，從
不爭吵，而窮稻農也從村子裡最窮的人變成了最富有的人。他的米倉總是滿
的，稻穀可以拿到市場上去賣，也足夠招待朋友；但這是怎麼做到的呢？他
被強烈的好奇心折磨著，終於有一天，他掀開了鍋蓋往裡瞧。

他究竟看到了什麼還是個疑問。有些人說是一顆穀粒，它可以變出足夠填
滿穀倉的稻穀，另一些人則說在鍋底蹲著一個小女孩。不管他看到了什麼，
他的妻子進來看見他手中拿著鍋蓋時，就驚奇地看向鍋裡，然後，一言不
發，打開裝著她仙女服的箱子，穿好仙女服後飛回了天上。不久，這個稻農
又變成了村子裡最窮的人。

稻米的女性靈魂

稻米的神靈幾乎全是女性（儘管在菲律賓也有例外）。如果你要把稻神和羅
伯特·格雷夫斯（Robert Graves）的《白衣女神》（The White Goddess）聯繫在一
起，我也不能說不可以。很多傳說裡都強調她白色的皮膚，經常飄落著稻米
的碎屑，稻株本身則顯然反映著女人作為少女、婦女和老婦的三個時期。這
些神話裡有著好色的神和倉促的轉變，我想這會讓每個受過歐洲教育的人連
想起希臘神話，我猜我們應該也可以從印度或前印度時期祖先的信仰裡，來
追溯它的起源。事實上我懷疑斯瑞(Sri)和塞雷（Ceres）的名字聽起來是很相似

的，或許這也只是因為對語源外行，而所做的錯誤推測。

◆

　　菲律賓人的稻神，就像我所說的，常常是男性；是一組由四個兄弟組成的神：都曼甘（Dumangan），收穫和授予稻穀之神；卡拉斯卡（Kalaskas），稻米成熟的監督之神；卡拉索庫（Kalasokus），掌管穀物收穫前變黃和變乾的神；達姆拉格（Damulag），為稻穀擋風的保護神（菲律賓有可怕的颱風）。然而，他們也有女性的同伴──伊卡帕提（Zkapati），她是土地耕種和教授農業的神。呂宋島中北部的伊富高人（Ifugao）傳統上是把卡布尼恩（Kabunian）當作超能的神；把布魯爾（Bulul）尊為穀倉之神。他們還把布魯爾雕成木製品出售給遊客，他坐在地上，表情十分警惕，手臂在膝蓋上交叉著，鼻子長而尖，皺著眉頭。棉蘭老島西海岸的蒂魯賴族人（Tiruray）認為是他們的大神米納登（Mindanao）用泥土創造了世界，就像一個揚穀篩那麼大，還有兩個小人；這些小人長大後不能繁衍。米納登的兄弟米凱特福（Meketefu）把他們變成了男人和女人，所以他們才能生下一個孩子。但因為沒有食物，這個孩子死了。父親請求米凱特福賜給土地埋葬孩子，不同的可食用植物從孩子身體的不同部位萌芽長

出：臍帶處長出了稻米、胃腸處長出了甜馬鈴薯、頭部長出了芋頭、手上長出了香蕉、指甲裡長出了檳榔果、牙齒中長出了玉米、腦部長出了酸橙、骨頭裡長出了木薯、耳朵裡長出了葦葉。我們可以看出這個故事和薩雅姆‧斯瑞或者希絲娜瓦提的故事很類似。

奇怪的是，這其中也有來自幾個國家的普羅米修士式的英雄神話，他們從天上那些自私的神靈手裡拿回了稻米種植的祕訣。但是稻米，也像火那樣，具有不可撤銷的特性：一旦你掌握了它，就不能再也沒有它，某種程度上來說是它掌握了你，以至於你自此以後就一直掙扎著去控制自己放出來的靈魔。沒有人比日本人更具有像是在火山口的邊緣跳舞那樣的技能了，因此他們關於稻米是怎樣傳給人類的神話是十分經典的。太陽女神及高平原的統治者天照大神和她的兄弟雷雨神，及海洋的統治者素盞鳥尊（Susanowo no Mikoto）爭吵了起來；因為他毀壞了她稻田裡的溝渠，天照大神因為太生氣而躲進了岩洞裡，世界因此變成一片黑暗。諸神為了誘使她出來，就放了一面鏡子和一塊寶石在樹上，爾後，一個女神跳起了淫舞，惹得大家高聲哄笑。天照大神先是好奇，然後，她看見了鏡子和寶石，芳心大悅，就從洞裡出來了。

寶石、鏡子，還有素盞鳥尊贈給姐姐的一把寶劍，就成了日本皇權標誌的一部分。天照大神把她在天庭種植的稻種賜給了她的孫子「成熟稻米植物之神」瓊瓊杵尊（Ninigino Mikoto）。瓊瓊杵尊把它種在了地球上，他的曾孫神日本磐餘彥（Jimmu Tenno）就是地球上的第一位君主。日本從此就成了「Mizuho no Kuni」，意為稻米豐產的地方。天皇仍在每年的10月15日和11月23日到伊勢的神道教寺聖地種植稻米，以示對神的敬意。

在這麼多關於稻米的故事裡，笑聲和野性不受控制或者像狂歡作樂似的笑聲，似乎是一個關鍵的魔力，它可以解開祕密，使想隱藏起來的人暴露或者讓故事打破僵局。笑聲的反面似乎也不是難過、哭泣或沉思沉默，而是羞澀和因珍愛某些東西而產生的脆弱的感情。在天照大神的故事裡，她看見鏡子和寶石而被誘惑出洞的情節，使我想起了農民們為了讓稻神不藏起來而做的事情。住在曼谷附近的美國人類學家路西安‧漢克（Lucien M. Hanks）在《稻米與人類》一書中，就描述了守舊派泰國農民在這方面是怎麼做的。

泰國農民通常要等到國王（他們通常還有個平地之主的封號）犁出一條象徵性

的犁溝，並向相應的神靈祈福後才開始犁地：美斯·托拉尼（Mae Thorani），植物女神；弗拉·弗姆（Phra Phum），地球之主；南格·麥格塔拉（Nang Megtala），雨神。這些行爲和祈禱是爲了讓分管各項的神靈們注意到農民獻上的食物、鮮花和薰香。當稻子在發芽的時候，就像一個懷孕的婦女，它一定會被讚美，但如果是男人，它就會感到非常的羞澀；於是，婦女們會帶上略苦的酸橙、檸檬、香水和香粉及鏡子去田裡。當稻子完全成熟的時候，農民簡直不知怎樣感激稻母神──美斯·弗索普（Mae Phosop）；但因爲收割機把她嚇走了，婦女們於是收集一把稻稈做成稻米玩偶裝在籃子裡帶回家，給它穿上衣服就像一個草根公主，希望它能召喚稻米的靈魂住進這個玩偶裡。然後，這個玩偶被安置在穀倉裡，以確保下一季的稻種能夠多產。

很多地方還依然講究這樣的儀式，尤其是在那些偏遠或稍微偏遠的地區，但是它們依然是要慢慢消失的，而且很快就會被人們忘記了，不是因爲農民不再信仰美斯·弗索普，而是因爲他們不再需要她了。

皮埃爾·古魯（Pierre Gourou）在他的書《雷札耶的文明》（*Riz et civilization*）中，用了整整一個章節描寫農民的宗教儀式。一個伊富高人的村莊每年用191天的時間來進行儀式，他們會獻上總共467隻的母雞、76頭豬和4頭水

牛。寮國北部的拉美人是種旱稻的，他們說在所有的植物當中，只有稻米是有靈魂的。他們在稻田邊的小路上都設了祭壇並擺上鮮花，以便那些靈魂在豐收前能及時找到回家的路；至少，他們在過去常這樣做。我喜歡古魯的故事，這是關於人們在雨季遲來時怎麼祈雨的故事；他說在東南亞的有些地方，人們帶著一隻裝在籠子裡的貓，在村子裡繞行，並向它灑水。爪哇人則用一種簡單的方法來阻止雨水（把一些沒洗過的內衣褲放在房頂上），但造雨應該需要難度更大的法力，所以我相信往一隻貓身上灑水也可能連一場陣雨都祈求不到。

　　但是這些「猜字遊戲」似的做法背後，也許有科學觀察的依據。欒幹人在稻田周圍和小徑上種的植物叫「稻米之友」，會開花，且在稻米成熟之前就結出果實，這樣就吸引了猴子和小鳥，使它們遠離了稻穀。我可以想像得出，農業推廣人員一定不會讓農民進行這些迷信活動的。我曾讀過馬來西亞農民是根據月亮的盈虧週期，來種植稻米的資料。不管雷瑟博士對此會怎麼想，他們這麼做是為了避免稻稈生蛀蟲，這些蛀蟲是在滿月時交配產卵的；又或者，他們只是過去常這樣做。噴殺蟲劑是很有誘惑性的，但當你意識到它不僅殺死了害蟲，還包括害蟲的天敵以及稻田裡的魚，而且開始污染當地的飲用水時……想要回頭就很難了。

綠色宗教

　　我不會為信仰正在消逝而悲歎，因為它們是有魅力的；這也通常能夠解釋我的信念，人們只有在生活過得沒有困難時才會感覺幸福。另一方面，對於農民來說，我可以看出盲目信仰的兩個積極面。讓窮苦農民滿足現狀還不是其中之一，而讓他們的生活從知性上、精神上和審美上感到滿意才是積極面之一。對我來說，經典事例不是人民基本上富裕的巴里島，而是跟過去一樣荒涼貧窮的印度。

　　或許我的感情稍稍脆弱了一點，對一個我更熟悉的國家就不會如此，但是印度在我的印象裡就是人口稠密，社會各階層不管是地方派別還是敵對的宗教組織，都有著非常豐富的文化和宗教傳統。我舉一個小例子，關於它和平的一面：

◆

　　當我們行駛在新德里附近的主要公路上時，看見漂亮的孔雀在路邊昂首闊步並在地面啄食。「孔雀應該是很好吃的，」我說，想起中世紀歐洲食譜裡記載的節日歡宴，「這裡還有那麼多人在饑餓當中，我對印度竟還有野生孔雀存在，感到十分納悶。」司機顯得更加震驚，「克里希那神（Lord Krishna）那有一個孔雀毛做的頭飾」他說，「這兒沒有人敢殺一隻孔雀。」

　頭飾上有兩隻鳥：文化滿足和生態警醒。這種警醒，就是信仰未知的、超自然力量的第二個益處，它不斷地提醒農民，他們是大自然系統的一份子，大自然會用疾病和貧瘠來懲罰那些貪婪、愚蠢以及缺乏遠見的行為。科學課程也無非是要我們最終曉得這個道理，只要種植稻子的地方，似乎總有不用化學物質的農民，和具有環境意識的人們來進行生產。這些人的態度值得尊敬，至少不是因為它建立在知識和本能的基礎上；但是隨著世界人口的持續增長，我們更加需要良性的農業綜合技術，以及企業管理知識。

　　在新加坡國家博物館裡有一個關於稻米的展覽，吸引了很多遊客，我們在那兒還和溫美玉談過話。遊客大部分是一些父母帶著孩子，目的或許是為了教育孩子；但是大人和孩子都顯得有點著急和厭煩地盯著那些人工作品，似

乎那些是來自遙遠的、不可想像的過去，比如鋤頭、搗杵、雕刻的儲藏箱、德維‧斯瑞和她配偶塞達納的畫像等，這些東西會被那些50年前在蘇門答臘島（Sumatra）和爪哇島鄉村度過童年的人們，立刻辨認出來。不能指望這些東西對今天的新加坡人有什麼意義，而且這些都已經是一些用途相當模糊的物件了。

其中最吸引人的要數巴里島人嚇鳥用的小型風車磨坊了，它能發出像甘美蘭（gamelan，一種印尼的民族管弦樂器）那樣的聲音，並繪有生動的圖畫，描繪了一個農民與一頭頑抗的水牛搏鬥而他的妻子在舂米時的情景。我們卻不記得在20世紀60年代前往巴里島旅行時，見過這種小風車；倒是認為他們在吸引遊客方面比嚇唬小鳥做得更好。

印象最深的還是一個來自加里曼丹的絕妙的木刻犀牛，它塗著亮亮的油彩，似乎在自鳴得意。加里曼丹土著伊班族（Iban）部落把犀牛當作神聖的祖先，牠們是被派來教人們種植稻米的。伊班族人透過觀察星相來確定什麼時候準備播種：他們守候著昴宿星與太陽一起升起的那一天到來。在橫跨砂勞越（Sarawak）疆界的地方，有人們說他們是一個町迪特王的後代，町迪特王娶了昴宿星最小的女兒；她教給了他種稻的祕訣。J‧D‧弗雷蒙（J.D.Freeman）在20世紀50年代寫的《伊班族農業》（*Iban Agriculture*）一書中，列出了23個伊班族人為稻米不同的生長期所取的名字，包括「像麻雀的尾巴」、「像懷孕的男人」、「像懷孕的女人」、「遙遠的召喚」以及「成熟的嘴唇」……

弗雷蒙問農民為什麼不用連枷脫粒，而是打赤腳來踩（速度很慢，而且很痛）。農民說，用那麼粗暴的方式會冒犯稻米的靈魂，甚至用腳踩脫稻米過於用力，都會被認為是對稻米的一種侮辱，儘管如果你確實忍不住踩了它，它也會有感覺的。

犀鳥的後裔稱他們的祖先為「burung singalung」，他們的收穫節為「gawai burung」，意思是「鳥之盛宴」。在新加坡博物館裡，有一張四個古代人在慶祝收穫的老照片，從他們臉上綻放的笑容可以看出來他們過得很開心。照片裡描述他們正要把獻祭的公雞殺掉，這不是為了自己吃，而是為了讓神能享用。他們顯然在這個世界上生活得相當滿足、幸福和安逸。他們的收成很好，足以維持到下一次收穫的時候。人類還能向反覆無常的上天要求得更多嗎？

稻米，你從哪裡來？

　　稻米種植是從什麼地方開始的？或許是在1000個不同的時間裡和1000個不同的地點上，廣泛地生長著野生稻。我們能做的就是進行合理的假設，然後用考古學的證據進行核實。

選擇──無意識還是有意識

　　我們知道，稻米的野生草本祖先是從100多萬年前的岡瓦納大陸進化而來的。大陸分裂形成南美洲、非洲、印度板塊和澳大利亞板塊，每一個大陸塊都運載著一些動植物種類。印度大陸塊向北漂流了幾萬年，最後由於碰撞停靠在了亞洲大陸，還形成了喜馬拉雅山和延伸至中國南海的主要山脈。又是幾萬年以後，在這些山脈的溫暖濕潤山麓地區，最早的男人和女人第一次採集了野生稻來作為食物，然後他們意識到可以種植它，並且不假思索地開始選擇和培育與之有類似特性的植物。之後，部分西非地區的人們也開始做同樣的事，儘管那兒進化出來的稻米種類有些特殊，但如果不是人們已經學會了加熱食物，那麼即使發明了農業，稻米種植也不可能就此開始。

　　稻米的適應性是非常強的，毫無疑問，是因爲野生稻就是在很多種不同的環境裡逐漸形成不同的特性，才得以生存下來的。它們有些很耐寒，有些能應付山洪或者沼澤，有些則習慣於生長在相對少量的水中。當人們開始發展農業技術的時候，不同地區選擇和耕種的都是當地可以獲得的品種，所以，哪一種稻米是最先投入一般性農業生產的？旱稻還是水稻，就不得而知了。

　　當然，稻米是會被傳播的。人們想把稻米種植在自然野生稻不生長的地方，儘管那裡的環境條件可能不合適，於是正式的種子培育就開始了。當稻米被帶到遠離它的自然產地時，它就開始發生變化，並且逐漸地適應新環境；但是，農民也會相應地改變環境。舉例來說，在中國，人們想種水稻但水源供應不能保證，且土壤多孔。第一代莊稼一定是令人失望的；但是，透過在田地周圍挖溝渠貯水或是從溪流引水，然後用挖地和踩泥的方式，使土壤在幾年後變得像「泥漿」：水面下30～50公分處有一層質地硬、氣孔少、被壓緊的土壤層，它可以很好地保持水分並改善土壤的綜合特質。

　　國際稻作研究所的張德慈博士（T‧T‧Chang）或許是世界上馴化稻的權威人士。他認爲首批稻農很可能出現在印度東北部和泰國北部，他主要是從地理學和遺傳學上來推斷；而主要的品種有印度型、日本型、爪哇型，是被食用者帶進了新地區和新環境中，從而由共同家系裡分離出來的。

伊恩‧格洛弗博士（Dr Ian Glover），是一位倫敦大學的考古學家，他告訴我說，可辨識的最古老的稻米遺存是在泰國北部和越南北部，有著大約超過3000年的歷史。在中國中部遠離稻米「故鄉」的一個地區，是種植黍爲主要食物的；在位於上海南部的河姆渡廣泛地區發現了稻米遺存，用C14測定，它距今至少有6000年的歷史。現在所知的最早的稻米種植遺址是在長江中游地區的彭頭山發現的，稻米大約在8500年以前就在那兒生長過。

同樣的，在印度和巴基斯坦，很多考古發現都是源自於遠離山區的地方；儘管在科迪赫瓦（Koldihewa，位於山區的邊緣）發現了野生種植稻的遺存，大約有4000多年的歷史。這些遺存通常是稻殼、燒焦的穀粒、黏土層裡穀物的痕跡，但它們已足夠用來辨別出不同的稻米種類了。這些不僅僅是古代的遺物，也使我們對印度稻種的連續性有了認識。最早關於印度禮拜儀式的文本記載了稻米曾被用於獻禮。「獻給火神阿格尼（Agni），用8個陶器盛著一塊黑米糕……獻給太陽神薩維陀利（Savitr），用12個陶器盛的快熟米做的糕……獻給祈禱主毗訶波提（Brhaspati），一份野生稻的祭品……」。《妙聞集》（The Susruta Samhita），是一部關於醫藥和飲食的專著，寫於釋迦牟尼誕生前，書中命名了12種稻米並闡述了它們對人體產生的影響。釋迦牟尼的父親是尼泊爾的國王，名叫「淨飯」（Pure rice），這又是跟稻米有關的詞語；在亞洲早期歷史裡很多地名、人名都跟稻米有關。

在印尼的蘇拉威西島（Sulawesi）橫跨砂勞越邊境的地方，發現了西元前2300年左右稻米種植的證據，但至今在爪哇盛世時代什麼也沒發現，本來以爲稻米在太古時代就已經在那裡種植了，但是爪哇的可用稻田是如此廣泛地被耕作過，早期的勞動記載可能被湮沒了。在西馬來西亞，吉蘭丹州（Kelantan）現在是這個國家的穀倉，發現有稻米的最早歷史證據是900年以前的。菲律賓的巴納韋梯田（Banaue）據說有2000年的歷史，但是正如我們親眼所見，關於它到底有多古老，最初到底是什麼原因促成的，尚無定論。其他一些東南亞的人們修建梯田和灌溉系統是爲了種芋頭，也許像呂宋島北部的山區部落那樣，先是種芋頭，然後轉爲種稻米。

稻米王國的實力

東南亞第一批王國和帝國的建立似乎是以稻農爲基礎力量的，這並不令人感到奇怪：它們都坐落在像湄公河（Mekong）、湄南河（Menam）、伊洛瓦底江

（Irrawaddy）和紅河（Red rivers）邊富饒的三角洲地帶，然後才慢慢移向蘇門答臘島南部和爪哇島中部。那時，他們已有大型的灌溉系統，這些灌溉系統的遺跡到現在還讓人印象深刻；然而，我們可能都誤會它們的用途了。在氾濫平原或江河三角洲地帶種植稻米，只需要把水引進田裡和放出去而已；運河的作用是排水和洩洪，而不是灌溉。甚至蓄水池也是爲了控制洪水，而不是爲了在乾旱季節灌溉土地。高棉人在吳哥（Angkor）修建的大型供水系統或許本來是爲了宗教崇拜，而不是種植稻米。另一方面，斯里蘭卡仍然保留有大型的蓄水池，曾經被用爲儲存雨季的雨水，然後在旱季裡灌溉莊稼。

在可以依靠雨季灌溉的地區，一年只種一季稻米的農民們是不需要特別的灌溉系統的，天降的雨水和當地的河流湖泊就會帶來充足的水源供應。人們開始儲水的原因就是因爲他們不想一年只種一季稻米。我們得把雨水灌溉一季的水稻和灌溉兩到三季的水稻區別開來。隨著人口的增長，種植的多樣化，更多的勞動力投入農業當中來，也有把山坡的梯田耕作模式引入稻米種植中來的，這樣能夠收穫更多的稻米。爪哇就是一個經典例子，1780年人口是300萬，到1990年就增長到9000萬。如今爪哇種植的稻米基本能夠自足，爪哇在某種程度上還保留著傳統和保守的社會風俗和文化，卻在盡力適應不到十代人就已增長了30倍的人口。

儘管稻米是比它的主要對手——洋芋、芋頭、黍更好的食物，但是它的種植難度和風險也更大，在有些地方還被當作文化侵入的異類。這個進程是在20世紀才開始步入正軌的。甚至直到今天，爪哇西部的人們還在大量地食用芋頭。雅加達的人們，是在部分從沒接觸過稻米的印尼東部長大的，他們主要食用「適合的食物」——芋頭和西米，而當爪哇人移民到那些地區時，就會對那些食物皺眉頭了，於是安頓下來後就教當地人種植稻米，傳播文明。

稻米的發展在長長的人類歷史中緩慢地推動著進程，至今尚未完成。毫無疑問，從某種程度上來說，距離遠是一個問題，人們開始用船載或用動物來馱運送稻米到很遠的地方，既可以做種子也可以當食品出口到遠方市場。

到大約西元前500年的時候，在印度、中國、馬來西亞和菲律賓地區開始廣泛地種植稻米；這些地區大多用了4000年或者更長的時間才完備一切體系。而有些地方因爲佛教僧人的傳播會更早些，因爲僧人往往是不知疲倦的遊歷者，據有人猜測他們之中有的人還可能是美食家。在西元前300年和西元200年間的某個時期，中東和日本發生了兩個意義重大的進步。日本南

端的短粒米品種或許是由韓國傳入的，開始由九州和本州向北傳播，但是當它們到了北部更寒冷的環境裡時，傳播進程又慢了下來。事實上，它是在18世紀末傳到本州北部的，而一個世紀後才培育出了可以生長在北海道的耐寒品種。

　　在西亞，新生帝國和社會開始對食物無論是主食還是副食都有了新的要求。亞述人（Assyrians）在西元前17世紀就使用稻米這個詞，但當時他們並沒有種植。直到西元前500年，居住在現今阿富汗、伊朗、伊拉克境內的人們，還主要是以小麥和黍為生。然後，帕提亞帝國（Parthian）開始透過興都庫什（Hindu Kush）從印度北部吸引貿易。巴克特里亞王國（Bactria）、里海

（Caspian Sea）南部，開始成為自地中海、波斯、印度和中國的貿易要道。亞歷山大大帝曾在西元前334年和西元前323年間遠征到亞洲。他的一個隨從亞里斯多布魯斯（Aristobulus）在之後寫道，他在巴克特里亞、巴比倫、蘇薩、敘利亞（也許是約旦河谷）見到了稻米種植。換句話說就是由於波斯人，才把稻米帶到了底格里斯河和幼發拉底河河谷那麼遠的地方，幾乎到了羅馬帝國的門口。

希臘人和羅馬人當然知道稻米。希臘作者提奧夫拉斯圖斯（Theophrastus）在西元前4世紀關於印度的作品中提到了稻米，比亞歷山大時期早100年。希臘人還是沿用稻米本來的名稱——或許是印度語，也或許是波斯語；然後把它傳到了羅馬，直到林奈（Linnaeus）和植物學家將其命名為「稻」（oryza）。讓人好奇的是希臘人和羅馬人對稻米的興趣不大，他們把它當作外來的、昂貴的藥品，只有一些富有的、追求時尚的、經過印度長途旅行的人，才會買回這些東西。

烹飪和食用的態度

在古代，亞洲和西方在信仰一系列自然力量方面，是有共同點的；就是有智慧，能夠很好地協調自身，並盡力保持平衡。積極和消極、陰和陽、熱和冷、中國人的五行理論、希臘醫學提出的四元素……這些都是今天人們絕不會忘記的；但稻米在這些體系裡的位置就不那麼確定了。作為稻穀，它與土相關，就代表陰和冷；但作為膳食的兩個基本成分之一（另一成分是葷素菜肴），米飯就是中性的，它很好地中和了土和火；土是它生長的地方，火是用來做熟它的一種力量。在《中國文化中的食物》（Food in Chinese Culture）一書中，尤金（Eugene）和瑪麗亞·安德森（Marja Anderson）提到，他們發現馬來西亞的中國福建人就把米當作熱性的食物，但這或許是因為海外華人在陌生的環境中沒有安全感，需要充足的熱量來增加力量的緣故吧。

總的來說，米是作為冷性食物被中國傳到世界上其他地方的。在印度，尤其是北部的很多人在寒冷的天氣裡就不吃稻米了，因為他們認為稻米會讓他們更冷，波斯人到如今也還這麼認為。對於中東地區食物有著淵博知識的吉爾·貝納姆（Jill Benham），則追溯了熱性和冷性食物從遠東經歐洲到南美的傳播過程。

從不同的角度出發，我們可以發現關於稻米發展歷史的三、四種不同的觀

點，而影響這些觀點的就是稻米的烹飪和食用方法了。有一個極端例子就是，稻米因為太昂貴而必須被用作特殊用途或者成了藥品；但是，即使在幾百年來都把它作為主食的國家裡，稻米也有著略微神聖的地位，就是在烹飪和食用時也常與別的食物分開。我可以想像農民會對他的妻子這麼說：「看我們多辛苦，我們冒著一切風險種出了那麼純潔、那麼雪白的稻米，所以妳做飯時，別把它和別的東西混在一起。」

在把稻米作為莊稼引進，但還不是作為主食的地方，人們只是簡單地把它當作可以利用的商品或只供美食鑑賞的材料。富人們對廚師說：「這些米是好東西，但吃久了也會厭倦，試試放點醬汁什麼的，讓它有點味道，行嗎？」或者農民也會打來野味和米一起烹煮，作為一頓飯全部盛在一個盤子裡食用，所以瓦倫西亞（舉例說）附近的鄉村就會把野兔肉和蝸牛放進飯裡，做成肉菜飯。

農民團體經常是由獲得土地的退伍老兵們發展而來的。我想知道，關於稻米的食譜，有多少是從士兵營地籌火裡派生出來的，比如在印度和波斯及伊拉克之間的，或者印度和西班牙之間的行軍途中。稻米對軍隊來說，容易儲存和搬運，因為稻穀是乾燥的；因為不需要再碾碎或者烘烤，也易於烹煮。如果軍隊占領了某地而駐紮幾個月的話，甚至可以種一兩季低產的旱稻，它比小麥長得快且產量高。燴飯（由稻米加魚或肉及調味料煮成）和印度比爾亞尼菜（羊肉米飯或雞肉米飯或菜飯），可能就是從軍隊供給發展而來的，儘管當時可能做得很簡單，但到了和平年代裡，人們會精心製作這樣的燴飯，也會坐在晚餐桌前，含著淚水向妻子兒女一遍遍地講起他們戴著頭巾，穿越興都庫什時吃的「小點心」（古代波斯語稱之為令人舒適的食物）。

中國商人認為稻產非常豐富的地區是在費爾干納盆地（Ferghana），就是帕米爾北部的泛亞洲地區，而不在波斯。這或許意味著在波斯或者在很多東南亞地區，稻米的種植是不均勻的，而且很少有中國人去那麼遠的地方，也就碰巧沒發現有稻米在種植。但是，稻米確實出現在像幼發拉底河或者約旦河那麼遠的地區，然後傳播中斷了幾百年。還在阿拉伯人征服埃及之前，就有稻米在亞歷山大的派珀門（Pepper Gate）出售，但這只是進口米。作為農作物，它直到西元6～7世紀才傳到埃及，也就是西方羅馬帝國分裂的時期。

《聖經》中連新約裡都沒出現過稻米這個詞，儘管在關於播種機的寓言裡，提到種子可以產生60～100倍於自身的果實，或許指的更可能是稻種，而

不是其他作物，因為我懷疑古代巴勒斯坦種小麥的農民是否能獲得那樣的收成。猶太法典中提到過稻米，但稻米至少是在西元6世紀才傳到中東的。為什麼它這麼晚才傳到埃及？畢竟，終年流淌著的尼羅河可以提供很好的生長環境。

答案或許是因為埃及人都是很熟練的小麥種植者，當他們既可自足又能保證出口的時候，實在沒有必要將精力轉向別的農作物。如果有人想試驗種植稻米，在當地的環境下，能找到的品種只能是收穫很低的產量。一個更難的問題是：為什麼埃及農民到最後依然選擇艱難地尋找、和培育高產能的稻米品種呢？這也許是對稻米的需求越來越強烈，致使農民願意克服眾多的技術困難。20世紀澳大利亞稻米的歷史說明了這其中也有運氣的成分。不管怎麼說，在強大的推動力來臨之前，埃及人就開始種植少量的稻米了，直到伊斯蘭教使它爆炸性地增長起來。

在西方，稻米從來沒有成為伊斯蘭教的主食。大多數阿拉伯人吃小麥和高粱屬的植物，而不是稻米。但是他們從西元635年擊敗的波斯人那裡學會了種植稻米；又或者是跟他們在西元711年征服的信德省的印度人學會的。他們知道在沼澤地區、河邊峽谷地帶或是有可依靠的灌溉水源的地區，稻米就是很有價值的作物。

與此同時，帝國在財富和疆域上的迅速擴張，使人們對美食也產生了巨大的需求。早期的哈里發（伊斯蘭教執掌政教大權的領袖的稱號）喜歡擺盛大的筵席，而這種帶炫耀性的款待風氣迅速向貴族中擴散。阿爾‧馬赫迪（al Mahdi）哈里發在西元780年派他的維齊爾（伊斯蘭教高官）去印度找尋新的植物和藥物。這個名叫亞赫‧伊賓‧哈里迪（Yahya ibn Khalid）的人，也是年輕的王子哈倫‧阿爾‧拉希德（Harun al Rashid）的導師。在西元945年，穆斯塔法（Mustakfi）哈里發舉辦了一場豪華宴會，主要討論話題就是食物。客人們討論了那些「稀有菜肴」，這其中包括檸檬、茄子、稻米和糖。

因此，阿拉伯人擴張到力所能及的每一個稻米種植區，使那些植物在移植到更冷或更乾的地區之前，就在一種特定的環境下適應一段時間，毫無疑問，他們會選取最好的、能適應新環境的種子。在安德魯‧M‧沃森教授（Andrew M.Watson）的書《早期伊斯蘭世界的農業改革》（*Agricultural Innovation in the Early Islamic World*）中，他指出稻米是唯一能在炎熱的地中海國家、夏季生長的農作物，當然必須有充足的灌溉水源。10世紀的地理學者伊賓‧豪爾（Ibn Hawgal）

說，摩蘇爾（Mosul，伊拉克北部城市）的一個埃米爾（穆斯林國家的酋長、貴族或王公）引進了兩種新作物——棉花和稻米，這使得他的收入成倍地增長。

稻米的引進和推廣，是朝著底格里斯河和幼發拉底河的上游源頭，繞過地中海右上角（即土耳其南部的海岸），進入土耳其本地，再沿著裡海海岸，甚至到了伏爾加河峽谷。它甚至被帶到摩洛哥南部，或許還會穿過撒哈拉沙漠到達了西非，在那兒不久就與當地的非洲栽培稻形成競爭——儘管今天這兩種品種都還在種植。阿拉伯人在西西里種植稻米，稻米是9世紀末被出口到此地的；當然還有西班牙，不僅限於一直種植稻米的瓦倫西亞和木倫西亞，而且還有從未種植過的馬略卡島（Majorca）。

到西元1000年，整個阿拉伯世界不管環境是否適合，幾乎都種植稻米。也大約從那時起就開始有食物和烹飪書籍的廣泛流傳，其中稻米和用稻米做的菜肴是主要的部分；本書的稻米食譜就有部分來源於這些傳統及其衍生物。然而，稻米又一次停止了傳播進程達幾個世紀之久。羅馬帝國的東部殘餘勢力拜占庭帝國懂得稻米，並很偶然地在醫書裡寫到了它，卻沒有種植；同樣的，在西歐，稻米還是昂貴的舶來品。在西元6世紀，拉文納市（Ravenna）希歐多爾西婭（Theodoric）法庭的一個希臘醫生提出，在羊奶裡加入煮軟的米飯，對於胃部不適者有治療的效果；這對那些酒肉成性的朝臣們是很有幫助的。如果那些十字軍戰士從「海外新域」凱旋時會帶什麼食物回家的話，那麼他們的鞍囊裡一定不會放稻米。當羅馬侵占西西里後，稻米種植就減少並逐漸消失了。

西方的稻米

西歐在很長一段時間裡都把稻米當作一種香料。稻米是在13世紀中期傳到英國的。牛津英語詞典第一次引用這個詞是來自1234年國王亨利三世的王室紀錄，而我們從中可以知道，在1264年的耶誕節和接下來的復活節期間，萊斯特（Leicester）女伯爵家收到110磅的稻米，當時一磅值1.5便士，是記載詳細的簿記上的一個高位價格；此外，還記載著稻米被鎖進香料櫃裡的事實。幾乎在同一時期，薩沃伊（Savoy）公爵的記述裡顯示出一磅稻米（做甜食用的）值13個幣（英制度量衡），而蜂蜜僅值8個幣（英制度量衡）。在米蘭，稻米作為「從亞洲經希臘傳來的香料」而被徵重稅。

地中海西岸引進的稻米，在1348～1352年義大利人被黑死病及復發的、

不規則間隔的淋巴腺鼠疫蹂躪期間，備受讚譽。這期間義大利勞動力減少了近1/3，加上小麥和大麥的低產能幾乎使人們無法生存；而稻米是一種產量高，能量供給高，且在收穫時需要少量勞動力的農作物。1475年時，吉安・蓋勒佐・斯弗扎（Gian Galeazzo Sforza）送給費拉拉市（Ferrara）的杜克・埃斯特（Duke d Este）公爵一大袋稻米，並寫信告訴他一袋種子可以產出12袋能製作食物的稻穀。

根據義大利當代作品──在這封著名的信之前的幾十年，皮德蒙特高原（Piedmont）和倫巴第平原（Lombardy）的廣闊地區就已經變為稻米種植區，而穀種出口已經作為國家機密被禁止了。威尼斯人可能從土耳其帶回了稻米，一個早期的義大利品種就叫做「Nostrale」，意為「我們的」米，相對有別於其他任何進口的稻米。根據義大利歷史學家阿爾・德・瑪達萊納（Aldo de Maddalena）所說，15世紀倫巴第的米蘭總督曾命一個商人去南亞帶回了一大袋帶殼稻穀。這些稻穀播種在三個地方，然後才在廣大地區種植起來。早期義大利北部的稻田是從豐塔尼利（fontanili）引水，實際上小溪的水對稻子來說太冷了，根本不能承受；但是，稻米的一個獨特優勢是收穫期比小麥的晚，所以不會出現勞動力緊缺的現象，收成也更加的穩定。

在1585年的英格蘭，認為把米和白麵包屑放進牛奶裡，再撒上茴香籽和一點糖，會對哺乳期的婦女分泌乳汁有幫助。到了17世紀，稻米不再是神奇的奢侈品。桃樂茜・哈特利（Dorothy Hartley）引用逝世於1637年的吉瓦斯・馬卡姆（Gervase Markham）的話：「如果你想播稻種你就去做，這應該是出於好奇而不是利益……」他闡釋了在英格蘭種植稻子的方法，那兒有足夠的水源，但陽光不夠。然後，他還討論了稻米作為食物的特性。「如果你把米放進牛奶裡另外加上糖和肉桂，可以增加性欲。很多人都認為它會增肥，但是據醫生說它在胃裡並不消化，那它怎麼可能增肥呢？」

大約一個世紀以後，英國開始大量進口稻米，稻米才開始被當作普通的飲食材料──常常是用來做牛奶布丁。漢娜・格拉斯（Hannah Glasse）寫於1747年的《簡單的烹飪藝術》（The Art of Cookery Made Plain and Easy）裡涉及了20種稻米食譜；其中大多是布丁，有一兩種仍是用杏仁作為調味品，這是500年前就這麼做的。但是一個「做印度式的派羅（Pellow）」的食譜，標誌著新時代已經來臨。從海外新產區進口來的低價稻米，使得這種先前奢侈的食物在英國市場上變得越來越便宜。19世紀的食品作家開始對稻米屈尊。1842年，美國國

內詞典說「它在東印度和埃及廣泛種植，並成為窮人的主食……英國根深柢固地相信頻繁大量地食用稻米會導致失明，但這個觀點不是由經驗而來」。我認為應該不會。

到這時候，稻米已經被帶到離它產地非常遠的地方了。19世紀的挪威農民在工作日會吃大麥和水做成的麥片粥，星期天則吃牛奶和大麥，但是牛奶和稻米是宴會和慶祝時才吃的。在芬蘭，米粥是作為聖誕夜甜品的，而耶誕節午餐則是從油炸的剩米粥厚片開始。

稻米越過了大西洋

哥倫布發現美洲引起了廣泛的爭議，但至少他對世界上的美食是有貢獻的。紅辣椒、胡椒粉和巧克力以及乏味的馬鈴薯，和很多其他的蔬菜從中美洲被帶到了亞洲；而作為回報，美洲也得到了稻米，儘管它開始也沒有被正確地使用，就像世界其他國家最初那樣。有些作家提出，稻米的種子最早是由運奴隸的船帶來的，那麼只有奴隸懂得如何成功地種植稻米，貿易商還被授命去挑選西非的專業稻農；西班牙人和葡萄牙人把稻米帶到了中美洲和南美洲，稻米種植自此就繁榮起來；菲律賓人的稻米毫無疑問就是由從馬尼拉到阿卡普爾科（Acapulco）的大船帶來的。但是在北部，稻業的發展就需要很長的時間。

當幾個最早的殖民地建立起來的時候，稻米被命名為「渴望得到的」農作物。在1609年，維吉尼亞（Virginia）提出把它作為有發展前景的農作物；並在17世紀20年代，進行了幾次不成功的嘗試，而北卡羅萊納州（North Carolina）的第一批移民用可能是旱稻的品種做實驗，播在了沒有水的田地裡。據說，威廉姆士爵士於1647年在維吉尼亞播下了半蒲式耳（bushel，編按：穀物或水果的容量單位，美國=3.52升，英國＝36.4升）的稻種，而收了15蒲式耳的稻穀。我無法知道那是什麼品種，但是30倍的增長是可信的；然而，柏克萊（Berkeley）的成功顯然並沒有被仿效。維吉尼亞的土壤和氣候真的是不適合，稻米需要的是持久的溫暖氣候和充分的水源。

南卡羅萊納州沼澤地就能提供這些條件，儘管它們也滋生毒蚊子，這兒的首批移民也想把稻米納入生產範圍之內。殖民地的主人在1677年宣布他們希望獲得稻種，在1691年的請願書中提到稻米是一種對本地區有益的農作物。他們已經對種植馬達加斯加帶來的稻種努力了兩次。1694年，據說一艘從馬

達加斯加起航的雙桅帆船是在危機中進入查爾斯頓港（Charleston）的。船主把一袋稻米交給一個當地人，這個人又分給了朋友一些；他們播種後，獲得了很好的收成。一兩年後，一個東印度公司的司庫——都·伯伊斯（du Bois），也給南卡羅萊納州送去了一袋種子；這應該可以解釋為什麼那兒會有兩個品種。在17世紀90年代，稻米終於在南卡羅萊納州得以種植，是由法國雨格諾教派（Huhuenot）逃難教徒的奴隸來完成的。在1698年還出口了60噸到英國，出口量一直穩定增長直到美國獨立革命時期；在1771年的查理斯頓港，有將近30000噸的稻米用超過200艘的貨船運出。

不是所有的「卡羅萊納黃金」都不顧控制殖民地貿易的海運法案，而運去了英國。在1729年，法令修改了，允許稻米直接船運到布列塔尼（Brittany）天涯角（Cape Finisterre）南部的任何港口；然而，當英國在革命中占領了查理斯頓以後，據說他們收割了全部的作物然後運回英格蘭，包括來年的種子。

湯瑪斯·傑弗遜改善育種

作為出口英國和歐洲的商品，卡羅萊納米已經足夠好了，但是它的經歷還是複雜和多變的。它的一個最著名的恩人或許是湯瑪斯·傑弗遜（Thomas Jefferson），這個人對所有種類的農業和園藝都充滿著濃厚的興趣，他不遺餘

力地為自己新生的國家尋找新的植物，和新的出口產品。當他作為美國駐巴
黎的第一位大使時，決心找出法國人更喜歡義大利米而不是美國米的原因。
是因為美國米有太多碎粒嗎？如果是這樣，那就是因為義大利擁有更好的脫
殼和精白的機器。

　　傑弗遜在巴黎找不出任何可以提供給他的有用資訊，因此他意識到應該親
自去一趟義大利；我猜他一點也不願意這麼做。他在信件和日誌當中提到過
這段經歷，當他回到巴黎時，傑弗遜在給朋友的信中寫道：

◆

　　我發現他們的機器正如你們在 1775 年國會上向我描述的那樣；那麼，這只
能得出一個結論就是：我們的稻米是不同的種類，我決定拿足夠量的稻米給
你們做種子。但他們告訴我說，出口帶殼稻米是被禁止的，因此，我只能帶
走我所有外衣口袋能裝下的稻穀。我設法讓一個騾夫運幾袋，翻過亞平寧山
（Apennines）到熱那亞（Genoa）去，但是我沒有十足的把握。

　　傑弗遜實際上收集到了所有他能找到的稻米樣品：非洲的山地稻、交趾支
那（Cochin，編按：指中南半島南端區域或許是寮國、柬埔寨或者越南；「交趾」是中國
古代對越南的稱呼）的灌溉水稻。他和他志同道合的朋友們興奮地通過信件，
互相告知所獲得的品種和播種的情況，經常雙方的回信要等上幾個月，因為
他們中間還隔著海洋。班傑明·沃恩（Benjamin Vaughan）在 1790 年 3 月時從
倫敦寫信給傑弗遜，說自然科學家約瑟夫·班克斯（Joseph Banks）給了他一些
「旱稻」種子。 這些種子是布萊（Bligh）船長從東帝汶（Timor）帶回的。他和他
的同伴乘一隻小舟在海上航行了 800 公里，而帝汶島的稻種是他們這次尋找
植物探險中唯一能帶回倫敦的東西。沃恩給那時在紐約的傑弗遜寄了一小袋
種子，傑弗遜就把它種在自家的陶罐裡。

　　但是這些實驗的結果我們就不得而知了；或許就像 99 % 的農業新品種
的試驗經歷一樣，往往一無所獲。但是一些義大利糙米傳到了查理斯頓
（Charleston），與傑弗遜通信的拉爾夫·伊澤德（Ralph Izard）在 1787 年 11 月
10 日的信件中，不僅提到了對這些稻種的評價，而且還有關於它們的烹飪方
法——這是我們最關心的。在 7 個月前，伊澤德也要求傑弗遜把「以一生十」

的義大利種稻寄給他。

◆

　你寄來的種子，據你說是最好的品種，但和我們的簡直無法相比，而且更讓我奇怪的是它們的價格居然還差不多。你說我們的米和肉類一起烹調時容易變散，那一定是方法不對。我用我的方法試了一下，發現肉類的確是需要比稻米更長的烹飪時間，應該把它們分別煮到快熟時，再混到一起。在放米之前一定要把水燒開，否則米會粘在一起。我們打算種你寄來的稻種。我希望能在離其他稻田很遠的地方種，否則如果有花粉吹過來，也許就會繁殖成其他劣等品種了。為此我得感謝你沒有寄太多的種子。

　今天的稻米種植者會認同伊澤德對於本地品種純粹性的擔心。南卡羅萊納州的稻米種植在傑弗遜死後又持續了半個多世紀。而在19世紀40～50年代的喬治城（Georgetown）達到了巔峰，主要是因爲周圍的河流匯入了「溫紐灣（Winyah）」。那些留存下來的大農場的房子就好像主人的紀念碑似的，這些作風強硬的農場主們曾一寸寸地累加土地，也曾把鄰居的土地全買下來擴充自己的地盤，還捐助過當地的教堂，又曾在「酷熱魚俱樂部」（Hot and Hot

Fish Club）裡找過樂子。

那是一種特殊而不容易的生活：他們之中大部分人都在中年就死於過勞或疾病，而他們的妻子通常還很年輕，也病著或剛生下孩子。這都還是那些農場主的生活狀況，不是奴隸的。廢除了奴隸制度的美國內戰就是終結卡羅萊納稻米的開始；到1900年，密西西比河谷開始用曾經徹底改變小麥種植的方法，來種植亞洲傳來的新稻米品種。沼澤地的鬆軟土壤既不支持新品種稻子，也不支持新型農用機器，於是，這項產業就衰落了。在1910年，一連串強勁的颱風極度損害了溝渠和稻田，以至於最終稻米種植還是被放棄了。

其實我想無論現在還是過去，都無法評價湯瑪斯·傑弗遜和他那個時代的人，對北美洲的稻米演變發展所做出的貢獻。稻米的家系可以讓人聯想到成千上萬次一無所獲的偶然事件、陷入的死胡同、認真的嘗試，以及錯過的機會和播種後的豐富成果。

這並不是說稻米的家系完全是隱性的。基因學家可以追蹤它的分支並對特定品種的存在年限、起源產地及適應特殊環境的原因做出合理的猜測。今天，西班牙和義大利的稻米主要是短粒米，長粒米是最近才應需求引進來的。在北美，西海岸的稻米主要是短粒米，是日本移民越過太平洋帶過來的，但是東南部各州和密西西比州主要是長粒米，對它們的始祖我們還不大能確定。我喜歡那個卡羅萊納稻米起源於馬達加斯加的故事；所有印尼人都知道他們的祖先在很久很久以前，就把稻米帶到了馬達加斯加。

〔第九節〕
未來的可能性

在1990年，地球上有53億人口。那一年，國際稻米協會預計到2020年，全球人口會增長到83億，當時並假定從2000年開始，人口增長就會減慢，主要是因為發展中國家城市生育率會下降。

如果這些預計都正確，我們知道就得比現在多生產一些食物，尤其是稻農要多種一些稻米；就算不種稻米，也得種別的可做主食的作物。事實上，現在亞洲一些國家已經開始慢慢轉向時下流行的西方風格的主食，如小麥和牛肉，但這些東西基本上比稻米要低產得多。小麥的吸引力主要在於它每噸的

生產成本比稻米的低，而世界上的小麥從很多年前就已經生產過剩了。這些過剩的產品，當然現在主要是由一些非常貧窮的國家購買。

所以，稻米產量必須增長60％。在亞洲，我見過兩個人對這個挑戰做出的點滴反應。一個是國際稻米協會的高級研究員，當我們一起在中午的陽光下從辦公室走在回實驗室的路上，我們幾乎只能看到他的肩膀，他悲觀地說：「我們當然可以使稻米在5年裡增產兩倍，如果我們的政府能改變政策的話。」這是一個足夠保守的評價，國際稻米協會絕對是非政治性的。我想，儘管這個說詞只能算是一種適度的誇大之詞。另一個回饋是來自曼谷一個大型稻米貿易公司的出口商，他平靜地說在30年裡增長60％是不可能的，他還暗示說也沒那個必要。

至少我們會同意這個世界不僅僅需要更多的食物，而且也需要我們貢獻更多的力量使它變得更好這樣的觀點。農民、科學家、政府和商人都會產生非常重要的作用，當然還有那些很容易被忽視的參與者──也就是消費者；畢竟，每個人都想飲食多樣化一點，也想吃到不管怎樣都能買得起的進口食品。把供應的問題先暫時放在一邊，依據人們對稻米的需求，難道就真的需要增產那麼多嗎？

世界市場的變化

任何一個人告訴你關於世界稻米市場的第一個資訊就是「稀少」。換句話說，就是種植的所有稻米只有一小部分進入國際貿易當中：大約4％；而小麥大約是50％；這個市場也是極具起伏性的。有些國家是主要的稻米種植國，但貿易量很小；而有些反之。這兩種因素導致了令人擔憂的市場波動；在1973～1974年的亞洲金融危機年間，世界稻米產量比1972年減少了5％。在公開的市場上，價格就漲了3倍。第一流的巴斯馬蒂米售價常常至少是泰國碎米的3倍。

泰國很多年來都是最大的稻米出口國，產量的1/3都出口國外，這就是為什麼曼谷成為非官方的稻米貿易中心的原因。美國把稻米產量的一半用來出口，但它的種植量卻只有泰國的1/3，所以美國穩居出口國第二的位置。緬甸在第二次世界大戰前曾是泰國的競爭對手，但現在黯淡的現狀使它跌倒了第七位，每年出口不到20萬噸。越南則從戰爭破壞中恢復良好，開始以低於泰國米的價格出口，並以每年100萬噸的出口量躍居第三。

　　儘管中國和印度都是稻米進出口基本持平的國家，而巴基斯坦不是主要的
稻米種植國，但是另一些出口大國仍是中國、印度和巴基斯坦。稻米生產
規模極小的澳大利亞瑞沃琳娜（Riverina）地區，通常把辛苦種植的稻米的3/4
都銷往國外。我們的曼谷商人愉快地揮了揮手把這些都拋在腦後：「它們下
降了，看不見了，人們也會忘記它們。」這真的不公平，因為澳大利亞只有
2400名稻農，以45萬噸的出口量在世界上居然排第六──這為世界稻米市場
的不可思議提供了更多的證據。

　　為什麼會這樣呢？有因就有果。世界上超過半數的稻米都是在種植地附近
地區被消費掉的。我們明顯應該把用手推車和自行車運輸的「本地」稻米，和
用卡車經過柏油路運到城市的「國產」稻米區分開來。食用稻米的國家通常是
那些疆域遼闊而資源和人口分布很不均勻的地方。在《亞洲的面紗》(Mask of
Asia) 中，喬治·法韋爾（George Farwell）提出自給自足是政客們最害怕的；控
制食品的價格和進口數量是權力的有效槓桿，並且是他們最不願意放棄的。

　　幾乎各個國家都在食品配送方面變得更為有效率了。「本地」稻米和「國產」

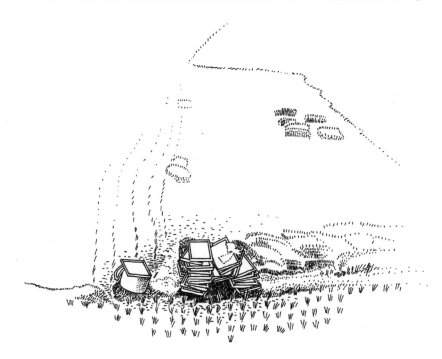

稻米之間的差別也越來越小，而且還將隨著農場規模的擴大、機械化逐漸代替人力勞動，以及人們逐步遷移到城市湧進工廠，而繼續消除差距。但有些國家，例如馬來西亞就稱因為政策的原因，他們將進口所需稻米的40%，而其他國家像印尼看似好像更追求工業的發展，而不是農業的進步。甚至在泰國，稻米出口在貿易中也不再占據首位，而是落到了第四位，排在紡織品、珠寶和電腦配件之後。而所有的國家都希望農作物多樣化，部分國家就種植像棉花、水果和香料這樣可出口換取現金的作物；部分國家生產乳製品和肉類這樣的家庭消費品。新加坡和中國香港特別行政區的農用土地不像人們想像得那麼少，但是他們根本不種稻米，因為蔬菜的利潤更高。

我們知道在人類發展史上，有三類不同的稻米市場，每一種在稻米的定位和烹飪方面都有其自己的意見和觀點。在過去的50年當中，它們都發生了變化，有些變化很大。

第一類——以稻米為主食的國家或地區，因為交通運輸和政府調控，對原有的地區之間發展不平衡產生了很好的作用，稻米種植變得不那麼零散，不那麼狹隘，反而更全國化了；同時，這些國家的人均稻米消費量正在下降。有些政府對此憂心忡忡，甚至有一些半私立的學院開設課程，教家庭主婦們怎樣做傳統的米飯菜肴，還有一些組織正在開發以稻米為基礎的方便食品。簡單煮熟的稻米飯其主導地位正在受到威脅，自己可以做的微波爆米花正在不斷發展。這些國家都沒有排在進口量前五名之內，儘管它們中有些國家非常依賴進口來填補本國稻米的生產不足。

第二類——那些把稻米當成有用的作物而不是主食的國家，它們正在以特定的出口市場為目標發展多樣化的新品種。當日本市場向國外種植的稻米開放時，澳大利亞人就培育了一個專門投日本人所好的品種。西班牙瓦倫西亞的種植者則正在生產一種非西班牙式的長粒米，這些米碾磨之後出口到包括德國在內的歐盟等其他國家。從歐盟以外的國家進口稻米都要付很高的進口稅，碾磨過的米是未碾磨的3倍，所以，西班牙人有極好的競爭優勢。歐盟是世界上最大的稻米進口商，每年進口超過100萬噸。巴西排名第二，它是拉丁美洲最大的稻米生產國，但卻還是不能自足。

在印度和泰國，大量的稻米是蒸穀米，不是為了本地消費而是為了出口到中東和波斯灣地區，在那兒它是市場主流。很多年來，伊朗和沙烏地阿拉伯每年進口超過50萬噸的稻米。

　　第三類──不種植稻米的地區，正在成爲形形色色的零散市場。在大不列顛，平均每人每年食用3公斤稻米，這個資料表說有些人可能一天三頓都吃稻米，而有些人則幾乎從來都不碰它。

　　在20世紀80年代期間，英國的稻米進口量增長了70％，達到2.45萬噸（碾磨過的）。進口增長的全是長粒米；短粒米（常常用來做布丁）還略有下降。超過總量1/3的稻米進入了商店和超市，還有不到1/3進入了公共飲食業貿易當中，剩下1/3進入食品工業，用來製作早餐粗糧、烘焙粉、速食餐、米粉和啤酒等。

　　歷史和現狀都能夠解釋國際稻米市場不足的原因。不管現代稻穀碾磨已經發展到多高的水準，在某種程度上，稻米市場還保留在中世紀的狀態。進入貿易的稻米數量實在是太少了，因爲市場從未被很好地組織過，它像是在一種即興發揮的基礎上走過了這麼多年。稻米有這麼多的種類，這麼多不同的級別和品質，每一張訂單和合同都是不同的。幾乎所有的稻米都是袋裝運輸，從90公斤的麻袋裝，到爲超市貨架準備的250克塑膠袋裝不等。美國稻

米協會的前主席倫納德·漢斯金（Lenard Hensgens），給我講述了他和他的同事1988年去雅加達時，是怎樣把兩船稻米賣給印尼的，這可是他們出口的第一批稻米。他們在碼頭雇用當地的勞動力搬運麻袋，所以稻米價格在雅加達市場很具競爭力。

　　稻米貿易中會出現少量且不穩定的過剩，主要問題就在於政府的不穩定行為。和我們在阿姆利特薩交談過的稻米磨坊主就譴責印度政府的變化無常。曼谷的稻米貿易商則坦白地告訴我們說：「我們享受著這種混亂。」這種混亂大部分是因為，貿易商們總是盡力去揣測泰國政府下一步將採取的措施而造成的：「他們會突然買進100萬噸，然後價格就會直線上升。當這種新作物進來時，政府就想製造出一種虛假的需求；他們往往以每噸10美元低於市場價的價格賣給鄰國政府20萬噸。但是政府沒有米，他們就從泰國出口商那裡購買，以10美元、15美元或更高的價錢買；反正政府有能力承擔損失。」換句話說，就是泰國農民的津貼都來自於公共基金，但是沒有人能預計到利率的價格和時間。

　　沒有人能確切地知道市場價格，所以會被絆住。市場是相當神祕的，但據說這是由中國商人「曼谷六虎」（The six tigers of Bangkok）控制的──儘管六虎的數量不大可信。大多數交易都是小型的──如果跟小麥貿易相比的話，一切

的貿易都是依靠私人來聯繫的。每天公布出來的資料應該是曼谷的離岸價，它們基於政府之間的銷售行為（它們通常有意濫用市場），或是基於那些有隱蔽折扣的交易。在小麥市場上，美國的產量大大過剩，因此是穩定世界基本價格的「最後可求助的供應者」。沒有哪個稻米貿易商能有這樣充足的剩餘可以去要求這樣的聲望。

自由貿易、關稅和津貼

我們現在都應該相信市場的力量：「自由的競爭，開放市場的完美智慧以及政客們將其稱為『合理的運動場』。」新南威爾士的種植者克里斯·布萊克（Chris Black）認為他的同伴正在與這種風氣作鬥爭。

「我們是世界上最後的稻米自由貿易者，」他告訴我們說，「當美國和歐盟爭奪貿易援助時，我們就像三明治當中那塊肉似的，被夾在中間。」稻米貿易的競爭者們用很多方式資助著農民：低利息貸款，價廉的種子、化學品，免費的水，保底的收購價。澳大利亞人得到育種和研究的經費資助專案，其他需要支付的就是從灌溉到市場之間的費用。

美國種植者的情況就完全不同，儘管他們也抱怨不公平的外國市場競爭。研究馬蘭比吉河（Murrumbidgee）和密西西比河峽谷之間的相似之處和不同之處是很有趣的，兩個地區都有大型的農場，有著相似的設備和經營方式。一些美國農民還在以自己的名義種植、碾磨和出售著自己的稻米，這種艱難的獨立操作方式在澳大利亞或許是不可能的，而在美國也不會持續得太久。在加州已經是由大型企業來生產稻米了；對小小的個人來說，生產成本增長得太快，以至於幾乎跟不上了，到處都是需要品牌、廣告和空間的市場了。

結果是令人印象深刻，澳大利亞聲稱他們要進行一次輝煌的電視宣傳運動，來提高20％的國內稻米銷售量。1988年，在路易斯安那，倫納德告訴我們說現在美國每年人均消費將近21磅的稻米，當時的目標是1995年達到25磅：「25 in 95。」這個人均量隱藏著地區間消費的巨大差異，而且這個資料還包括了用在食品加工，和釀酒業當中的稻米數量；但這仍是1960年以前稻米食用量的3倍。

美國稻農有個優勢就是都集中在幾個州，而他們的福利是從華盛頓的特定利潤裡支出的。他們也有足夠長的時間建成一個稻米「基地」——是被包括在由聯邦政府限定面積的保證價格。「基地」的面積不能再擴大，所以在「基地」

以外種植額外的稻米，農民就要自己承擔風險。大豆就得不到像稻米這麼多的支持，但是它們也不需要任何「基地」，因為在20世紀20年代，現代農業政策才剛建立時，大豆不是美國的主要作物。玉米就非常需要這樣的「基地」，但在路易斯安那卻一個也沒有，因為那裡的人們在這種關鍵的時刻不種這個；所以那裡的農民種很多的大豆，而玉米就很少。

　　美國的稻米種植，就像許多其他國家那樣，如果你不是生來就種稻米的，就很難進行得順利。土地和機器都很貴，稅率高而且低息貸款又很少。不管到哪兒，人們都會加入當地擁有磨房的合作社，參與的份額也是很貴的。「新」稻田如果沒有獲得政府保護價格的資格，就會種植售價低於稻米生產成本的作物。

　　我們去了北路易斯安那的莫豪斯（Mer Rouge），見到了拉里·塔布斯（Larry Tubbs）。他給我們看一小塊土地，是經他改良成適合種稻米的土地。在一條已經乾涸的小溪旁，我們看見三台黃色的大型壓路機，繞著圈兒，鏟起土然後順著機器中間柱子上鐳射燈指示的方向把土撒下。在路易斯安那廣闊的天空下只是看起來很平坦的土地，正被夷平成一塊塊像撞球桌那樣的梯田，它們被機器推建的土壟隔開。在一條窄梯田的頂端，我們發現了一截小管，它可以把地下水引入幾公頃的土地裡來。把地夷平和安裝灌溉設備的花費相當昂貴，但它們可以長期使用，這樣使土地的價值較之以前增長了3倍。

　　拉里的兒子已經是一位優秀的稻米種植者了，所以根本不必問他是否想讓這項家庭事業傳承下去。拉里自己開始是密蘇里州（Missouri）的小麥種植者，他在很多年前和一群志同道合的鄰居們一起搬到了南方，那時種值小麥看似是沒有前途的；但他做得很好，而其他大部分人都已經回密蘇里州了。我問拉里他怎麼看美國稻米的前途。他搖了搖頭，「大型企業會越來越大，而小農民將會消失，」他說，「這是一種恥辱，但我也不知道還能是其他的什麼。」他的大部分土地都以一年租約租給了佃戶，這種短期租約是為了避免遇到懶惰無能的農民會連續三年損害土地。他自己也種稻米，但不在政府的任何購買計畫之內，他自己直接賣給拉丁美洲的買家，通常是在收穫前幾個月就開始談判交易了。

　　這種大型的、冒險性的、資本密集的農場也許看似艱苦，甚至殘忍，但它在大多數主要稻米種植區發展得很快。作為環境的標誌牌，它是另一種維護地貌的方式，這些土地在100年前就已經不是荒地了。從社會角度來說，它

爲城市提供了廉價的食物，儘管只能解決少量的農村就業問題；從經濟和政治角度來說，它產生了難題和機遇。稻米可以銷往國外，這對一個國家的國際收支差額有好處。想滿足種植者、磨坊主、運輸者、消費者，和其中最爲迫切的援助接受者這些充滿矛盾的需求，這是一項很艱巨的任務，於是一些政府寧願幻想著把它留給「市場力量」去解決。

有些遠東的主要稻米種植國家和地區是被干涉最多的，如韓國、臺灣、日本；它們都不僅能自足，也有很大的生產能力。它們之中沒有進口或出口太多的，儘管一位臺灣地方官員曾向我抱怨過，這是因爲華盛頓不允許他們以低價出口。如果臺灣的稻米比美國稻米在亞洲市場所占份額更多的話，就會受到美國在電子產品方面的報復。在華盛頓時，我們聽說還有很多像臺灣一樣的國家或地區，故意生產過剩，然後把剩餘產品低價銷到任何能銷到的地方。就像土耳其，美國政府必須資助本國農民以便他們能向土耳其出口稻米，與沒有公平資助津貼的義大利人競爭……

但是再看日本，這個國家還把稻米當作是帶有神祕力量的作物，其意義不僅是主食，更視爲接近於民族靈魂的某種東西。當代日本政治依然傳承了這種態度；種稻的土地只須付很少的土地稅，舊式農村仍然比強大的城市向議會輸送更多的成員。日本現在只有10％的人是農民，而且平均每個農民家庭只有15％的收入是依靠土地的；但每個農民都隸屬於國家合作聯盟，這是統治階層資金的主要來源。

日本這種結構對農業用地的價格造成了嚴重扭曲的影響，儘管那麼多農民都熱望離開他們的土地，但是一公頃地還是要值大約25萬美元，而日本稻米的市場價是大部分其他國家成本價的6～8倍，並且還禁止稻米進口，除非是少量用於工業用途。澳洲稻米獲准進入日本是用來釀造啤酒的，而這些啤酒又是出口給澳大利亞。出口稻米根本是不可能，因爲沒有任何國家願意付日本這樣的價格。

有跡象證明這種狀況會很快地被改變。這種改變部分反映、也引起了日本對稻米的複雜態度的深遠轉變；他們對其他食物的禁止變少了。日本是世界上最大的食品進口國，如果連家畜飼料也算在內的話，日本人所需食物的一半幾乎來自於進口。

正視農民的資源

在印度，來自農業的收入是不徵稅的。這聽起來很不錯，但主要受益者是有支付能力的富農和地主。大部分窮苦人的收入很低，無論如何也付不起稅。

這並不能阻止世界各地的農民自始至終都被勒索著：地主、貸款人、中間人、銀行、資本者和官員們。像拉里·塔布斯這樣的大農場主，都是在豐收前幾個月就把稻米預售出去，用以支付所有的費用，因為這樣他就不必承擔太大的資金風險。不計其數的農民和佃農被迫在每季收割前都預售自己的收成，因為他們沒有任何資本，這是唯一一條可以還清債務，並確保放款人給他們提供下一季播種所需的途徑。

農民在這樣的狀態下是無法自救的，也更談不上拯救世界了。亞、非、拉大部分稻米種植國現在已經完成了非常初級階段的土地改革；這是致力於把佃農變成有土地使用期限的承租人，從而分裂集中的大型資產。有些政府是根據佃農的自由意願，而有些則是強加給他們的。通常在同一個國家裡，成功和失敗的例子也比比皆是。在菲律賓，擁有土地的富豪家族通常在很多地區還開設公司；在印尼或其他地方，一個富裕的家庭可以透過把小部分土地以不同家庭成員的名義重新註冊，來一直保持所有權。

「但是，」他們會回答說，「為什麼是我們？我們只是個人，我們有自己的權利——如果我們選擇一起勞動，那麼我們作為一個大型農場，土地就該比那些小農場充足得多才對。我們的問題不是資本的貪婪，而是遺產繼承，每當有人離世，就得把土地分給所有的孩子。」

土地改革聽起來是明確的——「耕者有其田」，一個讓我們感覺得到的、簡單的、公正的口號；但是，改革的措施必須考慮到人們對待土地的態度，以及允許所有權和使用權轉讓的方式。舉例來說，在日本繼承稻田並不是一件小事，即使是遺產繼承人同意有人在他們移居城市後可以繼續耕種土地。理查·H·莫爾（Richard H.Moore）在《日本農業》（*Japanese Agriculture*）中解釋說：

◆

農村社會遭遇的主要問題是繼承次序和繼承財產。農民作為家產的繼承人，需要擔負起維護祖墳和家族佛教祭壇的責任，協助每年的祭祀活動，保持與同宗各分支等級的社會關係。作為農村親屬和過去放棄繼承權移居城市的親屬間聯繫的重要紐帶，每年把稻米作為禮物送給城市的親戚，這是一種互惠關係。

　　在很多傳統社會裡，土地是神聖的，人們在有生之年受託管理它，除非在不尋常和非常特定的情況下才會出售。臺灣和日本一樣，變賣家族土地在某種程度上是背叛祖先的行為。用這種方式思維的農民通常可算是優秀的生態學家，但是這樣他們就把土地有效地鎖在一個需要大量勞動力的系統當中，只給資本投資留下很小的空間。改革家們是想建立一個土地的自由市場呢？還是僅僅想表達對社會公平的關注呢？不管是哪一種，僅靠大量存在的、由承租人代替佃戶經營的小農場，並不會導致高效稻米種植業的復興。

　　同樣的爭論還有——農民應該有權以低息貸款的方式使用營運資金，以便他們能夠購買種子，改善土地品質和租用機器。而說到土地改革，政府當然應該盡力。農業銀行和農民合作社看似到處可見，我確信它們也產生了良性的作用；他們的組織者的日子也並不好過。世界上大部分地方的人們通常有一種本能，而在過去也常常被證明是正確的，就是不信任銀行；而大多數合作社都要求農民定期償還貸款，其回報的利益卻通常是不穩定的，或者顯得非常靠不住。一位泰國官員告訴我說，泰國只有1/4的農民參加合作社。

　　扶助弱農正在發展中，短期內也是非常必要；但在歐洲，給了農民津貼，在很長一段時期內農業還停留在不發達的經濟狀態下。「農業綜合企業」經常

是一個濫用的詞彙，用來指那些資本密集的、過度開發的、掠奪土地的農業實踐。但是，人們種植食物既爲了生存也爲了賺錢，當農業不再是商業的時候，自然資源就會被浪費。這在稻米種植區尤其嚴重，因爲一個種植區就比大多數私人農場大得多，更需要非常複雜和細緻地管理資源。

如果一切順利的話，我想我們會看見稻米種植團體迅速地改革，以及土地改革和政府對農民的其他支援都會出現，回顧過去，也有必要從舊稻米類型向新稻米類型的簡短過渡。

中國──稻米的最大生產國

對於未來，最令人鼓舞的觀點就是繼續使稻米種植多樣化。對於不熟悉的遊客來說，地貌上改變最明顯的就是爪哇島西岸沿岸的國家和泰國中部：土地之間的分界曲線已經被清除掉了，現在在取而代之的是一塊塊直角直邊的矩形田，是由我們看見拉里‧塔布斯在莫豪斯（Mer Rouge）平地使用的機器所夷平的。這兩種稻田類型，在你乘坐飛機從美國和澳大利亞上空飛過時，可以看出對比很顯著；但是，農場管理要進行眞正的革命了。稻米農業總是需要知識、經驗和判斷能力的，將來它還會要求相當高的培訓技能和專業化的生產能力。作爲回報，它也能提供像其他商業企業那樣的事業階梯。

這當然是發生在一切都進行順利的情況下；如果發展不順利，現在任何推測都是毫無意義。至於國際稻米貿易，我猜會跟現在差不多，就是90％的稻米仍是種植區附近的人們在消費。但是稻米本身呢？如果達不到更高的產量，那麼即使統一的農場管理充分地熟練，政府的政策有足夠的指導作用，但到2020年增產60％也難以企及。除了這些，稻田正在以每年成百上千公頃的速度流失──腐蝕、洪水、城市化和工業化等。我們需要花費很大的力氣來經營才能使自己生存下去。

我們已經見識過第一次綠色革命使世界農作物產量取得巨大的增長，不僅是稻米還有小麥和玉米，那是20世紀60年代和70年代。這種增長部分是因爲新型的「奇蹟種子」，還有很好的灌漑、更多更好的化肥和農用化學品、新型機器和各司其職的運輸配送，而這一切的關鍵當然是資金。到20世紀80年代中期，綠色革命後的危機眼看就要結束，有很多農業以外的其他地方需要資金……只有大量的爭論，而沒有停止的跡象：這場「革命」讓第三世界的窮人生活得更好了？還是變得更差了？而兩方面的證據分量都差不多；又或

者，它取決於不同的研究領域和對所使用術語的不同定義。

　　透過一年的到處旅行，以及與很多關注稻米的人們交談過後，我得出一個結論就是——大部分政府仍然相當滿意第一次綠色革命的成果，並認爲需要進行第二次綠色革命。如果現在政客們給農民津貼讓他們生產直到過剩，或許人們就不會責備他們缺乏對稻米短缺的責任感了。但是國內和國際的研究學院都仍然是依靠撥款，實驗室和實驗田中有很多偶然發生的事件。我們很期待地關注也是最感興趣的地方之一就是中國。

　　按照種植區面積來分的話，中國不是世界上最大的稻米種植國；印度種植面積是四千萬公頃，而中國是三千三百萬公頃。但中國每公頃的產量卻是印度的二倍以上，中國至今仍是稻米最大的生產國，每年生產約1.8億噸的稻穀。韓國、日本、美國和澳洲都比中國單位產量要高，但它們的稻米種植規模小且密集。共產主義也許無法激發中國達到最高產量，但是中國人已經準備耕種出驚人份量的食物。

　　1500年以來，稻米都是中國長江以南地區主要的農作物。到1952年，中國開始奮力進行土地改革，緊隨其後的是開始集體化，一切快得無法兼顧效率；即使這樣，稻米產量還是增長了。1958年開始的「大躍進」中，採用公社代替了集體農場，而公社的面積是原來約150公頃的農場的30倍。這些公社很難管理，稻米的收成逐漸減少，到了1960年代早期，農民被組織成一系列的團隊：生產組管理小型資產，像雙輪拖拉機和翻土機；生產隊管理大型一點的，像打穀機和卡車；公社則負責碾磨，灌溉系統和其他值錢的東西。漸漸地，產量提高了。甚至在「文化大革命」期間，生產也是一直穩定提高的。「四人幫」倒臺之後，農業產量又開始增長——從1978年的每公頃4噸到1983年的每公頃超過5噸。

　　這當然是全國範圍內的平均水準，裡面暗藏著一系列的成功和失敗的例子。中國的遺傳學家還在國際稻作研究所醞釀和成立之前，就開始培育高產矮稻品種。在1970年代中期，位於長江三角洲以南富饒的「魚米之鄉」蘇州，達到了理想的農村經濟形態。

　　革命需要英雄，其中做出了傑出貢獻的人物之一就是陳永康；他不是國家實驗室的高級職稱稻米育種專家，而是道道地地的農民。他家在太湖邊有一個小農場，陳永康的整個青年時期都在觀察稻米的生長，和家人、鄰居們所使用的多種生產技巧中度過的。1951年，他培育出自己的新日本型稻種，命

名爲「老來青」，他用小實驗田創造出了每公頃10.7噸的高產。你也許會說這像是把一棵大蔥精心修飾後拿去做花展，但它其實在1951年的時候卻是相當盛行的。到20世紀60年代中期，陳永康的技術被成功地推廣到全中國很多地方，在1978年，他取得了或許是個人最好的成績：一塊實驗田種一季麥兩季稻，達到的總產量相當於每公頃24.43噸。

然而，中國人的眞正成就在於大規模地種植雜交水稻。第一代（F1）雜交被生物學家稱爲「雜交優勢」——由於基因相異的植物或動物雜交可以增強物種的活力。一個經典的例子就是騾子，而騾子是無生育能力的，這證明雜交是有問題的。問題之一就是在雜交第一代之後就會失去雜交優勢（這就是爲什麼你不能用一個蘋果核種出一棵蘋果樹的原因）。因此，種雜交稻的農民不能透過種子來保持上一季的莊稼優勢。雜交的種子能夠生長，但它會變回普通性能，甚至是上一代的缺陷特徵。

對它本身來說，這並不嚴重，因爲幾乎所有現代作物都依靠特殊手段培育種子。這就是爲什麼要維持生計的農民，被無情地拉進世界現金貿易中來的原因，他們需要錢購買種子，更別說化肥什麼的。爲普通生產培育種子比第一代雜交要容易得多，但仍然需要專業技術。經過一代又一代，植物就存在被其他品種意外授粉的危險中，因此會失去良好的特性，而把不好的特徵卻傳承下去。

現在大部分的玉米就是來自第一代雜交的種子，已經很多年了；但大多數稻米卻不是，因爲第一代雜交稻種很難生產出市場需要的數量。很多國家的研究學院還在投入更多的熱情和資金繼續研究它；而只有中國，在我寫此書的時候，已經取得了快速的進步。中國人從1964年就開始認眞地研究水稻雜交工作，並在1973年取得突破，這只用了非常短的時間；到1990年，中國超過1/4的稻田裡種的都是雜交稻，產量已經達到大約每公頃13.5噸。他們是怎樣在這麼短的時間內就提高了這麼多？有人提起了隋煬帝時期的京杭大運河，據說是在西元600年前後竣工的。隋煬帝命人把小麥和稻子向北傳播到了新京都附近那不那麼富饒的省份。

種植雜交稻當然比修建大運河花的人力、物力少；但是這兩種成就都顯示出了堅定的決心和堅決的服從，也都很好地利用了自然資源。大規模培育雜交稻的關鍵在於栽培稻雜交之後會引起雄性不育。這就是說雜交稻不能自花授粉，它們必須從別的植物那兒獲取花粉。一系列複雜的雜交過程之後產生

了第一代雜交種子，它們的基因充滿著有利因素，是由三到四種雄性不育的
植物和一種授粉植物雜交而來的。

這聽上去是一種很好的排列。爲什麼中國人不把他們的雜交技術進行推
廣，人人都安頓下來獲得每公頃12～14噸的產量呢？那樣就可以滿足未來
至少50年人口增長的需要。事實上，事情當然不會這麼簡單。除了政治原因
外，自然因素也會導致品種需要不斷地更新，因此育種事業仍然是有良好的
長期遠景的。

從繁殖的活力找希望

首先，過度依賴幾種糧食作物是危險的；在1840年，愛爾蘭因馬鈴薯遭
遇的饑荒就能證明一切。正如尤金‧安德森和瑪麗亞‧安德森在他們的論文
《中國文化中的食物》中所說：

◆

在中國南方農田裡，還是奇蹟作物產生之前，偶然性的授粉和自然選擇，
就或許能保證沒有任何兩種植物的基因是相同的，或者，一塊田就至少會是
一個基因遺傳的組合畫面——它允許有抵抗力的品系自然發展，雜交優勢就會
出現，小環境的差別也鼓勵稻子之間產生細微的區別。

作爲對照，在20世紀80年代中期，估計全世界有1100萬公頃的田地種的
是IR36稻——或許是曾經最大量種植過的單一品種。IR36能抵擋大部分的疾
病和害蟲，而1100萬公頃的土地只占全世界耕地面積不到8％的比例，所以
危險性還是很小的。但是，就像流感病毒也在不斷變異以衝破我們的身體防
線一樣，稻子的天敵發現任何一個弱點都能及時地做出回應。所以，同一地
貌上經過多次更換品種，才有理由讓我們相信它能抵禦突發的病蟲害，以確
保我們的糧食供應不會因此而短缺。

因此，我們需要演變的品種。但是，舊式農田裡任之隨機變異，很多品系
產量低且生存能力不強，所以需要人們精心地培養適合種植環境的品種——
這就是安德森夫婦所說的「細微區別」。儘管IR36明顯可以適應很多種的環
境條件，但現在的做法是盡可能地培育種子適應接近微環境的條件。不管多

大多小的微環境都是在變化著的，不僅是因爲農民的行爲，所以稻子也會跟著變。

小型的微環境我們至少還可以稍微地進行控制；大型的——星球，就是另外一個問題了。我們已經見識到了農民有時偶爾的行爲可能會引起生態崩潰，比如對田地使用化學製品和伐樹。這不難發現還有更多的例子，他們抽吸地下水會降低地下水位，他們種的水稻釋放出了大量的沼氣並且排放到大氣中。

國際稻作研究所把全球變暖作爲一個未被證明的假設，但他們還是進行了大量充分的實驗，來研究它會對稻米種植有怎樣的影響。我們知道稻米被首次引進到最北的熱帶地區，赤道附近溫度每升高1、2攝氏度就有必要培育新的耐熱品種。在很寒冷的地區，種植稻米也會變爲可能甚至是可行的；但一直在增高的溫度是一個警報，它會使海平面升高並淹沒很多地勢低的土地。這可能會包括大部分亞洲國家種植稻米的江河三角洲地帶。

國家的問題恰好處於地方困境和全球災難之間。這些問題有些被國家研究學院和政府機構有效地解決了——舉例說，城市化的國家怎麼解決稻米分配的，或菲律賓是怎麼對付福壽螺災害的。這些螺是1984年作爲新型蛋白質來源的食品從外國引進的，並且也是農民可以出售給餐館的美味食品；但是福壽螺迅速掙脫束縛，在稻田裡開始瘋狂繁殖，吃掉新的稻苗。爲水稻所設計出一種專爲對付它們的武器——長柄的廚用濾網和刮土鏟，比農藥更便宜也更環保。

我們也知道一種新品種從實驗站研究到投入農田往往要花十年左右的時間，所以基因學家不能坐等新型害蟲的出現。就像鎖匠和竊賊都想比對方早進一步一樣，在處理特種害蟲時，科學家們不僅有堆積如山的研究論文要看，而且還需要基因庫的資源；這就需要運用研究者的耐心和創造力了。

國際稻米協會資源中心的英國遺傳學家沃恩博士（Vaughan）告訴我一個案例。

◆

水稻草矮病毒在亞洲是很嚴重的水稻疾病。病理學家遴選了細菌血漿存入基因庫以抵禦這種特定的疾病，但當收集到2萬種不同種類的時候，他們找

不到抵抗的辦法了。幸運的是，在測試了很多種不同的野生稻之後，他們發現有一類野生稻的少數幼苗具有抵抗力。事實上在30個幼苗裡只有3個含抵抗這種病毒的基因；這些基因就被用來培育新稻種或者合併到新品種裡去。

這30個裡面出3個的基因是來自看似沒有價值的野生稻，它們是以前從別的國家的沼澤地邊收集來的。

國際稻米協會已經不再為農民培育新稻種，而成為進一步研究和觀察細菌血漿的研究中心。沃恩博士給我舉了另外一個例子來說明細菌血漿庫的價值。

◆

在1972～1973年間，我的前任之一是待在柬埔寨，從而能夠從那個國家收集到細菌血漿。我們都知道在20世紀70年代的時候，柬埔寨遇到很多麻煩以至於大量的稻米品種流失——尤其是傳統的深水水稻。農民們也不再被允許種植這種品種；幸運的是，它們已經被存進了國際稻米協會的基因庫。

所以，經過幾個世紀的發展，能夠適應當地條件的稻米品種正慢慢地在它們的原產地重新恢復；但這只是不斷變化著的遺傳因素代換的成功例子：「事實上，2002年我們在全世界範圍內分出了5萬種不同的樣品……」

基因工程、原生質體融合、基因轉化，都被應用到了或是將被用來改善育種、加速開發和評估新稻種的進程，甚至相對簡單的實驗室種植技術也會縮短研發期，所以日本這方面的先行者告訴我說，研發期已經從10年減少到3～7年。這不僅對在有利地區培養適合當地條件的標準型水稻有幫助，而且它還能夠改善低產和處於生產邊緣的稻米的經濟狀況。這包括了深水水稻和據說最好吃的旱稻——印尼高山地區的「gogo rancah」，它生長在森林都被砍掉和燒光之後、由天然植被恢復了兩季的廢棄土地上。在亞洲有很多山區的人們依賴旱稻為生，但產量很低，而且森林面積在逐漸地減少。新問題的出現會給他們帶來更多的思考——在哪裡生活和怎樣生活。

也許可以得出這樣的結論，不斷努力地協助自然創造出新型稻米來，可以保證將來在超市貨架上有充足的口味和質感的食物的選擇範圍；事實上，這是不可能的。稻米正變成中國和泰國的統一標準化產物，就像蘋果一樣。育

　　種家當然認爲口味和烹調品質是很重要的，但是市場也很重要；實際上現在在西方國家出售的稻米都是很好的，不管以什麼標準進行衡量。我們慢慢地也會有更多的選擇，但是市場希望你購買的下一袋巴斯馬蒂米和從前購買的完全一樣，沒有任何冒險的成分。

　　甚至在很多稻米種植國，農民和他的家人們也不再吃自己土地上種出的稻米；他們把米賣給政府，然後在村裡的商店裡再買回需要的稻米。

第二章

稻米的創意食譜

The Recipes

這也許是我個人的美好願望，我希望這本書能在全世界各個地方都用得上，而且能在未來很多年後依然有用。現代食品的時尚和變化是無法預見的，而且又是如此的勢不可擋，以至於我的第二個願望比第一個要難實現得多。然而，我盡我所能提出了盡量多的配料成分和烹調方式供讀者選擇，相信總有能讓不同國家和地區的人們都滿意的內容。我密切關注著新配料和新技巧的問世，希望這本書的生命能持久一些，哪怕只是相對較長的一段時間。

或許應該說，我不是主張讓人們一日三餐都吃稻米或者每道菜都和稻米有關。我從長期的經驗中發現，稻米和其他任何菜肴都是可以搭配的；我甚至在英國傳統的聖誕餐裡用到了它，儘管我剛開始為這本書收集資料時，就得知芬蘭很長一段時間都把稻米當作基本的聖誕食品。我們生活的這個世界，正在發展成為一個不再把什麼食物當成是真正的「舶來品」的全新世界，稻米就更不是了。也許時不時地重現一下純正的中世紀盛宴，或者按照阿拉伯和日本的古典論述做一頓飯是很有趣的；但在日常生活中，我們應該不會太關注「傳統的」或「中世紀的」烹飪法，我們只關心是不是健康或者是不是美味。

本書沒有哪個食譜是不能變更的，事實上我全都實驗過並且證明過是可行的。說出一個特定的人或家庭每年吃多少米是不可能的，除非你知道此人的詳細資料。這裡顯示的資料對那些不太習慣吃米的西方人來說是太多了，但對於那些印尼人和韓國人或其他習慣每餐都吃一碟米飯的人來說，又確實太少了。把食譜稍加改變，用各種方法去實驗——我更願意我是在鼓勵人們創造他們自己的菜肴，而不僅僅是在教他們按照我提供的方式重做一遍。

食譜分為六個部分。

第一部分主要涉及稻米烹飪的基礎知識，和各種確保你每次都能獲得完美效果的不同方法；此外，還為你提供了很多適用於廚房的各種技巧。我在家做米飯的時候，不管數量多少，都喜歡用電鍋；而當我在外面的時候，就很喜歡用燉鍋來做。不管用哪種鍋，效果都是一樣的好。

第二部分簡單地把稻米當作菜肴的配料，那就有很多種了。

第三部分最長。我很難阻止有更多的食譜滑進這一行列，根本就不可能找到滿意的方法來幫助打斷這個長長的列表：簡餐、前菜、湯品、頭盤都齊聚這個部分，因為它們都種類繁多，以至於都可以單獨分出幾個章節來。

第四部分主菜其實才是小問題，它們都可以很自然地分進魚肉飯、海鮮飯、禽類肉飯、肉類飯和蔬菜飯及嚴格的素食飯裡去。我不希望一般讀者把

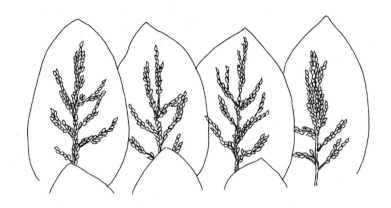

最後一項當成是只針對素食者的。這裡所有的素食和嚴格素食食譜都很有價值，它們包含著我個人非常喜歡的東西，而且與本書其他所有食譜也形成了鮮明的對照。素食者和嚴格素食者應該也會注意到在本書裡有很多他們可以接受的食譜。

從某種程度上，我盡力按照類型來分，或者把相似的放在一組。和其他所有有組織的系統一樣，這也會產生反常規和無法進行分類的類型，但總的來說還好。結果並不令人吃驚，地理因素和民族文化，是決定人們烹飪的主要元素。

第五部分關於甜米糕和布丁，由大多數我們熟悉的米布丁食譜組成，當然也有一些已經和最初及演變之後的品種不同的食譜。稻米能做成非常美味的甜點，假如在每道正餐前不想要那麼多的米製甜食，那也可以當茶點或者代替粗糧做早餐。

第六部分關於原湯、醬汁和調味料，它們在很多食譜裡還可作為配料，也可以和其他菜肴直接搭配。

為了方便讀者實踐，我幾乎把現在通用的重量和計量單位都列了出來。液體的計量單位有升/品脫/杯（美國）；重量有公斤/磅，除了未碾的稻穀和小扁豆之外，都用美國的杯量，我更傾向於計算體積而不是重量。請注意一杯量是半品脫（美國）。

英國的湯匙尺寸種類太多，所以我用美製湯匙，相當於15毫升，來作為標準。建議英國讀者去找這類美式湯匙來作為本書食譜當中所用的計量工具。

我想藉這個機會謝謝其他作者和廚師，因為我援引了一些別人的作品——在序言裡提到過的，請注意有的食譜裡會標註它的來源；但有些做出了很大貢獻的人，必須單獨列出以表示感謝。關於中東風格的米飯菜肴，我十分感謝克勞迪婭·羅登（Claudia Roden）和瑪格麗特·莎伊達（Margaret Shaida）。瑪姬·布萊克（Maggie Black）和吉利恩·賴利（Gillian Riley）則為我提供了大量來自英格蘭和義大利，關於中世紀和文藝復興風格的烹調知識。海倫·薩蓓瑞（Helen Saberi）提供給我很多關於阿富汗食物的建議；安娜·德爾·康特（Anna del Conte）提供的是關於義大利的食物；還有伊莉莎白·蘭伯特·奧爾蒂斯（Elisabeth Lambert Ortiz）針對拉丁美洲、西班牙和葡萄牙及加勒比海的食物，分別提出了寶貴的建議。他們的書和很多其他指導資料，我列在參考書目裡了，但他們的友愛和盛情還遠遠不止如此。

{第一節}
米飯簡餐

在以稻米為主食的國家裡，每個人都會把自己當成內行。我們要從能獲得的、最優質的稻米開始談起。我在英國經常用的三種長粒米：泰國香米（也叫茉莉米）、巴斯馬蒂米和美國長粒米。當然還有很多種類的稻米是很好的，而且我所提到的稻米也是以不同品牌在市場上進行出售的。

烹調的品質和稻米本身的品質一樣重要。幸運的是，做優質米飯比人們想像中簡單得多。只要你有電鍋，就能保證好的品質，你也可以在普通的燉鍋裡做米飯。

這一節介紹了幾種做簡單白米飯的方法。我也加進了一些關於簡單烹調糙米、糯米和蒸穀米的信息。本書後面的食譜會提供稻米與其他配料一起烹調的必要指導。

如果你正在使用優質米，那麼就不要放鹽。在亞洲，把簡單的白米飯盛在單獨的碗裡食用，這是一種純粹的做法，桌上其他菜裡才會加入鹽和調味料。當然，很多食譜裡，都是把稻米和鹽還有其他成分一起烹煮。

做好之後應該是什麼樣的？

如果你去走訪全世界，詢問最好的米飯質感應該是什麼樣的，那麼你會得到不同的答案。兩個極端品種是巴斯馬蒂米和壽司米，前者有光澤，沒什麼水分，粒粒分明，而後者柔軟且有黏性。一般來說，人們喜歡顆粒分明的米飯，軟而不爛，只需輕輕地咀嚼；當然糙米就是另外一種情況了，它的外皮總是很耐嚼。未碾磨的米，像義大利的半碾磨米，在烹飪的時候還是會很硬的。

本書的食譜來自很多國家，因此，提出了相當多的不同的烹飪技巧；然而，它們大部分是從「吸收」法開始的，把稻米放進一個鍋裡，然後加適量的水來烹飪。

大部分烹飪方式都允許在中途揭開鍋品嚐一兩粒看是否熟了。你可以輕輕地咬一下，以確認米粒是否熟透了。即使煮過頭的米飯也沒那麼糟糕，但半熟飯就不好吃了。

一次應該煮多少

數量當然是重要的，但習慣吃米飯的人們總是想當然地認為量肯定要充足，即使剩下也沒什麼大不了的，因為隔天還可以當早餐吃。如果你不是每天都吃米，也不喜歡拿它當早餐，那就需要精確地預估所需的量了。稻米在烹飪的時候會吸收很多水分：450克/1磅/2杯的米至少會吸收570毫升/1品脫/2.5杯的水。這是我家4個成人所需的量，我們是一般的稻米食用者，同樣的量應該很難讓兩個飯量大的印尼人吃飽，但它足夠讓8個平時不怎麼吃米飯的英國人感覺飽了。

應該如何清洗

在大多數亞洲國家裡，烹飪前要將米洗好幾次。需要做的就是把米放進鍋裡，倒進一些冷水沒過它，然後用手指在裡面攪動，再把水倒掉，能看到一些碾磨時沒去掉的稻殼或變色米粒被水沖走（超市賣的袋裝米之前是仔細篩選過的，所以這些東西可能會少一些）。你可以根據喜好重複幾次以上的洗米步驟。最後一次，盡量把水倒掉，但也不必瀝乾每一粒米。

很多人也許會說，現在的米在碾磨和包裝進密封的塑膠袋後都不需要清洗

了，這也許是對的。在歐洲，西班牙肉菜飯和義大利調味飯的食譜上經常會特別地告訴你不要洗米。

在有些國家，用手挑揀過稻米後才會清洗。關於這一點，不同的人們會告訴你不同的做法，而且這些做法在他們自己的地區內至今都被認為是完全正確的。然而，我並不用這種方法洗米，在我所有的食譜裡也不建議你這麼做。

浸泡稻米

本書很多食譜告訴你要將米浸泡一段時間，從30分鐘到一夜不等。浸泡的一個目的是漂白稻米，以便使它在烹飪的過程中越變越白；但這樣會稍微提高稻米的含水量，從而使水更容易滲透它。這就是說米粒既不會散，也不會粘在一起。

日本人不會浸泡米，而且他們會在清洗後、烹飪前控一小時的水，以使稻米吸收進很少的水分。

不同的菜肴需要不同的浸泡時間，有些要求的時間要精確一些。如果食譜裡說「浸泡」，那麼浸泡之後的效果肯定會更好；如果沒有這一要求，那就不必了。

稻米的計量

如果你用電鍋或者在普通鍋裡燜米飯，那麼所需的水就要精確計量了。

你可以假定需要225克/1杯的米，那麼就要加280毫升/1.25杯的水。如果你的稻米是脫水品種，像巴斯馬蒂米或者你喜歡軟一點的米飯，那就多加一點水；與以上相同量的米至多加到340毫升/1.5杯的水；同樣量的糙米則需要427毫升/將近2杯的水。

但如果米飯燜熟之後是用來煎炸的，那麼就不要多加水；煎炸用的米飯應該是很乾並且很鬆軟的。

在電鍋裡做米飯

把米和適量的水（參考上述，當然也要注意電鍋的說明書）放進鍋裡，然後按下開關，不要加鹽。米飯熟後，電鍋開關會自動跳起，米飯就可以上桌了；可以把鍋端到桌上，也可以把米飯分別盛在碗裡。電鍋隔一段時間就會自動跳到保溫狀態，整個過程是安全的（溫度足夠高到可以殺死細菌），但在大約一個

小時的反覆加熱過後，米飯會變得很乾。

電鍋也能烹飪糙米和糯米，時間要花費得長一些，但這種機器會進行自動識別。

在燉鍋裡做米飯

東方傳統的方法是把米放在燉鍋裡，然後盡可能地蓋緊蓋子。如果蓋子不夠緊，就在蓋子和燉鍋之間夾附一層鋁箔。圍一塊毛巾也能把水蒸氣燜在鍋裡滴在米粒上。把火開到盡量小，不要管它，等待10～12分鐘（糙米與白米所用的時間相同）；也不要揭開鍋蓋。把鍋子從火上移開，放在濕毛巾上；持續蓋著鍋蓋再燜5分鐘（鍋底的濕氣能防止稻米粘鍋），然後掀開鍋蓋把米飯盛出來。

用白米做米飯時，你會發現鍋底有一層約1.3或0.64公分公分厚的鍋巴。別把它扔了！在印尼，鍋巴稱作「intip」。把稻米鍋巴放在太陽下曬乾，或者像把麵包做成麵包屑那樣放進烤箱裡，然後弄碎了裝進密封罐裡。攢到一定數量時，油炸成金黃色，再撒上點鹽，就做成了與眾不同的美味小點心（糯米鍋巴會很薄且易碎，只能跟白米鍋巴混在一起進行加工）。

如果你不想吃這種脆鍋巴，那就別把鍋子放在濕毛巾上，那樣鍋巴就會粘在鍋底，隨後用水浸泡，沖洗掉就可以了。

在不同的國家裡，鍋巴有著各種不同的名稱。舉例來說，在西班牙和伊朗，它是很多米飯菜肴裡最受重視的一部分（儘管不是白米飯做的）；伊朗人叫它「tahdeeg」。在韓國和馬達加斯加，鍋巴通常只是被剩在鍋底；倒點水進去，再煮開，在吃飯時或飯後喝掉它，好像把它當作茶或咖啡似的。韓國人稱之為「soong nung」，而且說它會幫助消化──這點我確定。

以下三種煮米飯的方式就不會留下鍋巴。

在蒸盤裡做米飯

把米放在蒸盤裡用一個金屬籃托住，蒸上10分鐘（糙米需要15分鐘）。蓋子一直不要掀開，但如果中途你想知道米飯是否熟了也可以揭蓋看看。最好的測試辦法就是嚐上幾粒，如果米粒中間還是硬得咬不動，那就再多蒸個幾分鐘。

在東南亞的許多國家是用一種特別的鍋來做米飯的，印尼語叫「大飯鍋」。大飯鍋是一種金屬罐，頂部略微有點尖；在尖的部分會放一個籃子，叫做「竹簍」，是用竹子編的。蒸汽從大飯鍋的濾液裡到達竹簍把米蒸熟。

在烤箱裡做米飯

把稻米放在烤箱用的盤子裡，用一層表面抹上黃油的不透油紙覆蓋住盤子，然後再附上鋁箔紙。把烤箱先預熱到180℃/350，然後烤上15～16分鐘（糙米需16～20分鐘）。

在微波爐裡做米飯

把米放在微波爐適用的容器裡，用保鮮膜或微波盒蓋蓋住，全功率加熱4～5分鐘（糙米需6～7分鐘，假定是一個650瓦的微波爐，你可能需要實際實驗一下）。

儘管採用這種方式，稻米不用事先在燉鍋裡煮開，直接用微波爐做其實是完全可能的，但是這種方式並沒有省下多少時間。一些從超市裡買來的袋裝米都會印上微波爐適用的烹飪方法，你可以照著做。另外，你可以把米和適量的水放在一個非金屬的容器裡，但它的容量必須是放進去的米和水的體積的兩倍（如果容器太小，水會溢出來弄髒微波爐）。用保鮮膜或微波盒蓋或盤子（非金屬的）蓋住容器，全功率加熱5分鐘，然後調到半功率再加熱15分鐘（糙

米需再多一半時間）；然後用叉子把米攪鬆，就可以吃了。

加鹽一起煮

在鹽水裡把米煮上4～10分鐘（食譜裡會指定準確的時間）；這常常是印度比爾亞尼菜、米飯沙拉和沙鍋菜會要求這麼做的，而用的米也多是長粒米，需要在冷水裡浸泡1～8小時。

加油、鹽一起煮

如果你不想讓鍋底留有鍋巴，那麼就把米和適量的水放進鍋裡，再加一湯匙油和半湯匙鹽。用木勺攪動一下，把鍋蓋蓋緊，用小火煮20分鐘（糙米需30分鐘）。把鍋子從火上移開之後放在濕毛巾上，持續蓋著鍋蓋再燜5～6分鐘。打開蓋子後，用叉子或木勺攪鬆米飯，然後盛在碗裡，即可食用了。

加油、鹽一起蒸

把米、水、油、鹽放進一個碗裡，攪拌一下；然後放進蒸格裡，底下的水必須是滾開的，蒸上18～20分鐘（糙米需27～30分鐘）。

烹飪蒸穀米

蒸穀米保留著一種很古老的碾磨前工藝模式，而如今也仍然具有廣泛的市場。在歐洲、美國和澳大利亞，幾乎所有的蒸穀米都是裝在印有完整說明的包裝袋裡出售的。只要遵照指示方法做就不會出錯。在世界其他一些地方，如印度的一些地區，能買到散裝的蒸穀米；它的烹飪和普通米的方式基本相同，但蒸穀米需要更多的水，做450克/1磅/2杯的米需要850毫升/1.5品脫/3.75杯水。比普通米所需的15分鐘烹飪時間要長至少一半——需要20～25分鐘。

烹飪速食米

速食米、冰箱烹飪米和其他加工過的米，這些不同名稱的米，都在包裝袋上有明確的烹飪說明。參照這些說明，運用不同的製作工藝會產生不同的成品。速食米是配餐的很好選擇，但或許不適合做義大利調味飯、肉菜飯（西班牙）和其他精緻的米飯菜肴。

烹飪糙米

和白米烹飪方法一樣，但是糙米需要更長的時間；在烹飪前浸泡一夜會讓糙米變軟，但也不會縮短它的烹飪時間。

烹飪紅米和野生米

這些通常都是很硬的穀物，需要更長的烹飪時間和更多的水。野生米（我想再重複一遍，它不是真正的米——它屬於一個不同的品種）如果在烹飪前浸泡一夜會變軟一點，但這並不會縮短烹飪的時間。這些米需用吸收法，1杯米用2杯水，要讓水分完全被米粒吸收。紅米需要40分鐘，野生米需要50分鐘甚至更長的時間。50分鐘以後，可以嚐一點，試試熟了沒有。

烹飪糯米

糯米並不常被當作主食或和其他開胃的菜肴搭配。舉例來說，在東南亞的國家裡，就有甜糯米飯和新鮮水果，比如榴槤、芒果或菠蘿蜜果一起作為甜品供人食用。

然而，也有例外的，尤其是寮國高地、柬埔寨和越南，那裡的人們把糯米作為主要穀物和偏好食物。他們通常將糯米放在一個竹編籃裡蒸；自然你也可以用方便的蒸鍋或者電鍋來做。

糯米（我也得再強調一次，不含任何麩質）在歐洲和美洲是很常見的，而且我發現它作為主菜的配料很不錯，還可以用日本或韓國的方式來做很特別、很美味的米製蛋糕。

至於用量，450克/1磅/2杯的米或許足夠兩個寮國人吃飽，也可以滿足那些平常不怎麼吃米的英美人士大概8～10人的需求。把米放在冷水裡浸泡1小時以上，然後控水。

在日本或者國外一些日本用品店裡，可以買到蒸米用的籠布。用籠布或許是為了美觀、方便，尤其是當你用竹編籃蒸米時，米粒會很容易粘在內壁上；但這些籠布不是必須的。不管怎樣，只要一塊薄細的棉布就可以做籠布了。

要蒸米飯，先把蒸鍋裡的水燒開，然後把米盛在盤子裡放在水的上方。蒸10～15分鐘，隨後嚐個一兩粒看是否熟了。

如果你用電鍋把控過水的米放進去，加570毫升/1品脫/2.5杯的水；打開電

鍋開關，剩下的就不用管了。

　　不管用哪一種方法，作爲主菜的搭配，糯米飯和其他米飯一樣，都最好在停止加熱後再燜上5分鐘。

　　用的時候，解凍一下，在沸水裡加熱5分鐘或者蒸5～10分鐘。

椰漿糯米飯　椰香進行式

Glutinous Rice Cooked in Coconut Milk

從日本、韓國再往南，我們來到了椰子生產國，在這裡，米飯和米糕都在椰漿中進行烹飪。儘管這種方式經常是用來做甜食的，但米飯經過這樣的烹飪也是非常美味。寮國、泰國、馬來西亞和印尼的人們，不是把熟米粒碾碎來做米糕，而是用米粉來做。

準備：2～8個小時
烹飪：45～50分鐘

◎ 450克/1磅/2杯糯米（在冷水裡浸泡2～8個小時，然後控水）加570毫升/1品脫/2.5杯濃椰漿（加熱到接近沸點）

高溫蒸10分鐘。然後倒在大碗裡，把鹽放進去。用木勺攪拌均勻，用一個鍋蓋或盤子蓋上。放置20～30分鐘，等到米粒完全吸收了椰漿，再放回蒸鍋裡蒸10～15分鐘，然後就可以和其他菜肴一起食用了。

　　如果你想把它盛在平盤裡吃，就把米飯放在椰漿裡浸泡50分鐘，然後再蒸30～40分鐘，那樣就會變成類似糯米飯的口感。

糯米糰（糯米糍、年糕） 茶點的上味選擇
Plain Rice Cakes（Mochi, Ddok）

當糯米飯還是熱著的時候，放進一個研缽裡做成圓糰，或者放在家用攪拌機裡攪拌均勻；另一種方法是用蘸水的擀麵杖來擀。不停地捲起再擀平就像是做千層餅那樣，直到米粒完全被擀碎。擀麵杖蘸水是爲了使糯米粒不粘在上面。

做糯米糰也可以先用蒸鍋把糯米蒸10分鐘，然後盛到碗裡倒入相同量的水；把碗蓋上50分鐘，直到米粒吸收好了水分，再放回蒸鍋裡蒸上30～40分鐘。

可以根據個人喜好來做糯米糰的形狀，比如滾成球形，或者做成方塊狀。在日本，糯米糰是傳統飲食中的重要部分，有多種幾何形狀，帶甜味，並塗有色彩，在喝茶時可作爲甜點食用。

要是儲存的話，就把米糰搓成一個圓柱體或做成矩形塊，用不滲油的紙包起來，再裹一層鋁箔。可以在冰箱裡放48個小時，或冰凍狀態下放2個月。用的時候，解凍一下，在沸水裡加熱5分鐘或者蒸5～10分鐘。

炸糯米糰（糯米粑） 西方人當零食吃

Crisp-Fried Rice Cakes（Rengginang）

歐洲的一些亞洲商店，尤其是在荷蘭，就賣這種糯米糰，當然在爪哇和印尼很多地方也都有賣，有可以用來炸的，有直接就可以吃的。它們有點像西方當零食的米糕，但比米糕更好吃，而且更重一點，因爲穀粒不是蓬鬆的。

爪哇的大部分糯米糰都是甜的，我更喜歡自己做的不甜的，因爲我把糖視作一種可加可不加的成分。這種糯米糰常是圓形的，半徑大約是6～7公分；你也可以做成不同的形狀或者做得更小一點；因爲炸的時候它會變得更大。

把糯米糰放在陽光下曬至少5個小時是最理想的，或曬2個小時（經常翻動一下），在溫烤箱裡（不燙的）再烤上3～4個小時也可以。這是爲了讓它們變乾，不是爲了烹飪。烘乾的過程如果需要可以持續兩天，然後把糯米糰放在密封的容器裡，在炸之前可以存放好幾個月。

準備：浸泡2～8個小時
烹飪：蒸10～15分鐘＋定形和烘乾的時間

◎ 用450克/1磅/2杯的糯米（在冷水裡浸泡2～8個小時，然後控水）加1茶匙鹽、2湯匙糖（僅供參考），做大約20～22個糯米糰。

把米、鹽和糖混在一起，高溫蒸10～15分鐘。放涼一會兒，用兩手揉成糰形，大約1公分厚。依以上所述，晾乾或烘乾。

油炸時用植物油，過油炸幾分鐘就能變得酥脆。如果想儲存，晾涼後，放進密封罐裡。可以保質兩星期，注意不要經常開罐。

飯糰或郎當　冷食也受歡迎
Compressed Rice/Lontong

有一種米製品還沒提到，我把它稱作飯糰。在印尼和馬來西亞，人們叫它「郎當」（lontong）。用這種方式做出的飯糰，切成大塊，有時被模糊地稱爲「米糕」，就是前面提到的那種糯米糰的名稱。

　飯糰常是冷食，比如配著沙爹烤肉（Satay）一起吃。蘸上烤肉汁，飯糰冰冷柔軟的口感和烤肉的熱辣形成鮮明的對比。在印尼和馬來西亞，則是用香蕉葉做的圓筒，或是用椰子葉編織的小袋子來進行烹飪，叫做香葉飯糰（ketupat）。

　也可以用鋁箔紙來代替香蕉葉，但最簡單的方法是用棉布袋（或者用打過孔的隔熱紙）。袋煮米應該是理想的，而且袋子本身的品質會很好；但如今的袋煮米大多是蒸穀米，就不能做飯糰了，因爲米粒壓不到一起。如果能找到不是蒸穀米的袋煮米，那不管怎麼樣都能用。照以下的方法做就可以了。

準備：15分鐘
供8 ～ 10人食用
烹飪：75分鐘

◎ 225克/1磅/1杯長粒米，巴斯馬蒂米或泰國香米更好（洗好，控水）
◎ 兩個袋子，大約15公分的方袋，用棉布或打孔的隔熱紙做成，1.7升/3品脫/7.5杯熱水，一撮鹽。

給每個袋子裝1/3的米，封上口。把鹽放入水裡，再把水燒開。水開的時候，把米袋放到水裡，然後煮75分鐘。過程中可以根據需要來添加開水，總之水必須沒過米袋。煮好後，把袋子拿出來，這時它已經鼓起，相當有彈性，把米餅倒進篩網裡。晾涼後放進冰箱，吃的時候再拿出來。要是爲了上桌，可以把米餅切成約3公分的大塊，或大條，或者再小點。用蘸過水的長尖刀來切。

米餅　亞洲人不陌生
Compressed Rice

在亞洲很多國家裡，米餅也很受歡迎。還有另一種烹飪方法。

準備：15分鐘
供8～10人食用
烹飪：40分鐘

◎ 225克/1杯短粒米
◎ 850毫升/1.5品脫 /3.75杯水

把米煮到變軟，並且吸收了全部的水分；這時看起來像粥，把它倒在一個平盤裡然後放進蒸鍋。用湯匙把表面壓平，堆至3公分厚。用鋁箔紙蓋住米，蒸鍋蓋上蓋子，蒸20～30分鐘。晾涼之後，切成3～4公分左右的方塊。

{第二節}
附餐

大多數的稻米食用者都把稻米當作食物的主料，如果哪一餐裡沒有米飯，那就根本吃不下去——他們通常只把白米飯當作與肉類、魚類、蔬菜，和其他辛辣菜肴甚至不辣菜肴搭配的最好的主食（在先前的章節裡已經提到過白米飯）。日本人甚至為白米飯保留了榮譽稱號「禦飯」。他們也承認更精緻的米飯菜肴是傳統烹調風格，像是後面將要提到的紅豆飯或紅米飯；但現代的米製品和所有的外國米飯菜肴，都用日式英語「rais - u」來描述。

在本節中，我選了20種烹飪方法，可以說是相當傳統的，儘管其中幾個已經加了一兩種東西。它們很簡單，幾乎可以和任何主菜搭配，但又因為它們已經加了一兩種其他成分來烹調（有時是口味很重的），所以通常變成那些喜歡把吃燒烤或蒸品當主菜的人們的偏好。

椰子飯　流行東南亞

Coconut Rice

在亞洲熱帶地區，這是一種非常流行的做法，雖不是什麼節日菜肴，但也相當別致，應該稱得上是最好吃的米飯之一了。

準備：浸泡1個小時
供4～6人食用
烹飪：大約30分鐘

◎ 450克/1磅/2杯長粒米，巴斯馬蒂米或泰國香米或相類似的也可以（浸泡1個小時，洗好，控水）
◎ 2湯匙橄欖油或黃油
◎ 680毫升/3杯椰漿
◎ 1茶匙鹽
◎ 1片月桂樹葉

在鍋裡放入橄欖油或黃油把米快炒3分鐘。加入椰漿、鹽和月桂葉；然後煮到稻米把水分全部都吸收進去為止。把火關小，緊緊地蓋住鍋蓋，再燜10～12分鐘；或者可以在蒸鍋裡蒸，或用烤箱或微波爐進行加工。把裡面的葉子揀出來扔掉，趁熱吃。

黃色香米飯　慶祝晚會不缺席
Yellow Savoury Rice

「黃色」或許因爲是金子的顏色，而黃金又跟整個東南亞國家的宗教、皇室和宴會有關，所以任何感恩或慶祝晚會，甚至是尋常的宴會，都可能會有一大盤黃米飯擺在桌子當中。

準備：浸泡1個小時
供4～6人食用
烹飪：30分鐘

◎ 450克/1磅/2杯長粒米，巴斯馬蒂米、泰斯瑪提米、泰國香米、森隆米等（浸泡1個小時，洗好，控水）
◎ 2湯匙植物油
◎ 3棵蔥或1個小洋蔥（切片）
◎ 1茶匙薑黃根粉
◎ 1茶匙芫荽粉
◎ 0.5茶匙孜然粉
◎ 680毫升/3杯椰漿或原汁
◎ 1條肉桂
◎ 2顆丁香
◎ 0.5茶匙鹽
◎ 1片萊姆檸檬片或月桂葉

在鍋裡把油燒熱，把蔥或洋蔥快炒2分鐘。加入稻米、薑粉、芫荽粉和孜然粉。再翻炒2分鐘，然後倒入椰漿或原汁及其他所有配料。煮沸，開著蓋，用木勺攪拌一兩次，直到稻米吸收進所有液體，然後蒸10分鐘。

如果不用蒸的辦法，就把鍋蓋扣緊，用小火燜10分鐘；或者用烤箱或微波爐來完成後續步驟。

把米飯盛在盤子裡，將肉桂、丁香和萊姆檸檬片或月桂葉揀出不要。趁熱與魚肉葷菜或蔬菜一起食用。

栗子飯　日本人的又一靈感
Rice with Chestnuts

稻米混合新鮮栗子的做法源於日本人的又一靈感。它的口感和味道非常好，因爲其中栗子帶著微甜味，又很有嚼勁兒。用這種最簡單、最經濟的方法，就達到了扁豆飯的效果，甚至——尤其是如果再加入羊肉或者辣味雞肉，也能達到16世紀義大利加了羊肉、小牛肉、雞肉、辣腸的豪華米飯菜肴的味道了。秋天是栗子豐收的季節，可以用新鮮的，在其他季節用乾栗子也很好。

準備：將乾栗子浸泡一夜
供4～6人食用
烹飪：
栗子40分鐘＋35分鐘

◎ 450克/1磅鮮栗，或
　112克/0.5杯乾栗
◎ 450克/1磅/2杯日本
　米或其他短粒米
◎ 0.5茶匙鹽
◎ 700毫升/3杯水

如果用乾栗，就要在冷水裡浸泡一夜，然後倒掉水，在淡鹽水裡煮35～40分鐘。把栗子切兩半，如果栗子大，就切成四半；如果用鮮栗，就直接煮15～20分鐘，然後剝開，去掉內皮，再如上所述切開。

把米洗好和栗子一起放進鍋裡（注意用電鍋進行操作），把放過鹽的水倒進鍋裡。用中火煮10～15分鐘直到水全部被吸收，攪拌一下，蓋緊鍋蓋，用小火再煮10分鐘。

現在先不掀開鍋蓋，而把鍋子放在一個深的烘焙盤或者類似的容器裡。往盤子裡注入一半冷水（或者把鍋子放在濕毛巾上；這樣做是爲了防止米飯粘鍋），把鍋子靜置8～10分鐘，然後就可以吃了，趁熱吃或是常溫吃皆可。

注意　如果用電鍋，把所有主配料都放進去，然後按下開關直到它跳起；要將電源拔掉（爲了防止它自動加熱），然後再燜上8～10分鐘。

小豆飯　特殊場合才上菜

Rice with Azuki Beans（Sekihan）

在日本又稱赤飯。日本人經常在特殊場合才擺上這道菜，比如生日宴或婚禮宴。小豆飯是用糯米做的，而這個名字也是「紅米飯」的意思。要獲得最佳效果，糯米必須要蒸，不要煮。在日本，可以在任何大型商店的餐廳裡買到紅米飯；它與其他種類的米飯陳列在一起，而且持續蒸著以保持其溫度。店員會把它裝在漂亮的午餐盒裡再給顧客，或者用扁平盒子盛裝，這樣人們可以帶走，帶回辦公室或家裡吃——而不會在街上吃。大部分人都是吃溫的紅米飯，其實在蒸鍋或微波爐裡再加熱一下，口感會更好。在家裡自己做也很容易，只要記得提前把小豆子和米各浸泡一夜即可。

我的食譜用3/4的短粒米（日本型）和1/4的糯米。可以在電鍋或燉鍋裡做。

準備：一夜的浸泡時間
供4～6人食用
烹飪：25～30分鐘

◎ 84克/0.5杯小豆
◎ 250克/1.25杯短粒米
◎ 84克/0.5杯糯米
◎ 0.5茶匙鹽

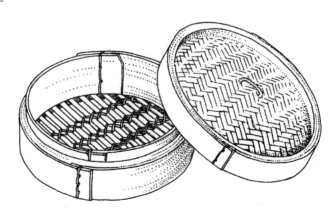

把小豆子浸泡一夜，洗淨，放在燉鍋裡，倒入冷水沒過豆。把水煮沸，然後滾沸6分鐘，再把小豆子倒進篩網裡，控水，然後用冷水洗淨。

再重複一次，把小豆子放進乾淨的鍋裡，用冷水沒過，燒開，煮10～12分鐘，讓豆變軟，水也變紅。把小豆子倒進篩網裡，水盛在碗裡；將小豆子晾涼。到這裡為止的準備工作要提前幾小時完成；小豆子冷卻後，放入冰箱，要做紅豆飯時再取出。

把兩種米混在一起用冷水清洗幾次。把米放在碗裡，然後加入紅豆水，讓米浸泡一夜。

次日，把已經變成粉紅色的米撈出，仍然保留著紅豆水，把鹽放進水裡（如果你是用竹屜或其他蒸具，參考下列注意事項）。把小豆子和米混在一起，用杯子來計量，放入電鍋或燉鍋裡，然後再量出適量的水倒進去。如果用電鍋，只需按下開關，就和做白米飯一樣。

如果用燉鍋，把水燒開，攪拌一下米和小豆子，慢煮至水乾。再攪拌一次，蓋緊蓋子，低火再燜10分鐘，然後盛進大碗裡，用叉子將米飯分成塊。

趁熱吃，或者常溫吃也可以。

注意 如果在竹屜或其他蒸具裡蒸小豆飯，把鹽和5湯匙水撒在小豆子和米上，蒸25～30分鐘。

鷹嘴豆飯　中東烹飪法

Rice with Chickpeas/Garbanzos

這是一種中東的烹飪方法，和日本的小豆飯一樣的典型。在日本，小豆飯是配著「yakatori」（一種烤雞肉塊）吃的；同樣的，鷹嘴豆飯也可以和羊肉菜肴搭配。

準備：把鷹嘴豆浸泡一夜
供 6 ～ 8 人食用
烹飪：65分鐘＋40分鐘

◎ 84 ～ 112克/0.5杯乾鷹嘴豆（浸泡一夜）
◎ 1.1升/2品脫/5杯水
◎ 2湯匙橄欖油
◎ 1湯匙黃油
◎ 2個大洋蔥（切片）
◎ 1茶匙孜然粉
◎ 1小匙鹽和胡椒粉
◎ 450克/1磅/2杯長粒米（浸泡1個小時，洗好控水）
◎ 570毫升/1品脫/2.5雞湯或水
◎ 1 ～ 2湯匙胡荽、芫荽葉或香芹葉（切碎作為裝飾）

把米浸泡一下。將鷹嘴豆在水裡煮1個小時，不要放鹽，然後加半匙的鹽繼續慢煮5分鐘。把水倒掉，將豆子皮剝掉，鷹嘴豆放在一邊。

在另一口鍋裡，把油和黃油燒熱將洋蔥快炒4 ～ 5分鐘，直至輕微變色。加入孜然粉、鹽和胡椒粉及鷹嘴豆。炒1分鐘，放入米後，再炒2分鐘。然後把雞湯或水倒進去；再攪拌一下，燒開，把火關小，蓋子蓋緊，燜煮25分鐘。

把鍋子從火上移走，放置旁邊5分鐘，然後趁熱配著葷菜、沙拉或素菜一起吃。

胡蘿蔔飯　總會有脆鍋巴

Carrot Rice

像大多數波斯風味的米飯菜肴一樣，胡蘿蔔飯會在鍋底留下一層厚鍋巴。如果把米飯從鍋裡倒扣在盤子裡，鍋巴就在最上面了。在實驗多次後，我發現用烤箱做胡蘿蔔飯最好，這樣飯上下兩面都有脆鍋巴。

　　做這種胡蘿蔔飯，需用日本型短粒米，那就是加州或澳大利亞的玫瑰米，或在附近最容易買得到的日本、韓國類型的短粒米。

準備：15分鐘
供4～6人食用
烹飪：1個小時

◎ 340克/1.5杯短粒米，
　（在冷水裡浸泡1～2個小時）
◎ 450克/1磅/4杯的胡蘿
　蔔（去皮切碎）
◎ 4～5個綠豆蔻的種子
◎ 1小匙肉豆蔻粉
◎ 1茶匙鹽
◎ 570毫升/1品脫/2.5杯
　牛奶（全脂或半脫脂牛奶更
　好）
◎ 28克黃油（切成小片）

把烤箱預熱到180℃。

　　淘米之後把米和其他配料（除了牛奶和黃油之外）都裝在碗裡。

　　在一種陶瓷的烘烤模具裡放足夠的黃油或油，要將放入的米和胡蘿蔔沒過一半。米放入後要振動搖勻，然後慢慢倒入牛奶，盡量不碰其他配料，在表面再撒上黃油丁。放入烤箱，烘烤1個小時表面就會變成金黃色。

　　趁熱吃，常溫或冷食均可，也可以和肉或魚類葷菜搭配。

牙買加豌豆飯　民族烹調風格

Jamaican Rice and Peas

諾爾瑪·班哈伊特（Norma Benghiat）在她的書《傳統牙買加烹飪》（*Traditional Jamaican Cooking*）裡提到，加勒比海有好幾種版本的豌豆飯，但它在牙買加是民族烹調風格的主要部分。豌豆飯是週日午餐或節日宴會的主要裝飾品，豌豆經常是用大紅豆代替，用綠豆和米做的飯也通常是預告著耶誕節和新年的來臨。

　　和其他類型的米飯一樣，豌豆飯可以任意搭配葷素菜肴，以保證營養均衡。

準備：把豆子浸泡一夜
供 4 ～ 6 人食用
烹飪：
85 分鐘＋30 ～ 35 分鐘

◎ 112 克大紅豆（在冷水裡浸泡一夜）
◎ 450 克/1 磅/2 杯長粒米（洗淨控水）
◎ 5 棵蔥或 1 個大洋蔥（切片）
◎ 2 ～ 3 個紅辣椒（去籽切碎）
◎ 3 瓣蒜（切碎）
◎ 1 茶匙新鮮或乾的百里香
◎ 390 毫升/1.75 杯特濃椰漿
◎ 1 茶匙鹽
◎ 2 湯匙小洋蔥末或韭菜末（僅留綠色部分）

把大紅豆洗淨控水，然後放進鍋裡。注入冷水沒過大紅豆，煮 10 分鐘。撈出控水，再用低溫煮 1 個小時。

　　加 1 湯匙鹽再慢煮 15 分鐘。撈出控水，但這次保留 285 毫升 /0.25 杯的紅豆水。

　　再拿一個鍋子，放油，油熱後加入蔥末或洋蔥末、辣椒末、蒜末，翻炒 2 分鐘。加入米攪拌幾秒鐘；然後加進豆子和煮豆的水，再翻炒，放入百里香、椰漿和鹽。炒一會兒，蓋上蓋子，低火燜 20 ～ 25 分鐘。把鍋從火上移開，撒蔥末在豌豆飯上面，再蓋緊鍋蓋，放上 5 分鐘。

　　把蔥末在米飯裡攪拌一下，然後盛在碗裡，趁熱吃。

椰子辣肉飯　印度南部島嶼風味

Spicy Coconut Pilaf

在稻米種植的地方，通常也種有椰子。在這種地形上，通常都是椰子樹像皇冠一樣立在深綠色島嶼之上，村莊都在其綠蔭之下。本書大部分用到椰子的食譜，都反映出了椰子在熱帶地區烹調風格裡的重要位置，也或許是我對於童年時代居住地的田野和樹林的一種懷舊心理。

　　然而，這不是蘇門答臘菜式，而是印度南部島嶼的風味──這是過去一度對印尼飲食習慣產生影響的地區。一位對我有影響的拉曼廚師，就是在喀拉拉邦（Kerala）出生長大的，現在在新德里的孔雀王朝謝拉頓酒店（Maurya Sheraton Hotel）做廚師。這種肉飯有一種很鬆脆的口感，來自芥菜籽和黑豆。如果你喜歡吃一點辣味，那就在起鍋前加些「火藥」（Gunpowder，一種調味料），或者把「火藥」裝在小碗裡讓有需要的客人撒在飯上。

準備：15分鐘
供4人食用
烹飪：25～30分鐘，如果要做米飯的話＋5～8分鐘

◎ 2～3湯匙花生或植物油
◎ 0.75茶匙芥菜籽
◎ 1～2個小紅辣椒（切碎）
◎ 3茶匙黑豆
◎ 1茶匙薑末
◎ 4～6湯匙的新鮮椰子碎塊
◎ 1湯匙鹽和胡椒粉
◎ 600～800克/0.7～
　 0.75磅/5～7杯熟米飯
◎ 2湯匙「火藥」（僅供選擇）

在炒菜鍋或煎鍋裡把油燒熱，倒進芥菜籽和紅辣椒。翻炒，再加黑豆；再炒幾秒鐘，加薑末和椰子塊。繼續用小火翻炒直到椰子塊變為淡棕色為止。加鹽和胡椒粉翻炒後加米飯；不間斷炒3～4分鐘，直到米飯變熱。適當調味，可以加入「火藥」，然後上桌。

波多黎各豆飯　受歡迎的主食

Puerto Rican and Beans（Arroz con habichuelas guisadas）

我的一個好朋友、著名的烹飪作家愛麗絲‧伍萊姬‧薩門（Alice Wooledge Salmon），從波多黎各回來之後給了我這個食譜。就像在牙買加一樣，豌豆飯或豆子飯都是受人喜愛的主食，常與鹹鱈魚、煎香蕉、芭蕉或煎蛋配著吃。

　　如果要用胭脂樹籽，把它和其他配料混合之前先在研缽裡碾碎。

準備：浸泡8個小時或一夜
供 4 ～ 6 人食用
烹飪：90 分鐘

◎ 225 克花豆或大紅豆
（洗淨，浸泡8個小時）

做調味汁（sofrito）
◎ 28 克/0.125 杯鹹豬肉或生鹹肉
（未燻製，切好）
◎ 56 克/0.25 杯煙燻火腿（切好）
◎ 0.5 湯匙蔬菜油
◎ 1 個中等洋蔥（切好）
◎ 2 個大蒜瓣（切碎）
◎ 1 ～ 2 個青椒/辣椒
（去掉莖和籽，切好）
◎ 1 小撮新鮮胡荽/芫荽葉（切好）
◎ 1 大片乾牛至葉（奧勒岡草）
◎ 0.5 茶匙胭脂樹籽或1湯匙辣椒粉
（僅供選擇）

其他配料
◎ 2 瓣蒜（剝好）
◎ 0.5 個洋蔥（剝好）
◎ 170 克/0.75 杯新鮮南瓜
（切成立方塊）
◎ 1 湯匙鹽；
◎ 1 湯匙番茄濃湯；
◎ 340 克/1.5 杯短粒米（洗淨）
◎ 輕質橄欖油

要做調味汁，先在油裡把鹹豬肉或火腿炒至變色。加入洋蔥、蒜末、辣椒末、芫荽，如果需要再加點牛至葉或紅辣椒。翻炒後，打開鍋蓋低火再煮10分鐘，放在一邊備用。

把豆子放進鍋裡，加冷水沒過它。加入大蒜和洋蔥，煮沸後，將浮渣去除掉。再煮10分鐘，然後以小火慢燉40分鐘，蓋子微開。豆子這時應該變軟了；加入南瓜和其他配料及鹽。繼續慢燉直至豆子和南瓜變熟。

現在把洋蔥撈掉，用漏勺取出些許南瓜塊，拿叉子戳碎；再把南瓜泥加到豆子裡攪拌一下，倒入調味汁、番茄醬，如果需要再加些水。

再慢煮15分鐘，仍讓蓋子微開著。不時攪動一下，如果需要就加點水，但是湯汁必須保持濃度，嚐一下鹹淡。

同時，把420毫升/1.75杯的水煮沸，加入2湯匙橄欖油和0.5湯匙鹽。把米放進去攪拌一下，關小火，開著蓋，再慢煮至水與米齊平。用叉子稍稍攪動，但不要從下往上攪動。蓋上鍋，把火盡量關小再煮10分鐘，直到米粒變軟。用叉子攪鬆米飯。立刻上桌，把豆子擺在米飯表面或堆在一邊。有的人喜歡在豆子上滴點橄欖油。

酥椰子葡萄乾飯　典型哥倫比亞沿海風格
Ricw With Fried Coconut and Raisins

我對這道飯的興趣，是被伊莉莎白·蘭伯特·奧爾蒂斯（Elisabeth Lambert Ortiz）的《拉丁美洲烹飪手冊》（*The book of Latin American Cooking*）中提到的哥倫比亞食譜引起的。她說這是一種典型的哥倫比亞沿海的風格，在那兒椰子用途廣泛，她詳細描述了怎樣把特濃椰漿煮沸，直到變成油粒狀物而成為酥椰子。這和印尼家庭做椰油的方法類似。這些粒狀物、金黃色的東西，哥倫比亞人稱之為「titote」，我們叫它為「blondo」；在爪哇和其他島嶼地區是用來調汁或者烹調肉類。我只採用了這個食譜的一小部分，省略掉了糖，因為椰子和葡萄乾已經很甜了。

準備：10分鐘
供4 ～ 6人食用
烹飪：50 ～ 60分鐘

◎ 170毫升/0.75杯「原汁」濃椰漿
◎ 112克/0.7杯葡萄乾
◎ 570毫升/2.5杯一般濃度的椰漿
◎ 340克/1.5杯長粒米（洗淨控水）
◎ 1湯匙鹽
◎ 15克黃油（僅供選擇）

把濃椰漿倒進深鍋裡，用中火煮沸。不時攪動一下，讓它氣泡豐富，煮到液體不再是奶白色，至油分離出來為止；這個過程要花8 ～ 10分鐘。放進葡萄乾，攪和1分鐘，再把一般濃度的椰漿倒進來，慢煮10分鐘。

加入稻米和半匙的鹽；攪拌一下，再繼續煮15分鐘，直到米粒吸收進所有水分。再攪動一下，蓋上蓋子，把火盡量關小，再燜10 ～ 15分鐘。掀開鍋蓋，加進黃油（如果需要的話）攪拌均勻；另外，充分攪動米飯－如果需要再加一點鹽。盛入碟中趁熱上桌，可搭配任何辣味葷菜或素菜，甚至沙拉。

115

風味糙米飯　　適合搭配燒烤吃
Soft Savoury Brown Rice

未加工的糙米沒有經過磨光增白，大多數人尤其是東方人更喜歡這樣簡單的米。吃起來很像堅果，口感相當硬，甚至連烹飪時間也比白米的長。

　　然而我介紹的這種風味糙米飯，是用日本的短粒白米或泰國長粒香米來做的，因此口感很柔軟還略帶黏性。米飯呈棕色是因爲烹飪時加入了香料。這種米飯是烤肉或烤魚的良好佐餐。

準備：10分鐘
供 4 ～ 6 人食用
烹飪：25 ～ 30 分鐘

◎ 450 克/1磅/2 杯玫瑰米或泰國香米（洗淨，控水）
◎ 3 湯匙花生油或溶解的黃油
◎ 4 棵蔥（切片）
◎ 1 茶匙碎芫荽
◎ 1 茶匙肉桂粉
◎ 4 顆丁香
◎ 4 個綠豆蔻莢
◎ 0.5 茶匙鮮黑胡椒粉
◎ 570 毫升/0.5 杯水或高湯
◎ 0.5 茶匙鹽

在一個厚底鍋裡，放入油或黃油，將蔥翻炒2分鐘。加入各種調料粉及丁香和豆蔻，炒1分鐘之後加入米。用木勺攪動2分鐘，然後加水或高湯，放入鹽。煮沸後，攪動一下再蓋上鍋蓋。把火關到盡量小，再煮15分鐘。關火後，蓋著蓋兒燜5分鐘。

　　把米飯盛在碗裡，將丁香和豆蔻揀出。

簡單義大利調味飯　現做久調才入味

Basic Risotto

安娜‧德爾‧康特在她的書《義大利廚房祕笈》（Secrets from an Italian kitchen）中揭祕了白色的調味飯，一種基本的調味飯；大約需要1個小時才能準備好，吃的時候在烤箱的雙重蒸鍋裡加熱5分鐘即可。

關於往米裡一點一點地加入原汁高湯，你或許會問這是為什麼？還有，為什麼你在義大利餐館裡點了這種調味飯，卻要等上25分鐘？這兩個問題的答案都是——為了不影響調味飯的口感效果。你可以試著一次就加入全部高湯，然後蓋緊鍋蓋煮；這樣做出來的效果也非常好，但缺少乳脂似的滑潤口感。也因此，就不能事先把調味飯做好放著了，因為這樣乳脂似的滑潤口感只能保持很短的時間；所以義大利餐館通常會讓你耐心地等待。

這些調味飯搭配義大利牛肉或小牛肉菜肴，非常好吃。我建議配著牛肉包子吃——但不要把米飯放進包子裡。素食者會很喜歡調味飯和蔬菜沙拉的互相搭配。

準備：做高湯1個小時
供4～6人食用
烹飪：大約30分鐘

◎ 56克黃油
◎ 2棵蔥（切片）
◎ 340克/1.5杯米，義式阿伯里奧米或「Vialone Nano」米
◎ 1.2～1.4升/5～6杯高湯
◎ 56～84克義大利乾酪碎塊

在敞鍋裡把28克黃油燒熱，放入蔥片，用木勺不斷翻炒2分鐘。加入米，繼續攪拌直到米粒看起來油亮為止，因為黃油包裹在了外層。

倒入一滿勺高湯，攪拌一下，繼續煮到水分被米粒完全吸收為止。再加一滿勺高湯，重複上述操作，為防止粘鍋，要不停攪動。煮到米熟並有外軟內Q的口感。這期間要花費20分鐘，並不需要加入所有的高湯。

把其餘黃油和一半的乾酪塊加進去，用木勺攪勻。在8個小模子或6個稍大點的模子裡塗上黃油，把調味飯分別放進去，用木勺壓緊；再用鋁箔紙蒙上。如果有剩餘的調味飯，可用來做炸米丸子。

準備食用時，就像上述提到的那樣加熱一下即可。從模子中倒在盤子上，撒點乾酪末。

風味香草飯　用綠色香料提味

Savoury Rice with Herbs（Nasi ulam）

這是一個馬來西亞食譜版本，它源自於英國人採用印度雞蛋蔥豆飯的做法。我們用濃椰漿代替黃油，把它（加香料）煮沸後變成油，而米飯會因爲綠色香草葉加熱後變成綠色。我第一次吃到香草飯是在馬來西亞吉隆玻外佩塔林‧亞（Peatling Jaya）的一家叫做斯瑞‧諾恩亞（Sri Nonya）的餐館裡。諾恩亞的食物是傳統馬來西亞烹調風格與中式風格的混合體，據說始自16世紀起，從那時起移民到麻六甲海峽的中國人和當地人開始聯姻。女士們的稱呼裡會加上「諾伊恩亞」或「諾恩亞」，類似「女士」的意思；她們應該是很好的廚師，所以這個特別的餐館取這個名字來紀念她們。我對這個餐館唯一不滿意的地方就是廚師用香草葉太慷慨了一點，以至於幾乎吃不到米。在我的食譜裡，我把香草葉都列出來了，但建議只用四、五種容易買得到的就行；做出的效果肯定比把所有香草葉都放進去的要好。

準備：40分鐘
供6人食用
烹飪：15 ～ 20分鐘

◎ 900克/2磅/8杯的熟米飯
◎ 450克/1磅/4杯冷燻鯖魚或鱈魚
◎ 4湯匙新鮮椰子碎塊（烤過的，僅供選擇）
◎ 112毫升/0.5杯特濃椰漿
◎ 1茶匙鹹紅辣醬或2個青椒（去籽切條）
◎ 2棵蔥（切好）
◎ 1茶匙薑末
◎ 0.25茶匙鹽

從下列選4 ～ 5種香草葉，各1湯匙的量，切片或切碎：薑黃葉、羅勒、薄荷、豆瓣菜、酸橙葉、檸檬草、腰果葉、青蔥、小洋蔥、野生薑花和去籽的青椒。

起鍋時再加配料
◎ 1個酸橙的汁
◎ 依個人喜好再加鹽

讓米飯冷卻到常溫。把魚去皮去骨，片成魚片。把
米飯盛在大碗裡，把魚和煎椰子放進去（如果需要的
話）。

　把椰漿倒進炒菜鍋或淺底燉鍋裡，加入鹹紅辣醬、
蔥、薑和鹽。煮沸之後，再讓它沸騰8～10分鐘直
到出油。攪拌一下，把火關小，再加入米飯及其他
配料。輕輕地攪拌3分鐘，直到米飯變熱。把香草葉
加進來，繼續再攪拌1分鐘。倒入酸橙汁，如果需要
再加點鹽。趁熱吃，溫熱也行。

魚湯飯　瓦倫西瓦的金黃米飯味
Arroz a banda

這種芳香的金黃色米飯來自瓦倫西亞地區。我們幾乎花了一個早上的時間和阿里・紮瑪尼・瓦蓮（Ali Zamani Valian）談心，他是伊蓓瑞卡・迪・阿羅塞斯（Iberica de Arroces）磨坊的商業總監，他很熱心地邀請我們參加一個小型聚會，是在奧利亞（Oliva）附近的一個私人俱樂部裡吃午餐。那一餐很豐盛，而且令我非常驚奇的是有點類似日本的風格。正餐開始前是幾道魚類的開胃食品和加了橄欖的大蒜味美味沙拉，這一系列小食就已經讓我們很滿意了。然後就是這道魚湯飯了，直接用烹調時的鍋端上來。我們的主人用叉子在上面劃了兩下，把米飯分成了四份，我們之中的四人每人享用了一份。我開心地咬嚼著米飯焦了的那層。

以下就是那個食譜，但做出的效果可能不如我那次吃到的那樣好。家庭製作的簡單魚湯不能與由多種新鮮魚熬製的專業魚湯相比，而且用電或氣的爐子也不能像由專業人員管理的木柴火那樣均勻散熱，但是這些因素也不應該妨礙你去親自嘗試一下。

如果你附近有好心的魚販，你就能買到物美價廉的魚頭和已經片去魚肉的魚骨來熬湯。大比目魚的魚頭和魚骨最好。

如果有就用專門做肉菜飯的鍋或者用有蓋的焙盤或長柄煎鍋。在米飯熟了後，需要用足夠大的蓋子蓋住鍋再燜一會兒。如果沒有藏紅花，就用薑黃來妝點顏色。

準備：做魚湯2個小時
供4～6人食用
烹飪：25～30分鐘

◎ 450克/1磅/2杯短粒
　米，像西班牙瓦倫西亞
　地區的伯瑪；或卡拉斯
　帕拉米更理想；或者用
　義大利調味飯用的米
◎ 1.1升/2品脱/5杯魚湯
◎ 2湯匙橄欖油
◎ 6～8個蒜瓣（壓碎）
◎ 2個大番茄（剝皮去籽切
　碎）
◎ 0.5茶匙紅辣椒粉
◎ 0.5茶匙乾藏紅花粉或
　薑黃根粉末
◎ 1～2茶匙切碎的香芹
　葉（僅供選擇）
◎ 根據個人口味加鹽

在肉菜飯鍋或焙盤或長柄煎鍋裡，把油燒熱，翻炒蒜末1分鐘。加入那些作料粉，簡單炒一下，倒入魚湯。慢煮幾分鐘後加米，一次加一點，約3分鐘加一次，不斷攪拌。

　加入番茄繼續燉10～12分鐘，不斷攪勻。適當調味，如果需要，加點香芹葉。再次攪拌，用勺背把表面壓平。關火蓋上蓋子，再燜8～10分鐘。趁熱吃。

炒飯　炒出家常菜的專業水準

Fried Rice（Nasi goreng）

不僅是各個稻米種植國，而且每個區域甚至每個家庭都有自家的風味炒飯。但也許隨便做的炒飯，和在一系列重要實用的指導下做出的炒飯會有很大的不同。

　　米飯在炒之前就需要先做好2～3個小時，以便空出時間冷卻。剛做好還熱著的米飯會有點濕，這時炒會很吸油。在冷米飯裡放入其他配料，而這些配料應當是熟的而且是熱的。放入配料後應當將火關小不斷翻炒，直至米飯變熱，但是不要糊鍋。

　　如果你要加海鮮或肉類，最好是分開炒。如果你願意的話，可以用與這個炒飯食譜裡給出的相同作料。在起鍋前2分鐘加入海鮮或肉類一起翻炒；或者就直接撒在米飯上。

準備：做好米飯，
冷卻至少2個小時
供4～6人食用
烹飪：10分鐘

◎ 340克/1.5杯長粒米
（煮熟，然後放冷）

◎ 2湯匙蔬菜油

◎ 1湯匙黃油

◎ 3棵蔥或1個小洋蔥
（切片）

◎ 2瓣蒜（切片，僅供選擇）

◎ 2個紅辣椒（去籽切塊，或
0.5湯匙辣椒粉）

◎ 1湯匙生抽醬油

◎ 1茶匙辣椒粉

◎ 2茶匙番茄濃湯或調味番
茄醬

◎ 112克/1杯未張開的蘑菇
（擦淨切成細片）

◎ 3個中等大小的胡蘿蔔
（切成細小的方塊）

◎ 根據個人口味加鹽

在炒鍋或長柄煎鍋裡將油和黃油燒熱。把蔥、蒜末翻炒1分鐘，然後加入除米飯以外的其他配料，繼續翻炒5～6分鐘直到蔬菜都熟了為止。加入米飯，充分翻炒均勻，使米粒沾上辣椒粉和番茄醬的紅色。裝在保溫的盤子裡上桌，可以作為主菜的搭配；也可以裝飾一些黃瓜片、番茄片、豆瓣菜、炸洋蔥片或者加上海鮮及肉類。

這種炒飯可以在冰凍的狀態下保存大約2個月。在重新加熱前完全解凍，把烤箱溫度調至180℃，然後加熱15～20分鐘或者用微波爐也可以。用鋁箔紙包住炒飯以防烤乾。

墨西哥米飯和炸豆　美墨餐廳必備
Mexican Rice and Refried Beans

這道菜在大多數美、墨食物菜單上都能夠找得到，儘管我必須承認我沒有在任何一家餐館裡吃過。很多年前在我去拜訪一位住在墨西哥市的朋友時，她給我做了炸豆，我當時就想這要是配米飯應該也不錯，尤其是把豆和米飯混在一起。

它明顯是一道素食或嚴格意義上的素菜，但是配魚或葷菜也不錯。我的朋友是用它配玉米粉圓餅；然而在這兒，我建議用不同的模子來做米飯和豆子。

我會把豆子泡一整夜，但是伊莉莎白·蘭伯特·奧爾蒂斯在她的《墨西哥完全烹飪手冊》（The Complete Book of Mexican Cooking）中說沒有這樣做必要。這倒省得我在早上醒來時會懊悔昨晚睡前忘了泡豆子。但還是要切記，在剛開始做的時候不要放鹽，因為鹽會妨礙豆子變軟。

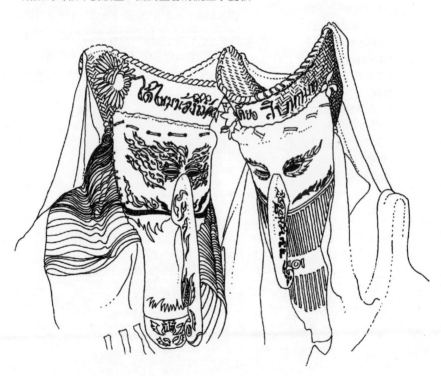

準備：
浸泡豆子一整夜（如果你願意）
＋做米飯30分鐘
供6～8人食用
烹飪：大約2.5個小時

◎ 450克/1磅/2杯斑豆或大
紅豆
◎ 6棵蔥或2個大洋蔥（切片）
◎ 3個蒜瓣（切好）
◎ 2～6個小紅椒或小青椒，
或者澤拉諾辣椒，或乾紅辣
椒（切碎，如果不想吃那麼辣就
把籽去掉）
◎ 1片月桂樹葉
◎ 少許鹽和胡椒
◎ 155克/1.5杯的熟短粒米
飯；
◎ 1～2個番茄（去皮去籽切碎）
◎ 5～6湯匙橄欖油或花生油

不管豆子泡過還是沒泡過，清洗乾淨放進
鍋裡。用冷水覆蓋，加一半的蔥段或洋蔥
或蒜瓣、所有的辣椒和月桂葉。煮沸後慢
燉1個小時，將浮渣去除掉。

現在加1湯匙油，如果需要加些熱水，
繼續煮30～45分鐘直到豆子完全變軟。
放入鹽，攪拌，再煮30分鐘。這時鍋裡只
剩下很少的水了；加入米飯攪拌均勻。

在大煎鍋裡，把2湯匙油燒熱，放入剩
下的蔥（或洋蔥）和蒜炒至變色。放番茄片
繼續攪拌1～2分鐘。加入一半的米飯和
豆子。當豆子成糊狀時用木勺攪拌，這時
整個看起來是很黏稠的，再把這些倒回另
一半米飯和豆子的鍋裡，充分攪拌。適當
調味，再慢燉幾分鐘。

烤糯米球　木炭烤出椰香四溢

Grilled Sticky Rice Rolls

準備：2～4個小時浸泡

做12～16個糯米球

烹飪：1個小時50分鐘

◎ 450克/1磅/2杯糯米，
　 浸泡2～4個小時；

◎ 900毫升/4杯椰漿；

◎ 0.25茶匙鹽；

◎ 香蕉葉（包裹用）或鋁箔紙

餡

◎ 112克/0.5杯壓縮包裝的
　 新鮮椰子塊
　 （在碾碎前去掉那層棕色皮）

◎ 4～5棵蔥（切片）

◎ 2個乾紅椒
　 （在熱水裡浸泡到變軟）

◎ 56克乾蝦仁（在熱水裡浸泡
　 10分鐘，然後控水）

◎ 1茶匙碎芫荽；

◎ 5公分萊姆檸檬草稈
　 （葉子去掉，切碎）

◎ 1茶匙糖

◎ 0.5茶匙鹽

◎ 2湯匙花生油

把所有的配料都放在攪拌器裡做成餡，除了椰子塊。把攪好的餡倒進不粘鍋裡，炒4分鐘。把鍋從火上移走，再加入椰子塊。適當調味，放至冷卻。

把米蒸10分鐘，然後放進碗裡摻入椰漿。蓋上碗10分鐘，讓米粒吸收椰漿。把米放回蒸鍋再蒸10分鐘。然後放涼，要涼到足夠可以進行處理為止。

現在把米飯分為12～16份兒，每一份準備一片香蕉葉或者20公分大小的鋁箔紙。把米飯用手壓平，做成橢圓形，大約2×4公分。放一份餡在上面，然後藉助香蕉葉或鋁箔紙包裹滾圓。如果你是用香蕉葉，把糯米糰捲好，用取食籤固定住介面處。要是用鋁箔紙，就打折封口；繼續重複以上步驟直到餡和糯米都用完。

當然，糯米球可以事先準備好，在烤之前可以在冰箱裡儲存30分鐘。用木炭烤會更理想，如果是用香蕉葉，就要烤到葉子焦了為止；如果是用鋁箔紙，在烤之前剝掉它。如果沒有木炭爐，用電爐或瓦斯爐也可以。每一面烤5分鐘，中間翻一次面。趁熱或溫熱時食用。

扁豆飯　羊肉的完美搭配

Rice with Lentils

　　我為這個食譜感謝《波斯人的烹調傳奇》（*The Legendary Cuisine of Persia*）的作者瑪格麗特·莎伊達。它是羔羊肉或山羊肉的完美搭配。

準備：4～8個小時的浸泡
供6～8人食用
烹飪：20分鐘＋
35～70分鐘或更長

◎ 450克/1磅/2杯長粒米，巴斯馬蒂米更好
　（在冷鹽水裡浸泡4～8個小時，然後洗淨，控水）

◎ 3茶匙鹽

◎ 2.3升/10杯水

◎ 84毫升/0.25杯橄欖油

◎ 56克淡黃油

◎ 112克/0.5杯綠扁豆
　（摘好，換幾遍水洗淨）

◎ 56克/0.3杯無籽葡萄
　（洗淨，在溫水裡浸泡20分鐘，然後控水）

◎ 112克/0.7杯去核海棗
　（切半，過油炸過，晾好）

◎ 1個大洋蔥（切片在油裡炸至金棕色，用吸油紙擦乾）

　　在一個大燉鍋裡，加水和3湯匙鹽，把水煮沸。水開後，放入米並讓其翻騰3～4分鐘。在篩網裡把米控乾，再放置在水龍頭下沖洗。

　　在一個小一點的鍋裡煮扁豆，用開水沒過，煮5～8分鐘。出鍋前加0.5湯匙鹽，控水。

　　在一個寬口淺底鍋或焙盤裡倒入大約84毫升的優質橄欖油。油熱後，加入1/3的米平鋪在鍋的表面，然後將扁豆擺在米上面。再鋪一層米，然後加無籽葡萄，再把剩下的米都倒進來，最後加海棗。倒入黃油，盡量使各種配料都均勻地沾上。

　　在鍋蓋周圍敷一層濕毛巾，緊扣蓋子。低火燜30分鐘。把濕毛巾取下，揭開鍋蓋，將焙盤放入預熱過的烤箱裡，溫度為120℃。一直放在裡面30分鐘或1個小時，直到要吃時再取出。從烤箱裡拿出來後，放在冷水盤裡或濕布上，以便鍋底那層容易脫離。

　　用加熱過的大淺盤盛米飯。用炸洋蔥裝盤，把鍋巴擺在盤子一角。可以立即食用。

{第三節}
湯品、前菜、頭盤、簡餐

本章節目前是最大的食譜章節，而且界定的範圍還不是相當的明確。我把越來越多的菜肴收進這一節裡，但也經常困惑是應該把最新款的菜式放到這一節，還是分到本書的其他章節去。可是這些都是和稻米相關的食物，所以不管是加進了什麼，用怎樣的方法製作的，都在每天的不同時刻和每一餐的不同時候發揮著它們自己的功用。

我甚至還試過依照名稱把它們分成幾個單獨的小單元；但在這些裡面你又會發現幾種早餐、午前茶點零食，或茶點、酒會的一系列烤麵包、提神冷湯、很多野餐食品，以及來自世界各地的不同民族風格的菜肴。

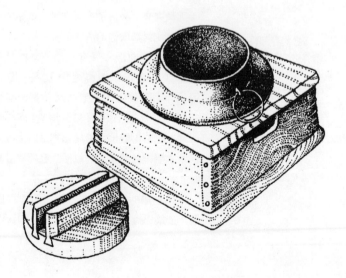

魚肉米丸子　　有效利用剩米飯的西方做法

Rice and Fish Croquettes

稻米丸子是一個很西方的概念；我已經記不起來在亞洲是否見過類似的食品—至少直到最近都沒有印象。在印尼，丸子、炸肉餅、油炸什錦麵糊大概是由馬鈴薯、甘薯、小麥粉、甜玉米、扁豆或其他豆類做成的，但用的不是稻米。

這是有效利用剩米飯的一個好辦法，但不是只能用剩米飯來做；它們用來做小點心、烤麵包或者頭盤，都是非常棒的。用這些配上綠色沙拉作為簡單的午餐或晚餐，會令人心情十分愉悅。

用調味飯或其他短粒米做效果尤其好；也最好在油炸鍋或炒菜鍋裡炸。它的卡路里含量稍高，但實在是好吃。

當然在不同的國家裡，有不同味道的魚丸，但我敢說它們之中大部分由於機緣巧合，和這種魚肉米丸來源相似。我就是有一天發現了很多剩的壽司和鱈魚，而在日本，隔夜的壽司是不能吃的；但作為一個印尼人我也絕不會把稻米扔掉，所以我就把它們做成了丸子，味道甚至和調味飯一樣好吃。

或許你並沒有那麼多剩壽司，以下的食譜是從生米開始講的。也可以用任何白色的魚肉來代替鱈魚。

準備：50分鐘
做18 ～ 30個丸子，
由丸子的大小決定
烹飪：15 ～ 20分鐘

◎ 340克/2杯鱈魚片
（切成細條）
◎ 1湯匙鹽

做醃泡汁
◎ 56毫升/0.25杯米醋
◎ 1茶匙鹽
◎ 56毫升/0.25杯水

其他配料
◎ 112克/0.5杯日本型或其
他類短粒米（洗淨，控水）
◎ 225毫升/1杯水
◎ 5湯匙米醋
◎ 2茶匙糖
◎ 1茶匙鹽
◎ 3個雞蛋
◎ 2湯匙小洋蔥末或青蔥末
◎ 112克/0.7杯麵包屑
◎ 油炸用的蔬菜油

在魚肉上撒1湯匙鹽，醃30分鐘，然後用冷水清洗一下。把做醃泡汁的調料混合在一起，然後把魚肉放進去浸泡5分鐘。控乾水分，切片，放在一邊備用。

在一個小燉鍋裡放米和水，用中火煮至水乾；關小火，蓋上鍋蓋，再燜5分鐘。把鍋子從火上移走，不要揭開蓋子。在另外一個鍋裡，放米醋、糖和1茶匙鹽煮沸2分鐘。充分攪拌使鹽和糖溶解，然後晾涼。

把米飯盛進木碗或玻璃碗中，倒入放涼的米醋，用木勺攪拌，也放在一邊晾涼。冷卻之後，把米飯放在魚片上，打一個生雞蛋攪拌一下，放入小洋蔥末或青蔥末，用手拌勻。把它們搓成丸子，如果不想立刻炸，就放進冰箱裡。

要炸丸子，先在小碗裡打2個雞蛋，攪散；把麵包屑放在盤子裡。在油炸鍋或炒菜鍋裡把油燒熱到190℃/375℉（這個溫度會使麵包條在1分鐘內變成棕色）。把丸子在蛋液裡蘸一下，然後在麵包屑裡來回滾一下；分批把丸子炸至金黃色。在吸油紙上把油瀝乾，然後趁熱上桌。

香蕉蝦肉米餅　熱帶島上受歡迎
Rice Croquettes with Bananas and Prawns/Shrimps

在很多熱帶島嶼上，香蕉很適合用於烹調，也很多產而且又便宜，所以用香蕉和蝦肉做的油炸什錦麵糊很受人們的歡迎。如果用稻米來做，就會製成令人滿意的小點心或開胃品。選用你能買到的最適合烹調的香蕉，如果你居住地的香蕉只有在超市裡出售，那麼也可以用成熟的芭蕉代替，在街邊的商店或鎮上居民開的商店就能買到。

如果用凍蝦肉，要確保品質，在烹飪前需完全解凍。

準備：做米飯30分鐘
＋10分鐘配料
做10～12個丸子
烹飪：油炸20～25分鐘

◎ 310克/3杯短粒米做的米飯或冷的簡單調味飯

◎ 2個雞蛋（打散）

◎ 2～3個成熟的香蕉或芭蕉（去皮，切成20～24片圓片）

◎ 10～12隻對蝦或小蝦（生熟都行，去皮和蝦線）

◎ 鹽和黑胡椒，或者鹽和辣椒，根據口味來選

◎ 大約5～6湯匙麵包屑

◎ 570毫升/1品脫/2.5杯，或者更多的玉米油或葵花籽油

把涼米飯或調味飯放進碗裡，加入蛋液及少許鹽和胡椒粉。用手拌勻，蓋上碗放在陰涼處備用。

用鹽和胡椒粉或辣椒來幫蝦肉調味。把一大勺米飯或調味飯放在一張不透油的紙上，輕輕拍平，在中間放一片香蕉片，在香蕉片上放一塊蝦肉，再放一片香蕉片在蝦肉上。把米飯捲起來蓋住蝦肉和香蕉片，然後用手藉助不透油紙把它糅和成丸子。重複以上步驟，直到做完丸子。

把油在油炸鍋或炒菜鍋裡燒熱到190℃/375℉，或者燒到使一個麵包塊在1分鐘內變成棕色的溫度。把3個丸子在麵包屑裡滾一下，炸4～5分鐘，直至變為金黃色。用漏勺撈起放在吸油紙上控油，繼續炸，一次炸3個，直到全部炸好。趁熱吃。

咖哩蛋米丸　適合當第一道開胃菜

Curried Egg and Rice Croquettes

本書後面介紹的淡咖哩汁可以作爲本食譜的調味料，也可以搭配著吃；加上豆瓣菜或黃瓜片，就是一道令人愉悅的頭盤。

準備：做米飯、配湯汁、製作和冷卻，40分鐘
做 8 ～ 10 個丸子
烹飪：10分鐘

◎ 570 毫升／1品脫
　淡咖哩汁
◎ 5個煮雞蛋（去皮）
◎ 4湯匙麵粉或中筋麵粉
◎ 310克／3杯短粒米飯
　或糯米飯
◎ 2個生雞蛋
◎ 3湯匙麵粉或中筋麵粉
◎ 170 ～ 225克／1 ～ 2
　杯的麵包屑
◎ 植物油

裝盤用的配菜
◎ 黃瓜片或豆瓣菜

把一半的咖哩汁放在鍋裡加熱，煮開後，篩入4湯匙麵粉；用木勺攪拌至湯汁變濃。加入米飯，繼續攪拌。把煮雞蛋大致切一下也放進去。丸子做好後至少冷藏30分鐘；可以提前24小時先準備好丸子。

在丸子上桌前，要做的是在一個碗裡把雞蛋打散，拿一個盤子裝麵粉，用一個大點的盤子盛麵包屑。在炒菜鍋或油炸鍋裡將油燒熱。把每個丸子先在蛋液裡蘸一下，再蘸上麵粉，然後在麵包屑裡滾動；炸3 ～ 4分鐘，翻動一下。在吸油紙上瀝油，然後上桌，用黃瓜片或豆瓣菜裝盤。把咖哩汁盛在一個碗裡或船形的醬油容器裡，方便大家取用。

注意　或者你更喜歡用不粘鍋，往裡倒6湯匙橄欖油把丸子淺炸一下也行。一面炸大約4分鐘，然後翻動一下。

火腿米丸　很適合大型酒會前備用

Wild Rice Croquettes with Ham

這道菜選用黑糯米效果也一樣好，所以可以選擇最熟悉也最容易買得到的米來做；如果你想用醃牛肉、燻牛肉或牛舌來代替火腿也行。這種米丸在炸之前可以在冰箱冷凍狀態下保存1個月之久。如果你計畫要開一個大型酒會，就將其包裝在冰箱裡冷凍著，以便需要的時候方便食用。

準備：40分鐘
做50 ～ 55個小丸子
烹飪：70 ～ 80分鐘

◎ 170克/0.75杯野生米或黑糯米
◎ 700毫升/3杯水
◎ 112克黃油
◎ 8湯匙米粉或麵粉或中筋麵粉
◎ 570毫升/1品脫/3杯牛奶或椰漿
◎ 4棵蔥或1個洋蔥（切好）
◎ 1個雞蛋（稍打散）
◎ 112克/0.5杯火腿或其他肉類
　（切成方塊）
◎ 0.25茶匙辣椒或者辣椒粉
◎ 0.25茶匙肉豆蔻粉
◎ 0.5茶匙鹽
◎ 1 ～ 2湯匙切碎的香芹或者胡荽或
　芫荽葉

丸子外皮

◎ 8湯匙米粉或麵粉或中筋麵粉
◎ 3個雞蛋（打散）
◎ 285 ～ 340克/1 ～ 2杯
　新鮮麵包屑
◎ 葵花籽油或玉米油

把米和水放進燉鍋裡；煮開，攪拌一次，蓋上鍋蓋。如果用的
是黑糯米，就煮30分鐘；如果是野生米，至少要煮30分鐘或
者更長時間。然後讓米飯冷卻。

　　同時，在小鍋裡將一半的黃油融化，並加入麵粉。用木勺
攪拌1分鐘；然後加牛奶，一次加一點，要不停地攪拌，直到
湯汁變得黏稠平滑。放著冷卻一會兒，加入稍打散的蛋液，
攪拌均勻。

　　把剩下的黃油在炒菜鍋或煎鍋裡燒熱，加入蔥或洋蔥翻炒
直到變軟。加入冷米飯，撒一點胡椒粉或辣椒粉、肉豆蔻
粉、鹽和香芹或胡荽或芫荽葉；攪拌2分鐘後，加入湯汁和火
腿，繼續再翻炒2分鐘，然後把它們倒進碗裡，放著冷卻。

　　冷卻之後，挖一湯匙放在不透油紙或鋁箔紙上滾成丸子的
形狀。把丸子都做好；或者滾成半徑為2.5公分的長條，然後
分切成5層的丸子。一層層地擺放，層與層之間用不透油紙或
保鮮膜進行隔離。在炸之前至少冰凍1個小時。

　　準備油炸的時候，從冰櫃裡拿出丸子，立即裹上麵粉，再蘸
一下蛋液。把油在炒菜鍋或油炸鍋裡燒熱到190℃/375℉，
這個溫度可使一個麵包塊在1分鐘內炸成棕色。現在拿4～5
個丸子在麵包屑裡滾一下，然後下鍋炸4～5分鐘，直到變成
金黃色。用漏勺或鏟子撈起，放在篩網裡或吸油紙上瀝油；重
複以上炸的步驟。趁熱上桌，溫熱著吃也可以。

菠菜米丸　或炸或烤各有滋味

Spinach and Rice Balls

這可以用來做美味的烤麵包，而且最好是用炸過的米丸，如果你反對油炸食品，也可採用烤箱烘烤的方式。需用質軟的米——一種短粒米或者像泰國香米那類的軟質長粒米；不要用巴斯馬蒂米或蒸穀米。

準備：做米飯30分鐘
＋冷卻40分鐘
做大約20個丸子
烹飪：20分鐘

◎ 675～900克/1～2磅
　小菠菜
◎ 310克/3杯米飯
◎ 2湯匙橄欖油
◎ 6棵蔥（切片）
◎ 4瓣蒜（切好）
◎ 2片豬瘦肉（切成很小的方塊）
◎ 鹽和新鮮黑胡椒粉
◎ 2個雞蛋（蛋清和蛋黃分離）
◎ 84～112克/0.5～0.7杯
　自製的麵包屑
◎ 0.25茶匙肉豆蔻粉
◎ 深炸用的油

菠菜去梗，把葉子洗淨；然後把菠菜放在淡鹽水裡沸煮2分鐘。在篩網裡瀝乾水分，再用冷水沖洗一下。把多餘的水分擠乾，將葉子放在砧板上；用刀切碎，放在一邊備用。

把蔥、蒜和豬肉在橄欖油裡翻炒3～4分鐘，盛出放在吸油紙上瀝油。當它們的溫度適合進行處理時，盛在碗裡，加入冷米飯攪拌。放鹽和胡椒粉調味，再加菠菜。倒入蛋黃，用手拌勻；直到米飯和菠菜互相粘在一起、方便做成像胡桃大小的米丸爲止。

手上蘸點油，再把每個丸子捏實；把保鮮膜包在盤子上，擺放一層菠菜米丸。冷藏至少30分鐘，以便丸子更緊實；如果用烘烤的方式，要先把烤箱預熱到200℃/400℉。

在碗裡把蛋清攪散。在麵包屑上加點鹽、胡椒粉和肉豆蔻粉調味，然後放在小盤子裡備用。

烤箱加熱到合適的溫度時，從冰箱裡拿出丸子，先在蛋清裡蘸一下，然後蘸麵包屑。在焙盤裡塗點油，把丸子擺上；烤20分鐘，在10分鐘時翻一次面。或者分批深炸5～6分鐘直至變爲淡金黃色。趁熱上桌。

爪哇式的帶餡米丸　同類食品中最好吃的

Javanese Stuffed Rice Rolls（Lamper）

這是我吃過的同類型食品當中最好吃的一種；裡面包的雞肉餡微帶香味，與椰漿烹製的糯米外皮完美地結合在一起。傳統的做法烹飪時用的是香蕉葉，但我在倫敦時卻是用做瑞士捲的器皿。

用小杯子量米和椰漿。需要用22.5×32.5公分的瑞士捲器皿，還需要一些不透油紙。

準備：10分鐘
準備至少10～12片薄片米餅，如果片薄的話就多準備些
烹飪：1個小時

◎ 450克/1磅/2杯糯米
（在冷水裡浸泡40～60分鐘，控乾水分）
◎ 570毫升/1品脫/0.5杯椰漿
◎ 0.25湯匙鹽

餡
◎ 2塊雞胸肉
◎ 4棵蔥（切片）
◎ 3瓣蒜（切好）
◎ 3個油桐子/澳大利亞堅果/去皮杏仁
◎ 1茶匙芫荽粉
◎ 0.5茶匙孜然粉
◎ 0.5茶匙棕糖
◎ 1片青檸葉（僅供選擇）
◎ 0.5茶匙鹽
◎ 0.25茶匙白胡椒粉
◎ 2湯匙花生油或橄欖油
◎ 140毫升濃椰漿

把米在椰漿裡煮沸，放0.25湯匙鹽，煮到水乾。把米放在蒸鍋裡蒸15分鐘；然後關火，不用立刻把米飯從蒸鍋裡拿出來，先開始做餡料。

雞胸肉在水裡煮一下，煮至水沸，撒進一大撮鹽煮10分鐘；撈出放在盤子裡冷卻，然後切碎備用。

把剩下的餡料加入作料攪拌均勻，再放一半椰漿；倒進小鍋裡，煮沸後慢燉8分鐘。加進雞肉餡和另一半椰漿，繼續燉，直到漿汁完全被吸收，餡料仍是稀的。適當調味，放置冷卻。

瑞士捲器皿裡放一張不透油紙，把米飯放進去，壓平（用另一張不透油紙）填滿容器；再將雞肉餡平鋪在米飯上。然後像做瑞士捲那樣捲起來，再切成條，切刀要在熱水裡過一下。溫熱或冷食都可，可以當做茶點或配飲料。

爪哇的傳統做法裡還有用煎蛋來包裹糯米球，或者用日本紫菜包裹，做成日本—爪哇混合型壽司。

釀葡萄葉　值得花時間做的party料理

Stuffed Vine Leaves（Dolmas）

你可以買到釀葡萄葉的成品（或者葡萄葉包飯），但那些經常是大量生產的，品質不是很好。自己做就需要時間和耐心了，但結果往往卻是值得的——尤其是如果在這一過程中你可以有時間思考，或者坐下來和朋友聊天。只要開始做了，就多做一點；然後冰凍一部分，在下次Party上端出來可以讓忙碌了一週的客人們大吃一驚。

　　最好的釀葡萄葉應該是從園子裡採摘新鮮的葡萄葉來製作，但在鹽水裡保存的葡萄葉也很不錯。至於餡料，我試過很多種材料搭配，葷素都有，在這我介紹我愛吃的兩種素餡。第一種是酸甜味的；第二種是酸辣味的，略加了一點兒東方香料。

準備：1個小時
每種餡料準備足夠做24 ～ 26個釀葡萄葉的量
烹飪：60 ～ 90分鐘

◎ 112克／0.5杯短粒米
　　（洗淨，在冷水裡浸泡30分鐘，瀝乾）
◎ 28克／將近0.25杯葡萄乾（搗碎）
◎ 4個杏乾
　　（在熱水裡浸泡10分鐘，控水搗碎）
◎ 56克／0.3杯胡桃核（搗碎）
◎ 1茶匙肉桂粉
◎ 2湯匙小洋蔥末或青蔥末或細香蔥
◎ 2湯匙碎香芹
◎ 2湯匙碎薄荷
◎ 1茶匙鹽
◎ 1湯匙檸檬汁
◎ 2湯匙橄欖油

酸辣餡
◎ 112克／0.5杯短粒米
　　（洗淨，在冷水裡浸泡30分鐘，控乾）
◎ 56克／0.3杯碎胡桃仁或松子
◎ 3湯匙小洋蔥或青蔥末或者細香蔥
◎ 3湯匙碎芫荽根或芫荽葉
◎ 1茶匙芫荽粉
◎ 0.5茶匙孜然粉
◎ 1茶匙辣椒粉
◎ 1湯匙檸檬汁或酸橙汁
◎ 2湯匙橄欖油或花生油
◎ 1茶匙鹽

其他配料
◎ 30 ～ 35片葡萄葉，新鮮或保鮮的
◎ 2個大洋蔥（切碎）
◎ 4個番茄（切碎）
◎ 鹽和胡椒粉調味
◎ 1湯匙檸檬汁
◎ 2湯匙橄欖油或花生油
◎ 8湯匙熱水

如果你用新鮮的葡萄葉，先用沸水輕燙1分鐘，然後在冷水裡浸一下，控乾水分。如果用鹽水保鮮的葡萄葉，它會有鹹味，所以需在熱水裡清洗一下，再燙2分鐘，放進冷水裡浸一下，再用冷水清洗以便去掉鹽分。用這種葉子，在烹飪時就不要再加鹽了。

把所有做餡用的配料在碗裡調拌均勻，然後把餡裹進葉子裡。

用敞口鍋（蓋子非常緊的）最好，這樣釀葡萄葉可以在鍋裡平鋪一層或最多兩層。用剩下的或者撕破的葉子墊在鍋底；先放一半洋蔥末和番茄塊，撒一點胡椒粉（如果用的是新鮮葡萄葉，還需要加鹽）。把釀葡萄葉放進鍋裡，包緊，以防在烹飪過程中散開；再在最上面撒一點番茄塊和洋蔥末。在一個碗裡放入水、油和檸檬汁，攪拌後倒進鍋裡，用一個盤子壓住釀葡萄葉，再蓋緊鍋蓋。用最小的火燜煮1個小時；揭開蓋，嚐一下。如果認為還不太熟，再加8湯匙熱水繼續燜煮20分鐘或更長時間。一定不要煮到水乾了；而洋蔥和番茄可以產生保持水分的作用。

冷卻後再上桌。如果是冷凍存儲，吃的時候要記得先完全解凍，再蒸上4～5分鐘，冷卻到室溫溫度就可以上桌了。

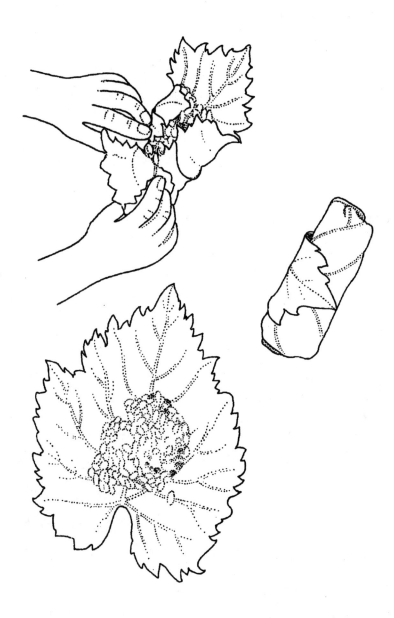

米製小薄餅配五香茄泥　餐前配飲料的絕佳開胃品
Blini with Rice Flour with Spiced Aubergine/Eggplant Purée

印尼人把煎餅稱作「serabi」，在早餐時蘸著加了薑和香草的糖漿吃，或者蘸甜椰漿吃。這也許會讓人想起美式早餐裡蘸蜂蜜吃的煎餅，但也並不奇怪，它們本來就有些相似。俄式薄煎餅也是類似的食品。這裡介紹的小薄餅做法類似用小麥粉混合米粉做的煎餅。它們可單獨作為美味的早餐，但我建議用一點來配風味魚或者下述將要提到的五香茄泥。這會是餐前配飲料的絕佳開胃品。

準備：10分鐘
＋30 ～ 50分鐘醒麵
做35 ～ 40個小薄餅
烹飪：18 ～ 20分鐘

小薄餅	**五香茄泥**
◎ 112克/0.7杯小麥粉	◎ 3個中等大小的茄子
◎ 56克/0.7杯米粉	◎ 1個甜紅椒或柿子椒
◎ 1茶匙烘焙粉	◎ 2 ～ 3湯匙純橄欖油
◎ 0.25茶匙鹽	◎ 5棵蔥（切好）
◎ 1個雞蛋	◎ 2個蒜瓣（切好）
◎ 390毫升/0.75杯牛奶或椰漿	◎ 1茶匙薑末
（微加熱）	◎ 0.25茶匙紅辣椒粉或白胡椒粉
◎ 黃油	◎ 0.5茶匙孜然粉
	◎ 鹽
	◎ 1湯匙碎芫荽、芫荽葉或細香蔥
	◎ 2茶匙檸檬汁或酸橙汁

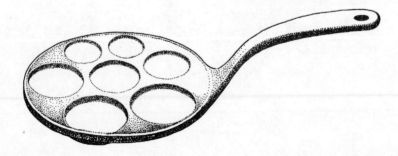

在碗裡放入米粉和小麥粉以及烘焙粉和鹽，攪拌均勻，用篩子篩入另一個碗裡。中間挖一個小坑，打入雞蛋；用木勺把雞蛋和麵粉攪勻。然後一邊加熱牛奶，一邊攪拌，直到攪成牛奶雞蛋麵糊。將麵糊醒30～50分鐘，烹飪前再次攪拌。

慢慢加熱做薄餅的鑄鐵鍋或淺煎餅鍋，先刷一層黃油。把麵糊倒進鍋裡，如果是用淺煎餅鍋，就用湯匙舀一勺麵糊放進鍋裡，攤成薄的圓餅。小火煎2分鐘後，用調色刀翻個面，然後再煎2分鐘。從鍋裡盛出最好立即上桌；如果放在烤箱裡保溫就可以多放一會兒。薄餅可以在冰箱裡凍存幾個星期左右；吃的時候先完全解凍，用中火熱1～2分鐘即可。

往茄子表面刷點油和胡椒粉，在180℃/350℉的烤箱裡用烘焙盤烤30～35分鐘或者更長時間。當外皮全部烤焦時立刻從烤箱裡取出。冷卻一會兒，然後剝皮，去掉胡椒碎粒；把胡椒粒和茄子放在玻璃碗裡備用。

在小煎鍋裡，倒入橄欖油把蔥蒜翻炒至變軟。加入薑末、辣椒粉和孜然粉，再炒1分鐘，適當放點鹽。然後把這些調料和茄子及胡椒摻在一起，搗成糊狀。這也可以用果汁機來做，只需幾秒鐘；但用木勺搗碎的味道會更好。

加入芫荽、芫荽葉、細香蔥、檸檬汁、酸橙汁攪拌均勻。把茄泥塗在或鋪在溫熱的小薄餅上即可食用。

綠豆米脆　封罐可保存二週的酥脆

Rice Flour Crips with Mung/Green Gram Beans（Rempeyek）

我覺得不可能有比這種印尼綠豆米脆更好吃的米脆了。在油炸方面，你可能需要練習幾分鐘，但並不困難。一定要去東方人開的店裡買上好的米粉；大多超市裡賣的都不夠好。

可以用花生代替綠豆，很多人會覺得放花生會更好吃，但這需要費更多功夫把每粒花生分成兩半。除了這個，其他都跟以下食譜的步驟相同。

準備：30分鐘
做50～60片風味米脆
烹飪：60分鐘

◎ 112克/0.7杯綠豆
　（浸泡一夜）
◎ 2個油桐子
◎ 1個蒜瓣
◎ 2茶匙芫荽粉
◎ 1茶匙鹽
◎ 112克/0.7杯米粉
◎ 225毫升/1杯冷水
◎ 花生油或葵花籽油

將綠豆控乾水分。把油桐子和蒜瓣一起搗碎，放入攪拌器內，加56毫升/0.25杯水攪拌成糊。盛到碗裡，加芫荽粉和鹽，然後加入米粉，一邊加水一邊攪拌均勻，最後把綠豆加到米糊中。

油炸需用一個不粘煎鍋和一個炒菜鍋。在煎鍋裡加熱少許油，而在炒菜鍋裡放足夠深炸綠豆米脆的油。舀一湯匙綠豆米糊，倒進煎鍋裡，簡單攤平。大概每次分別舀6～7湯匙，鍋裡攤滿即可。煎1～2分鐘，再放進炒菜鍋的熱油裡；深炸至酥脆，並呈金黃色，這大概需幾分鐘。撈出擱在吸油紙上瀝油冷卻。重複以上步驟至炸完所有的米糊。

完全冷卻後放進密封罐裡儲存。可以在2週內保持酥脆。

香味米釀節瓜　加不加蛋各有搭配

Courgettes/Zucchini Stuffed with Spicy Rice

如果想用這道菜配飲料，那麼裡面的餡料在烘烤和蒸之前需要加入雞蛋攪拌。如果是搭配肉類或魚類葷菜，那麼加雞蛋就僅供參考了。選擇飽滿優質的節瓜（courgettes），盡量挑長度相當的。

準備：30分鐘
供4 ～ 6人的主食；
夠10 ～ 12人的酒水小點心
烹飪：用烤箱烤25 ～ 30分鐘或者蒸8 ～ 10分鐘

◎ 6個節瓜，重450 ～ 500克（洗淨）
◎ 1.7升/3品脫水
◎ 0.5茶匙鹽

餡
◎ 112克/0.5杯巴斯馬蒂米或巴特納米（洗淨，控水）
◎ 3湯匙橄欖油或花生油
◎ 2瓣蒜（切片）
◎ 4棵蔥（切片）
◎ 0.5茶匙紅辣椒粉
◎ 0.5茶匙甜辣椒粉
◎ 0.5茶匙芫荽粉
◎ 0.5茶匙孜然粉
◎ 節瓜片
◎ 1個雞蛋（僅供參考）
◎ 調味鹽

在鍋裡把水加熱，擱0.5湯匙鹽。水開後，把節瓜整個放入，煮3分鐘。用漏勺盛出放在篩網裡。再把水燒開，放入稻米，沸煮8 ～ 10分鐘。把米放進篩網裡控水。

把節瓜從中間切開，用小勺挖出部分瓜瓤，然後把瓜瓤切片待用。

在煎鍋裡把油燒熱，然後將蔥蒜翻炒2分鐘，加入各種調料粉和節瓜瓤繼續炒2分鐘。加入米飯，攪拌均勻。關火讓其冷卻到室溫。適當調味並打入雞蛋（如果想用的話），充分攪拌。

將調過味的米飯填入葫蘆瓜裡，然後放進抹過油的烤箱盤裡。用鋁箔紙蒙住烤盤，在180℃/350 ℉的烤箱裡烘烤25 ～ 30分鐘，或者蒸8 ～ 10分鐘。

做好後，將其裝盤。如果是做酒水小點心，就用尖刀切成小塊或者也可作為搭配主菜的主食，冷熱食用均可。

至於其他的選擇，如果不用節瓜瓜瓤，餡料也可以用來做釀甜椒或燈籠椒；前面配料裡準備的量足夠填兩個大紅椒或青椒。把辣椒豎切為兩半，去籽，在熱水裡焯2分鐘；再放進冷水裡浸一下，用紙擦乾，然後填入餡料，和做釀節瓜一樣放進烤箱烘烤。

米粉肉餅蘸杏仁醬　　中東美食書裡的主菜

Kibbeh of Ground Rice with Almond Sauce

我總是在尋找用米粉做的美食。肉餅（Kibbeh）是一種用碎羊肉和米粉或碎小麥做成的美食，呈小圓球或丸子的形狀，經烤製或油炸而成。我是經《中東食物新書》（*A New Book of Middle Eastern Food*）的作者克勞迪婭・羅登（Claudia Roden）的允許引用這個食譜的。

　　油炸肉餅可以作爲搭配飲料的小點心；在克勞地亞的食譜裡是用它來蘸杏仁醬，作爲一道主菜的。

準備：40分鐘
做20 ～ 25個肉餅
烹飪：40 ～ 45分鐘

餡
◎ 140克/0.7杯碎羊肉
◎ 2湯匙碎香芹
◎ 1小匙多香果粉
◎ 鹽和胡椒粉調味

餅皮
◎ 285克/1.5杯碎羊肉
◎ 170克/1杯米粉
◎ 2棵蔥（切片）
◎ 鹽和胡椒粉調味
◎ 3 ～ 4湯匙冷水
◎ 油

杏仁醬
◎ 56克/0.5杯杏仁粉
◎ 850毫升/4杯羊肉湯或雞肉湯
◎ 鹽和胡椒粉（調味）
◎ 1瓣蒜（碾碎）
◎ 2湯匙碎香芹
◎ 2湯匙檸檬汁，或者根據口味可多加一點

裝盤用
◎ 1湯匙碎香芹
◎ 2湯匙烤松子

先把所有餡料成分放在碗裡攪拌好，將碎羊肉和米粉放進果汁機裡攪碎；接著放入鹽和胡椒粉調味，再加3～4湯匙冷水。攪成糊狀，然後搓成胡桃大小的小圓球。手上抹點油，以防黏手。

用手在小球上按一個小渦，填入1湯匙餡料；捏緊封口。在手上搓圓，像小橄欖球的形狀，分批油炸，每次炸4～5分鐘直至變爲金黃色。

現在（假定是把肉餅作爲一道主菜）開始做醬，把杏仁和高湯放進鍋裡。煮沸，適當調味，把除了裝盤用料以外的其他配料加進來；不時攪拌，慢燉20分鐘。上桌前，加入炸肉餅攪拌，盛到保溫碗裡，用香芹和松子裝飾一下。趁熱吃，以煮或蒸的米飯爲主食，再搭配沙拉或素菜；或者作爲小點心冷食，不要加杏仁醬。

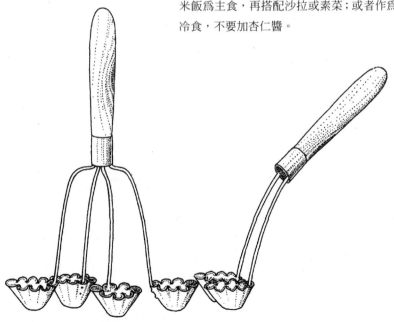

金盅撻　好做又便宜的東南亞味兒

Golden Cups（Kratong thong）

這是一道泰國食譜，但在東南亞其他國家都能找到很相似的食品：把奶油麵糊用模具做成酥撻。這做起來很容易，但每次都會慢慢發現一個更好的訣竅，所以我每次做的時候，總是不得不扔掉頭10個或1打，然後就會迷上做這種東西；在1～2個小時內，可以做上百個出來——它們的成本很低，放在密封罐裡可以保存一星期左右。也可以填入各種各樣的餡料，這裡各介紹肉餡和素餡；在上桌前才加餡。

　如果盡可能選用上好的米粉，做出的效果會更好一些。模具可以在大多數泰國商店裡買到；帶4個杯的當然一次可以多做一點，但要多練習幾次，你肯定不想讓麵糊流進模具裡面。

準備：1個小時

做150～160個

烹飪：1個小時

撻殼
◎ 84克/接近0.5杯麵粉/中筋麵粉
◎ 84克/接近0.5杯米粉
◎ 390毫升/1杯冷水
◎ 1小撮鹽
◎ 蔬菜油

肉餡
◎ 3湯匙花生油
◎ 4瓣蒜（切碎）
◎ 4個大紅椒（去籽切碎）
◎ 450克/1磅豬肉片，
　或去皮雞胸肉（切片）
◎ 2茶匙碎芫荽或細香蔥葉
◎ 2茶匙整粒的綠胡椒或黑胡椒
　（碾碎）
◎ 3片檸檬葉（撕碎）

◎ 2茶匙羅勒葉（切碎）
◎ 1茶匙糖
◎ 2湯匙魚露或生抽醬油

素餡
◎ 112毫升/0.5杯花生油
◎ 112克/1杯印尼豆豉，糯馬鈴薯
　（切塊）
◎ 3個胡蘿蔔（去皮切塊）
◎ 2個歐洲蘿蔔（去皮切塊）
◎ 1個大洋蔥（大約225克/2杯，切好）
◎ 2瓣蒜（切碎）
◎ 1茶匙紅辣椒粉或辣椒粉
◎ 1茶匙芫荽粉
◎ 0.5茶匙孜然粉
◎ 0.5茶匙鹽
◎ 3湯匙水
◎ 1湯匙碎香芹/芫荽/芫荽葉/細香蔥葉

把麵粉和做撻殼的其他配料放進碗裡，用木勺充分攪拌成糊。

最好在有自動調溫器的油炸鍋裡來做；油溫可以控制在180～200℃/350～400°F。但如果用炒菜鍋或煎鍋，就要根據自己的判斷不停地調整火的大小。

先燒熱油，然後把模具放進油裡預熱4分鐘。用模具去蘸米糊，停留8～10秒鐘，不要讓米糊流進模具內部。提起模具時，它的外層會黏上一層米糊。然後放進熱油裡。炸10秒鐘，把撻殼抖落在油裡（可以用筷子或叉子推擠它）。再炸幾秒鐘直至變為金黃色，用漏勺撈起裝盤，盤子裡墊一層吸油紙。繼續重複以上步驟，直到把米糊用完。

把蒜和紅椒在鍋裡翻炒1分鐘，然後加入碎肉。繼續炒2～3分鐘，加入剩下的配料；再煸炒2～3分鐘直到把肉炒乾，適當調味。放著冷卻至常溫；在上桌前填入撻殼。

把豆豉或馬鈴薯放進鍋裡煸炒4分鐘，直到炒成棕色。用漏勺撈起在吸油紙上控油，只留2湯匙左右的油在鍋裡，其餘倒出；然後把洋蔥和蒜末翻炒1分鐘。加入胡蘿蔔和歐洲蘿蔔繼續炒2分鐘或更長時間。放入所有調料粉；繼續加水翻炒。

蓋上鍋蓋，燜煮2～3分鐘，期間翻動一兩次。再加入豆豉或糯馬鈴薯，並適當調味；繼續炒1分鐘，然後關火。在上桌前填入撻殼，再撒一點碎香芹或芫荽葉在上面。

緬甸式魚湯米線　Party上百搭不可缺

Burmese Fish Soup with Rice Vermicelli（Mohinga）

這道菜可以在Party時用，也可以做簡餐，把所有配料盛在一個大盤子裡，湯單獨盛在大碗裡，放在爐具上保溫。客人們可以自助。

　　西方可能會找不到魚湯米粉需要的傳統配料——香蕉乾。也可以用新鮮香蕉花代替，在很多亞洲商店裡能買得到或者用罐裝的棕心，很多棕櫚科植物都含有棕心。在緬甸，是用烤米粉來加濃湯汁的，但其實沒有必要，因為米線會很好地吸收湯汁。

　　我在倫敦試過用好幾種魚來做魚湯米線，發現用海鰻和鮊鱸魚效果最好。海鰻不太容易去骨，但鮊鱸魚不錯。如果你買的是尾部，那很容易把魚肉片下來，把魚骨放進鍋裡煮湯。

準備：0.5個小時
供6 ～ 8人食用，
如果作為宴會食品就夠更多的人食用
烹飪：1個小時

◎ 450克/1磅鮊鱸魚尾（片成魚片）

魚湯
◎ 675克海鰻
◎ 鮊鱸魚骨
◎ 1.1升/5杯水
◎ 3個新鮮紅椒或乾紅椒（切成2半）
◎ 0.25茶匙薑黃根粉末
◎ 2根檸檬草
◎ 1湯匙魚露

配料
◎ 1個香蕉花，把外層的兩片葉子去掉或用450克/1磅/2杯罐裝棕心（切成1公分厚的圓片）

◎ 450克/1磅米線
◎ 辣椒醬
◎ 炸洋蔥片
◎ 4個煮老的鴨蛋或雞蛋（剝皮切成4半或者12個鵪鶉蛋）
◎ 扁豆餅
◎ 2 ～ 3湯匙碎香芹葉

熬好的魚湯還要加入以下作料
◎ 2湯匙花生油
◎ 3棵蔥（切片）
◎ 3瓣蒜（切片）
◎ 1個大紅椒（去籽切片）
◎ 1茶匙薑末
◎ 5公分檸檬草（去葉，把中間柔軟的部分切碎）
◎ 850毫升/3.5杯椰漿
◎ 去骨海鰻
◎ 鮊鱸魚片（切成非常小的塊）
◎ 鹽和胡椒粉調味

先熬湯。把所有準備熬湯的材料放進大鍋裡煮沸。慢燉5
分鐘後，撈出海鰻裝盤冷卻，繼續熬湯。海鰻冷卻後，去
皮去骨。把魚肉放在一邊備用，魚皮和魚骨放回湯裡繼續
煮。再煨30分鐘，濾去湯中的固體物；同時，開始準備配
料盤──這些不需要太熱，但湯在吃的時候一定得是熱的。

　　如果用香蕉花，先整個在鹽水裡焯6～8分鐘。撈出控
水，先切成4段，然後切成厚片；如果是用棕心，先漂淨，
再切片。把香蕉花或棕心放在配料盤的一邊。把米線放在
大碗裡，倒入開水沒過它，然後泡4～5分鐘讓米線吸收水
分；再撈起控水，也放在盤子裡。將其他配料盛在同一個盤
子裡，擱一小碗辣椒醬在中間。

　　在大鍋裡把油燒熱，再把準備好的那些料放進去翻炒2分
鐘。倒入椰漿，煮沸，再放魚肉。慢燉4分鐘，加一些濾過
的魚湯：根據食用的人數來判斷加多少，適當調味。

　　吃的時候，把米線和其他配料都盛在單獨的湯碗裡，然
後舀熱魚湯澆在上面（扁豆餅可以用手抓著吃，就像吃麵包圈那
樣）。可以鼓勵客人們吃的時候根據需要不斷地加點魚湯。

扁豆餅　既是零食，也可搭配米線

Lentil Fritters

準備：25分鐘
做30～32個
烹飪：20分鐘

◎ 2湯匙芝麻油或花生油
◎ 1個洋蔥（切好）
◎ 1茶匙芫荽粉
◎ 1茶匙鹽
◎ 225克/1杯紅扁豆，洗淨
（在冷水裡浸泡10～15分鐘，
然後控水）
◎ 140毫升/0.7杯冷水

後加的配料
◎ 4湯匙碎洋蔥、青蔥末或者
中國香蔥
◎ 5湯匙麵粉或中筋麵粉
或米粉
◎ 1湯匙玉米粉或玉米澱粉
◎ 1個雞蛋（打散）
◎ 0.25茶匙白胡椒粉
◎ 200毫升/0.9杯蔬菜油
（油炸用）

把芝麻油或花生油在炒菜鍋或煎鍋裡燒熱後，加入洋蔥煸炒2分鐘，然後加芫荽粉、鹽和扁豆。翻炒2分鐘後加水，慢慢燉5分鐘，中間不時攪拌一下至水乾；放置冷卻。

冷卻後，加入剩下的配料；再充分攪拌，適當調味。在煎鍋裡把油燒熱，倒入米麵糊，一次舀1滿茶勺。每批煎7～8茶匙米麵糊，一面煎1分鐘左右；再用漏勺撈起放在吸油紙上控油。冷熱食用均可，搭配緬甸魚湯米線或單獨作為零食也可。

印度南方米湯　百分百是素食

South Indian Rice Soup（Rasam）

這種酸辣湯某種程度上與著名的泰式海鮮酸辣湯（當然是由蝦製成的），和菲律賓的酸辣蔬菜蝦湯（由魚、蝦和豬肉製成）很類似。印度南方米湯完全是素食湯，會加入白米，即使只加一點點。這道湯讓我想起印尼的蔬菜酸辣湯，而按照印尼的做法還會加入花生，是配著米飯吃的。

　　印度南方米湯是由扁豆和酸角做的，所以看起來會很混濁；但是加了蔬菜和米之後，看起來就讓人很有食慾了，吃起來也很新鮮。

準備：25分鐘
供4～6人食用
烹飪：1個小時

湯
◎ 1.7升／7.5杯水
◎ 28克／0.25杯酸角果肉
◎ 56克／0.25杯紅扁豆（洗淨控水）
◎ 1個大番茄（切成4半）
◎ 1～2個青椒（切碎）
◎ 0.25茶匙阿魏（植物樹脂，以前用作
　　鎮痙藥，僅供選擇）
◎ 鹽

其他配料
◎ 4個小胡蘿蔔（去皮，切成小圓塊）
◎ 0.5個或1個小白蘿蔔
　　（去皮，切片）
◎ 80克／0.7杯米飯
◎ 112克／1杯空心菜或者豆瓣菜
　　（摘好洗淨）

把所有做湯的材料放進大鍋裡，煮沸後慢燉40～50分鐘。把湯過濾到另一個鍋裡，煮沸後開始慢燉時加入胡蘿蔔和白蘿蔔。再燉5～8分鐘，加入米飯和空心菜或者豆瓣菜，繼續煮3分鐘。適當調味，然後上桌。

泰式雞肉香料米粉湯　　當單碟或湯都好運用

Thai Chicken and Galingale Soup with Rice Vermicelli（Kai tom ka）

和緬甸魚湯米線一樣，這是一道非常棒的簡餐或湯。蔬菜配料經常和雞肉一起烹調，然後趁熱澆在冷米粉上，以至於使米粉也跟著熱起來。泰國人還喜歡把紅番辣椒醬和炸洋蔥片放在小碗裡讓客人取用。

可以費點工夫去買小圓茄子和嫩的甜玉米，還有罐頭竹筍就更值得買了，因爲它已經被切成很好看的形狀。這些在泰國和亞洲食品店裡都很容易買到。

準備：0.5個小時
供6～8人食用
烹飪：60～75分鐘

烹調雞肉和做湯
◎ 1隻土雞（洗淨，切成4塊）
◎ 2.3升/10杯水
◎ 5公分的新鮮香根莎草
　（洗淨切片或3～4片乾香根莎草）
◎ 3根檸檬草（洗淨，每根切成3段）
◎ 4片檸檬葉
◎ 2～4個小的乾紅椒
◎ 1個洋蔥（切片）
◎ 1茶匙鹽

其他配料
◎ 450克/1磅罐頭筍（最好是已經切好的，否則就取出切片，漂淨）
◎ 225～285克小圓茄子（切成2半）
◎ 225～285克嫩的甜玉米
　（切成2半）
◎ 170毫升/0.75杯特濃椰漿，或者112克/0.5杯椰油
◎ 1湯匙魚露
◎ 4湯匙萊姆檸檬汁或檸檬汁
◎ 10～16片羅勒葉
◎ 適當的鹽
◎ 225～340克米粉（如果做簡餐就需多點，在熱水裡浸泡5分鐘後，控水）

所有做湯的材料放進大鍋裡。煮沸後慢燉25～30分鐘。把雞撈出，將肉剔除。雞肉切成大塊，放在一邊備用。雞皮和雞骨放回鍋裡繼續用小火煨20～30分鐘。

把湯濾到另一個鍋裡。雞湯應該有1.2升的量，相當於5杯；如果不夠而又需要，就加入熱水達到這個數量。再把湯煮沸，加入竹筍、茄子和甜玉米；慢燉8分鐘後，加雞肉。再繼續燉5分鐘，加入椰漿或椰油、魚露、萊姆檸檬或檸檬汁。用小火再煨5～8分鐘。適當調味，加羅勒葉，趁熱上桌。米粉盛放在單獨的碗裡，把做好的熱湯澆在上面即可食用。

菲律賓式酸辣蔬菜蝦湯　帶有很多湯的燉菜

Philippines Sour Soup with Prawns/Shrimp（Sinigang na hipon）

在菲律賓，它是一種帶很多湯的燉菜，主要是酸湯；它是由豬肉、魚或者蝦做成的（據這裡提到的食譜），總是和米飯搭配。肉或魚、蔬菜和米飯盛在同一個盤子裡，人們可以自助取食，盛在另外單獨碗裡的醬汁或湯可用勺舀取。

　　事實上，這是一種單碟飯，它是在模仿東南亞日常飲食的模式。一頓飯裡所有東西都一次擺上桌，之後還有簡單的水果。

準備：30分鐘
供4～6人食用
烹飪：20～25分鐘

◎ 1.1升/5杯魚湯或水
◎ 3棵蔥（切片）
◎ 2瓣蒜（搗碎）
◎ 1茶匙薑末
◎ 0.5茶匙辣椒粉
◎ 170克/1.5杯菜豆或法國菜豆（切成2公分長）
◎ 225～285克/2～2.5杯白蘿蔔（去皮切成薄圓片）
◎ 8～10個小圓茄子（切成2半，或者1個中等紫茄子，切成方塊）

◎ 112～170克空心菜或豆瓣菜（摘好洗淨）
◎ 3湯匙魚露
◎ 225毫升/1杯羅望子汁
◎ 450～675克/1～1.5磅大對蝦（把4～6隻蝦不去頭不剝殼用於裝盤，完全洗淨，把剩下的去皮去蝦線，湯單獨盛在大碗裡）

其他成分和配料
◎ 340克/1.5杯長粒米（用吸收法來烹調然後蒸）
◎ 1湯匙青檸汁或萊姆檸檬汁
◎ 1湯匙碎芫荽或芫荽葉
◎ 任意辣椒醬（僅供選擇）

在鍋裡放入112毫升/0.5杯的魚湯，加入蔥、蒜、薑和辣椒粉。煮沸後慢燉3～4分鐘。加入剩餘的湯；再次煮沸，加入蔬菜，除了空心菜或豆瓣菜，關小火再燉4分鐘。

　　加入空心菜或豆瓣菜、魚露和羅望子汁。繼續再燉2分鐘。適當調味，再次煮沸後加入蝦。煮4～5分鐘後，把鍋子從火上移走，加入青檸汁或萊姆檸檬汁及碎芫荽或芫荽葉。直接上桌，盛每一份湯時都放進一整隻蝦（帶頭）作為妝點。把米飯和辣椒醬分別單獨盛在盤或碗裡。

木瓜米飯涼湯　其實不是一道湯

Chilled Rice Soup with Papaya

我應該解釋一下，這其實並不是一道湯。它是由做得很軟的米飯加上新鮮椰漿及木瓜片製成的；我童年時幾乎每天早餐都吃這個。它很美味，所以我相信你也會喜歡。在這裡我推薦它作為夏日涼湯。

準備：大約15～20分鐘
供4人食用
烹飪：10分鐘

◎ 1個熟木瓜（去皮，橫切為2
　半，去籽）
◎ 850毫升/3.5杯椰漿
◎ 0.25茶匙鹽
◎ 1撮辣椒粉或白胡椒粉
　（僅供選擇）
◎ 155克/1.25杯冷卻的軟
　米飯

把每半木瓜先切成3段，再切成小薄片。椰漿倒在碗裡，加鹽，如果需要，再加點辣椒粉或胡椒粉；攪拌均勻後，加入米飯和木瓜片。冷藏。

　吃之前再次攪拌一下，直接盛在玻璃碗裡上桌。用湯匙吃。

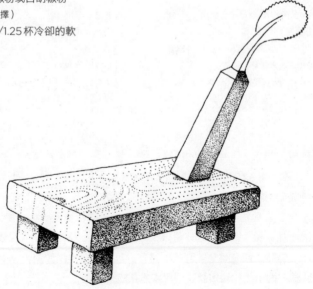

米製蔬菜通心粉湯　　用米取代通心粉的中東風味
Chilled Rice Soup with Papaya

這是一道具有濃厚中東風味的湯，它用硬乳酪點綴，但是我用稻米代替了通心粉。

準備：豆子浸泡8個小時
或一整夜，再經過40分鐘烹煮
供8 ～ 10人食用
烹飪：1.5個小時

◎ 2.3升/10杯水或根據需要加水
◎ 340克/2杯乾扁豆
　　（浸泡8個小時或一整夜）
◎ 340克/2杯乾青豆或斑豆
　　（浸泡8個小時或一整夜）
◎ 170克/0.75杯義大利
　　或日本的短粒米
◎ 2湯匙橄欖油
◎ 340克/3杯韭蔥
　　（摘好洗淨，切成薄圓片）
◎ 2瓣蒜（切碎）
◎ 340克/2杯成熟的番茄
　　（去皮去籽，切碎）
◎ 5個中等大小的胡蘿蔔（去皮切片）
◎ 450克/1磅/4杯小胡瓜
　　或節瓜（切片）
◎ 450克/1磅/4杯嫩菜豆（摘好）
◎ 鹽和胡椒粉
◎ 112克乳酪絲
◎ 4湯匙碎歐芹葉

把每種豆子分別加水煮40分鐘，不放鹽。一起放在篩網裡控乾水分，再在冷水裡浸泡一下。

鍋裡倒入2.3升/4品脫/10杯水，加進所有的豆子，煮沸後慢燉25分鐘。加入稻米再沸煮15分鐘。漂去表面的泡沫和浮渣。

煮的同時，在另一個小鍋裡加熱油，將韭蔥和蒜煸炒1分鐘左右，然後加番茄。加鹽和胡椒粉調味再慢燉3 ～ 4分鐘。

稻米煮到15分鐘時，把炒好的蔥和番茄加進去，也包括油。再加入胡蘿蔔繼續燉6分鐘。然後加小胡瓜或節瓜和嫩菜豆。繼續烹煮5 ～ 6分鐘，直到所有的蔬菜變軟。

適當調味後，趁熱上桌，撒點乳酪絲和碎歐芹葉作為點綴。

綠葉蔬菜米湯　什麼蔬菜提出什麼味
Green Rice Soup

這道湯會呈綠色可能是因爲加了我最愛吃的菠菜，或萵苣葉或豆瓣菜。每一種蔬菜都有自己獨特的味道。大約80克的白米飯就足夠了；也許你正好沒有剩米飯，那麼以下的食譜也提到了怎樣用生米做這道湯。

準備：（不包括做高湯的時間）
10分鐘
供4 ～ 6人食用
烹飪：15分鐘

◎ 1.1升/5杯水
◎ 1撮鹽
◎ 56克/0.25杯白米（洗淨）
◎ 2湯匙橄欖油，或花生油，或酥油，或純化奶油
◎ 3棵蔥或1個洋蔥（切片）
◎ 1瓣蒜（切碎）
◎ 0.25茶匙肉豆蔻粉
◎ 0.25茶匙白胡椒粉
◎ 1.1升/5杯肉湯或蔬菜汁
◎ 112 ～ 170克/1 ～ 1.5杯菠菜或萵苣葉或豆瓣菜（切好）
◎ 鹽和胡椒粉

水裡放點鹽，然後加熱；煮開後，放進稻米，沸煮6分鐘。把米撈出控水，留著煮米的水，如果需要可以加到高湯裡，或者湯如果太濃，可用來稀釋。

在鍋裡把油或黃油加熱，放入洋蔥和蒜；再加肉豆蔻粉和胡椒粉，翻炒，倒入高湯。煮沸後加入生米，慢燉10分鐘，然後加綠葉蔬菜，繼續慢燉4分鐘。

全部撈出放進榨汁機裡，攪拌成糊，然後倒回鍋裡。適當調味：如果湯太濃，就加些煮米水，但如果太稀，就再燉幾分鐘，不時攪拌一下，直到變成乳脂狀。冷熱食用均可。

雞肉辣腸秋葵湯　可以不放秋葵的一道湯

Chicken and Hot Sausage Gumbo

只加少許米粒的秋葵湯可以單獨作爲湯，也可以把米飯盛在盤子裡然後澆上秋葵湯食用。

秋葵，中文名叫羊角豆，又被稱爲貴婦指，或許秋葵用於烹飪的第一道菜就是秋葵湯。用它的名字來命名的這道湯，秋葵本身卻變爲僅供選擇的成分──不管怎樣，在美國的路易斯安那州，很多人還是會用秋葵。這道雞肉秋葵湯也是用檫葉粉來代替秋葵的。我也爲那些找不到檫葉粉或者不喜歡檫木的人提供了一道不放檫葉粉的秋葵湯食譜。

準備：烹飪米飯，40分鐘
作為午餐或晚餐供4人食用，
作為湯則夠8～10人食用
烹飪：大約70分鐘

◎ 1隻中等大小的雞
◎ 2～3湯匙米粉
◎ 1茶匙鹽
◎ 0.5茶匙卡宴辣椒或紅辣椒粉
◎ 140毫升/0.7杯蔬菜油
◎ 2個洋蔥（切碎）
◎ 2根芹菜桿（切碎）
◎ 4瓣蒜（切碎）
◎ 1個大甜椒或柿子椒（去籽切片）
◎ 1茶匙新鮮或乾的百里香（切碎

◎ 2茶匙檫葉粉
◎ 225克/1杯克利奧爾辣腸
　（chaurice）或其他豬肉辣腸
◎ 2個紅番茄（去皮切碎）
◎ 鹽和胡椒粉
◎ 1.4～1.7升/6.25～7.5杯雞湯
◎ 155～310克/1.5～3杯米飯
◎ 2湯匙碎洋蔥或青蔥
◎ 2湯匙碎歐芹

雞肉剔骨，切成約1公分的小方塊；用雞骨和雞皮熬湯。雞肉在碗裡拌入米粉，加1湯匙鹽和0.5湯匙辣椒粉。攪拌均勻，放在陰涼處備用，然後準備其他配料。

辣腸切成小片。在厚底鍋裡把油燒熱，將調過味、裹好米粉的雞肉過油炸，分3次炸，炸至淡棕色。用漏勺撈起，放在吸油紙上瀝油。在鍋裡只留3湯匙左右的油和鍋底那些米粉渣，其餘的油倒出；然後放入洋蔥、芹菜、蒜和辣椒煸炒3分鐘。加入百里香、檫葉粉和卡宴辣椒（cayenne pepper，編按：一種橙紅至深紅色調味品）或紅辣椒粉，繼續翻炒1分鐘。
然後放入辣腸和番茄，還有雞肉，再次翻炒，蓋上鍋蓋慢燉5分鐘。加入一半的雞湯繼續燜蓋燉50 ～ 60分鐘。倒入剩餘雞湯，適當調味，繼續煮至濃度讓你滿意為止；濃度稠稀可根據個人喜好進行調製。

米飯根據人數分裝在幾個碟子裡，然後把秋葵湯趁熱端上桌，澆在米飯上。用青蔥末或歐芹末點綴一下。

雞肉秋葵湯　爲不愛吃豬肉的人準備的

Chicken and Okra Gumbo

這道湯是爲那些不吃豬肉的人準備的，採用的做法還是秋葵湯的做法。世界上很多地方的大型超市裡都賣雞肉或火雞肉腸；如果你買不到辣味的，就在湯裡多加點辣椒粉，或者自己做雞肉米腸。紅辣椒要先在烤箱裡烤至皮焦——這樣做出的湯有一種煙燻的風味。

準備：做米飯，40分鐘
供4～8人食用

◎ 1隻中等大小的雞
◎ 1茶匙鹽
◎ 0.5茶匙辣椒粉
◎ 140毫升/0.7杯蔬菜油
◎ 2個洋蔥（切碎）
◎ 2根芹菜桿（切碎）
◎ 4瓣蒜（切碎）
◎ 2個大甜紅椒或柿子椒
　（烤焦後去皮，去籽，切片）
◎ 1茶匙新鮮百里香（切碎）
◎ 112克/1杯秋葵（切碎）
◎ 225克/1杯雞肉或火雞肉腸
　（切成小片）
◎ 0.5～1茶匙辣椒粉
◎ 1湯匙番茄醬或2個紅番茄
　（去皮切碎）
◎ 鹽和胡椒粉
◎ 1.4～1.7升/6.75～7.5杯雞湯
◎ 155～310克/1.5杯米飯
◎ 2湯匙洋蔥或青蔥末
◎ 2湯匙碎歐芹

所有配料準備齊全以後，就按照雞肉辣腸秋葵湯的食譜做。

味噌豆腐米糕湯　為頂眞素食主義者準備的

Miso Soup with Bean Curd and Rice Cake

這不是一道眞正日本風味的湯，而是我爲嚴格的素食主義者準備的一道湯。如果加入任意一種本書介紹的飯糰——糯米糍，或年糕，或印尼飯糰，或蘿蔔絲蒸糕，就可作爲一頓美餐了。

　　你可以做自己喜歡的蔬菜汁。如果更喜歡用日本商店裡買來的乾糯米飯糰，要注意先在熱水裡浸泡5～10分鐘，待泡軟後，切成2.5公分的方塊或者把乾飯糰在水裡煮2分鐘，然後用冷水沖一下。

準備：30分鐘
供4～6人食用
烹飪：25分鐘

◎ 2湯匙花生油或橄欖油
◎ 2棵蔥，切片
◎ 1茶匙薑末
◎ 2湯匙白味噌
◎ 1湯匙生抽醬油
◎ 390～450克/3.5～4杯豆腐
　　切成2.5公分的方塊
◎ 850毫升/3.5杯蔬菜汁
◎ 28克/0.25杯乾椎茸菇
　　在熱水裡泡20分鐘，切片
◎ 112克/1杯白蘿蔔，去皮切片
◎ 3個中等大小的胡蘿蔔，去皮切片
◎ 170克/1.5杯新鮮嫩菠菜
　　洗淨切好
◎ 225～340克/2～3杯印尼飯糰
　　或蘿蔔絲蒸糕
　　切成2.5公分的方塊
◎ 鹽和胡椒粉
◎ 2湯匙歐芹末

在鍋裡把油燒熱，放入蔥薑翻炒1分鐘，加白味噌和醬油，用木勺攪拌一下。再倒入約4湯匙的蔬菜汁；現在加入豆腐慢燉3～4分鐘，然後倒入剩餘的蔬菜汁。煮沸後慢燉8分鐘。

　　加入椎茸菇、白蘿蔔和胡蘿蔔，繼續燉8分鐘。再加菠菜和飯，適當調味，再燉2～3分鐘。撒點歐芹末，趁熱吃。

義大利南瓜肉汁燴飯　　美味湯汁當料理的底

Pumpkin Risotto

這道菜是用美味的湯汁做成的。

準備：30分鐘
供4～6人食用
烹飪：25～30分鐘

◎ 2湯匙橄欖油
◎ 1根芹菜，切碎
◎ 285克/1.3杯義大利米
◎ 2～3片月桂葉
◎ 1小撮藏紅花或薑黃根
◎ 225克/2杯南瓜
　　或白胡桃南瓜（去皮切塊）
◎ 1.7升/7.5杯高湯
◎ 鹽和胡椒粉
◎ 4～5湯匙乳酪絲

先在鍋裡加熱高湯，在熬湯的同時就開始做燴飯。

再拿一個鍋燒熱油，將芹菜炒1～2分鐘，然後加入稻米；攪動2～3分鐘。倒入1滿勺高湯，放入月桂葉，攪拌，然後停1分鐘再攪拌，反覆如此操作直至水分都為米粒所吸收。加入第2勺高湯並重複以上操作，加第3勺時步驟也同上。到第4次的時候加3勺高湯，並加入南瓜塊。攪拌後蓋上鍋蓋燜2分鐘，以便把南瓜煮熟。

然後揭開鍋蓋，繼續攪動米飯。再多加點高湯，撒點藏紅花或薑黃根、鹽和胡椒粉；繼續攪拌。適當調味，嚐一下米飯和南瓜是否熟了。米飯最理想的口感是有嚼勁，不要太軟；整個烹飪過程要花20～25分鐘。可以不必加入所有的高湯——米飯一旦熟後就不再吸收水分了。只要米飯熟了，就把鍋子從火上移開，撒入乳酪絲攪拌一下，然後蓋上鍋蓋燜2～3分鐘。吃的時候拿掉月桂葉。

松露肉汁燴飯　松露升級顯高檔

Risotto with White Truffles（Risotto con tartufi）

得到這個食譜，我得感謝蘭德威史克瑞德鎮（Llandewi Skirrid）胡桃樹餐廳的佛朗哥·塔路斯基歐（Franco Taruschio）。雖然我沒有親眼看見他是怎樣烹調這道菜的，但我親口吃到了，毋庸置疑它是絕佳美味。在這裡，我是把它當作一道西方米飯菜肴來介紹給大家，而以米飯爲主食的東方國家裡，應該會花點工夫把它變成家庭日常餐食。不僅是松露，如果在東方國家也能買得到的話，它的價格遠遠超過了人們的消費能力，還有濃得像奶油一樣的湯汁也是非常西方化的。亞洲人只在把米粒和牛奶或椰漿一起加糖烹飪時，才會做成這種口感，比如印度煉乳。

松露當然會讓這道燴飯風味獨特，但如果你怎麼也買不到，燴飯還是會很完整、很正宗的，也很好吃的。

準備：10分鐘
供6人食用
烹飪：25～30分鐘

◎ 0.5個洋蔥，切碎
◎ 675克/3杯「risotto」米
◎ 2.3升/10杯雞湯
◎ 1杯白葡萄酒
◎ 84克黃油
◎ 1湯匙油
◎ 84克硬乳酪，切碎
◎ 白松露菌

在鍋裡把一半黃油放在油裡融化，然後放入洋蔥煎至透明狀，呈淡金黃色。

加入米粒，輕輕地攪拌徹底讓米粒吸收黃油和油。攪動5分鐘後加入白葡萄酒稀釋。

加入1杯煮沸的高湯後攪拌至米粒吸乾湯汁爲止，然後繼續加高湯並不停地攪拌，直到高湯用完而米粒也吸乾這些湯汁爲止。這個過程約20分鐘。關火。

把剩餘的黃油和乳酪末加入輕輕充分攪拌。

蓋上鍋蓋，讓米飯燜2分鐘。上桌時把白松露菌切成薄片放在燴飯上面，再加點乳酪。

野生蘑菇肉汁燴飯　　適合秋季朵頤的簡食

Risotto with Wild Mushrooms

在《義大利廚房祕笈》中，安娜‧德爾‧康特提出一道蘆筍肉汁燴飯的食譜；
那是適合早春的季節，而我依照其做法的這道燴飯則適合秋季。我個人更喜
歡羊肚菌，所以會用它來做點綴；但不管怎樣，你也可以使用其他菌類，尤
其是去森林或田野裡採摘回來的天然菌類。如果是用乾的羊肚菌，僅需鮮菌
一半的數量。

準備：40分
供4人食用
烹飪：25 ～ 30分鐘

◎ 1.7升/7.5杯蔬菜汁或牛肉高湯
　或雞湯
◎ 70克無鹽黃油
◎ 3棵蔥，切好
◎ 鹽
◎ 285克/1.3杯阿伯里奧米
◎ 450克/4杯鮮羊肚菌或其他菌
　類或者225克/2杯乾菌
◎ 56克鮮乳酪末
◎ 鮮黑胡椒粒

餡
◎ 4湯匙義大利鄉村軟酪
◎ 1茶匙鮮牛至葉，切碎
◎ 1瓣蒜，切成碎末
◎ 鹽和胡椒粉
◎ 112毫升/0.5杯牛奶
◎ 1湯匙香芹末
◎ 2湯匙新鮮硬乳酪絲

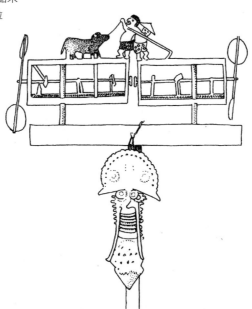

把新鮮羊肚菌縫隙中的灰塵和沙子徹底清洗掉，去稈。乾菌在熱水裡浸泡40～45分鐘後也需經過同樣的處理。把菌稈和泡菌水留著做湯用。

留8塊形狀上好的羊肚菌，填料後裝盤備用。將剩餘的菌切成細條備用。在烹調填好料的羊肚菌之前先把燴飯煮大約15分鐘，這樣做就可以同步進行了。

烹調羊肚菌。先將軟酪、牛至葉、蒜，加鹽和胡椒粉調拌，然後填進羊肚菌裡。在小鍋裡加熱牛奶，然後放入帶餡羊肚菌，低火煮5～8分鐘，期間把羊肚菌翻面數次。在上桌前加點香芹末和乳酪絲。

那些不能填料的蘑菇也用同樣的方法烹飪，再作為燴飯的點綴。這樣的話，就不要加軟酪，只將牛至葉加到牛奶裡就可以了。

烹調燴飯。在做米飯的同時，把高湯加熱並一直慢慢熬著。再在鍋裡把40克的黃油加熱，加一點鹽。將蔥片和菌片放入，用木勺不停煸炒4分鐘左右。加入米粒繼續攪拌直至米粒完全包裹上黃油。

倒入1滿勺高湯，一直攪拌讓米粒吸收進湯汁。然後再加湯，再攪拌；直到米粒煮成有嚼勁的狀態。從一開始加湯算起大約需要18～22分鐘。或許不需要加入全部的高湯。

把鍋子從火上移開，加入剩餘的黃油和一半硬乳酪，蓋上鍋蓋燜2分鐘。揭蓋後，快速攪拌一下燴飯；再均勻撒上一點乳酪絲和菌塊在上面，就可直接上桌，吃的時候加點胡椒粉。

其他選擇。如果你有充足的時間並且想給客人留下深刻的印象，那麼就在小模子裡把燴飯塑一下形；然後分幾份盛在最漂亮的盤子裡，把菌塊擺在周圍做妝點，而不是簡單地放在飯上面。再在表面撒點乳酪絲、香芹末和胡椒粒。

鴨肉辣醬　倫敦餐廳裡的泰北味兒

Spicy Minced Duck（Laab）

「Labb」是泰國北部的風味：是一種辣味碎肉醬，通常是以牛肉為主料做的。我最近用鴨肉嘗試做這種醬，其實在倫敦福爾漢姆（Fulham）的藍象（Blue Elephant）餐廳曾經吃過，是擺在萵苣葉上的，味道絕佳。我自己做的時候，也學著像那樣並曾把它當作第一道菜，也曾把它和一碟泰國香米飯搭配過，作為午餐或晚餐，或者在自助Party上把它和各種萵苣葉一起擺在大淺盤裡。

　　主要配料之一就是把炒過的米粒碾成粗粉。炒米粒，就是在煎鍋裡不放油，簡單地用木勺翻炒4分鐘，炒至米粒變成棕色。再放在研缽裡碾碎，或者用攪拌器、咖啡磨豆機磨碎，但不要磨成太細的粉末。

　　以下這個食譜用鴨肉或牛肉做都行。如果你不想吃太辣，可只放一點辣椒，但是不要一點都不放。

準備：50分鐘
作為第一道菜夠6 ～ 8人食用、
作為午餐的簡餐或晚餐夠4人食用、
作為自助餐其中一道菜夠8 ～ 10人食用
烹飪：10 ～ 12分鐘

◎ 2湯匙花生油
◎ 3棵蔥，切片
◎ 2 ～ 4個小紅椒，切碎
◎ 6片鴨胸肉，去皮切碎
◎ 6公分香茅
　（去掉外葉，把中間柔軟的部分切碎）
◎ 56毫升/0.25杯雞湯
◎ 3湯匙檸檬汁
◎ 2湯匙魚露
◎ 2片檸檬葉（切碎）
◎ 4湯匙泰國香米（炒至淡棕色，
　然後磨成粗粉，參考上述）
◎ 2湯匙小洋蔥或青蔥（切碎）
◎ 鹽
◎ 12 ～ 16根芫荽或芫荽葉
　（去莖，裝盤備用）

蔥和辣椒在油裡煸炒1 ～ 2分鐘；再加入碎肉繼續翻炒2分鐘。把其他配料除了米粉、小洋蔥末或青蔥末，及芫荽或芫荽葉之外，都放入鍋裡。開大火煮至湯汁變乾。攪拌後，適當調味。注意，魚露很鹹，所以除非必要，一般不用加鹽。

　　加入米粉和小洋蔥末或青蔥末；攪拌2分鐘。依照以上建議的方式擺上桌，用芫荽或芫荽葉做點綴。

稻米茄「帽」　中東遠東混搭風味

Rice and Aubergine/Eggplant Turban

稻米和茄子一起烹調是混合了中東和遠東的風格，形式也很多樣。茄子在油炸時會很吸油，因此口碑並不十分好，所以這道食譜是讓茄子在不放油的基礎上還能發揮美味。這是一道需用模具——茄片包裹米飯的菜。如果是用圓形模具，做出的形狀效果有點類似帽子——猜想這大概就是中東人發揮聯想而取了這個菜名的原因吧。當然，你也可以用單獨的小模子來做。

如果把這道菜作爲開胃菜，那麼就配著番茄醬或紅辣椒番茄醬一起上桌；如果是作爲主菜，那麼和肉類一起搭配最好，或者與素菜搭配成爲一種簡單的素食也行。如果你願意，還可以配些白米飯一起吃。

準備：40 ～ 50分鐘
做主菜夠4人食用，
做開胃菜夠6 ～ 8人食用
烹飪：45 ～ 50分鐘

皮
◎ 3 ～ 4個大茄子（切成5公分厚的長片，切剩的邊角料可以剁碎加到米粒裡）
◎ 1湯匙橄欖油或蔬菜油
◎ 2 ～ 3個雞蛋，稍微打散
◎ 鹽和胡椒粉
◎ 0.25茶匙辣椒粉
◎ 0.25茶匙芫荽粉

米飯餡
◎ 1個大茄子（加上前面切剩的邊角料）
◎ 2湯匙橄欖油
◎ 2瓣蒜，切碎
◎ 1個大紅椒，去籽切碎
◎ 3湯匙小洋蔥末或青蔥末
◎ 3湯匙碎香芹葉
◎ 0.5茶匙鹽
◎ 350 ～ 500克/1 ～ 1.5磅/4 ～ 6杯熟米飯
◎ 2個煮老的雞蛋，切開

把那個大茄子整個放在淡鹽水裡煮8～10分鐘；然後切成小塊放在篩網裡控水。

在鍋裡加1湯匙橄欖油，將蒜末和辣椒末煸炒1～2分鐘。加入小洋蔥或青蔥末再翻炒1分鐘；然後加入其餘做米飯的配料，用木勺輕輕攪拌充分。適當調味，放在一邊備用，並且準備茄帽的皮。

在不沾粘的煎鍋裡先刷一層油。鍋熱後，放入幾片茄片。一面煸2分鐘變成棕色，翻面再煸2分鐘。把所有茄片都煸好後，盛在墊紙的盤子裡。

將烤箱預熱到180℃/350℉。用鹽、胡椒粉、辣椒粉和芫荽粉幫蛋液調味，倒在盤子裡。把茄片在蛋液裡蘸一下然後放進模具裡；注意要讓茄片的邊緣懸在模具周圍，以便待會兒好裹住填入的米飯。如果有弄壞的或剩下的茄片，可以剁碎後和剩餘的蛋液一起加到米飯裡。

用勺把米飯舀進模具裡，拿勺背壓平；再把茄片邊緣捲起，把米飯整個包裹住。用鋁箔紙覆蓋住模具；在預熱到180℃/350℉的烤箱裡烘烤35～40分鐘。

從烤箱裡拿出模具，讓其冷卻5～6分鐘；然後取下鋁箔紙，用刀沿著模具內壁鏟一圈。然後，把一個大盤子扣在模具上，再把模具翻轉過來將米飯茄「帽」倒扣在盤子裡。根據需要切分為小份，趁熱吃。

稻米菠菜夾餅　東方的開胃輕食
Rice and Spinach Timbales

阿富汗或印度及其他東方國家的人們，經常會把稻米和菠菜放在一起烹飪；本書主功能表的燴飯裡就有幾個相關的例子。這道稻米和菠菜的食譜是作為開胃菜或輕便午餐的。你可能需要8個小模子——尺寸為112毫升/0.5杯。

準備：35 ～ 45分鐘
作為開胃菜可供8人食用，
作為午餐簡單的可供4人食用
烹飪：15 ～ 20分鐘

淡咖哩汁
◎ 675克/1.5磅新鮮菠菜；
◎ 1個洋蔥或韭蔥，約重112
　克；
◎ 15克乾蝦仁（熱水浸泡10分
　鐘，控水切碎；或4片鳳尾魚
　肉，牛奶浸泡10分鐘，控水切
　碎）
◎ 2瓣蒜，切碎；
◎ 1個青椒，去籽切碎；
◎ 2湯匙橄欖油；
◎ 鹽和胡椒粉；
◎ 230 ～ 310克/2 ～ 3杯米
　飯；
◎ 2個雞蛋。

菠菜去梗洗淨，留16片大葉用來墊模子，把菠菜葉在沸水裡焯30秒鐘。用漏勺撈起馬上放進冷水裡以防它們變熟，然後從冷水裡撈出放在紙上，每個小模子裡墊兩片菠菜葉，半垂在模子邊緣。把剩餘菠菜切碎，放在一邊備用。洋蔥切碎，如果你用的是韭蔥，先洗淨再切碎。

在鍋裡倒入橄欖油，燒熱。將洋蔥或韭蔥煸炒2 ～ 3分鐘後，加入蒜、青椒和蝦仁或鳳尾魚片。翻炒1分鐘後，加入菠菜，然後繼續翻炒3 ～ 4分鐘，直到菠菜炒熟。放入鹽和胡椒粉調味，再加進稻米。繼續炒至汁乾，把鍋子從火上移走，放置冷卻。

把雞蛋打進去，攪勻；適當調味，然後舀進模子裡。把懸在一邊的菠菜葉捲過來包裹住米飯，每個小模子都用鋁箔紙蒙住，把它們放進一口大鍋裡，倒入熱水沒過模子的一半。然後把水煮沸，蓋上鍋蓋燜煮15分鐘左右。

加熱淡咖哩汁。用小刀繞著模子內壁鏟一圈，然後把夾餅倒扣在單獨的小盤裡。把咖哩汁裝在調味碟或調料壺裡，好方便倒在夾餅周圍。

模製藍酪米飯　絕佳開胃菜
Rice Moulds with Blue Cheese

這道菜可以作為絕佳的開胃菜，它是用調味飯在小模子裡做成的。

準備：5 ～ 8分鐘
供4人食用
烹飪：30 ～ 35分鐘

◎ 56克/0.25杯黃油；
◎ 170克/0.75杯阿伯里奧米，或其他適合做義大利調味飯的稻米；
◎ 200毫升/0.9杯牛奶；
◎ 200毫升/0.9杯熱水；
◎ 0.25茶匙肉豆蔻粉；
◎ 0.25茶匙鹽；
◎ 1個蛋黃；
◎ 112克/0.5杯拱索拉藍紋乾酪（Gorgonzola）、丹麥乳酪（Danish Blue）或其他藍紋乳酪，弄碎。

裝盤用
◎ 2個大番茄
◎ 鹽和胡椒粉
◎ 3茶匙細香蔥末或羅勒葉

在鍋裡把黃油融化，加入米粒；另拿一口鍋，倒入牛奶和熱水。用木勺一邊攪拌米粒，一邊倒入1滿勺摻熱水的牛奶。當米粒完全吸收進水分後，再加牛奶。重複這個步驟，直到溫牛奶用完，而米飯也已經熟了。這個過程需18 ～ 20分鐘。加入肉豆蔻粉和鹽，充分攪拌。

把烤箱加熱到220℃/425 ℉。先將米飯放至冷卻；冷到常溫時，將蛋黃打入。在4個小模子裡墊上保鮮膜，然後分別填入米飯，逐個壓緊。

將小模子的面朝下放進塗好油的焙盤或耐熱玻璃裡，輕輕取走模子和保鮮膜。在米飯上撒點藍紋乳酪，用叉子輕輕壓一下。把焙盤放進加熱好的烤箱，烘烤7 ～ 8分鐘，直到乳酪起泡。

烤製時，可以騰出手來做裝盤用的配料。將番茄放在小碗裡，倒入熱水沒過；燙1分鐘後，把水倒掉，再倒入冷水，這樣就很容易去皮了。把去皮番茄切為4半，再各切為2半。用小勺挖去番茄籽，撒點鹽和胡椒粉及細香蔥末或羅勒葉在上面。

把準備好的番茄均勻放在4個小碟裡。將塑好型的4塊米飯分別放在每個小碟裡，趁熱吃。

壽司米飯　奢侈的料理行為卻很有趣
Rice for Sushi

在家裡做壽司是很奢侈的行為，但你卻可以從中獲得很多的樂趣，或許還能領悟到東京壽司館頂尖廚師的專業訣竅呢。

兩個日本朋友曾邀請我到當地的「迴轉壽司店」，他們之前對這間店的描述非常誘人。難道是像用機器人代替汽車工人那樣替換掉廚師了嗎？事實上，那裡的工作人員沒有被機器人代替；那裡的自動裝置是一個設計巧妙的水平移動台，就像一個小型的機場行李傳送帶，運送著一份份壽司不停地轉動，每份都有足夠的份量，盛在不同顏色的碟子裡，在顧客跟前旋轉。客人只有一兩秒鐘的時間用肉眼來判斷哪份是最新鮮的、哪份是已經在此旋轉了兩次或十幾次的，憑個人喜好來自助取用，吃完後把空碟放在一邊。吃飽後，結帳時，根據碟子的顏色來算錢。

壽司很精巧但也很簡單，簡單到讓我沒有足夠的自信在本書中嘗試列舉超過4種的壽司食譜。我想每一種都值得一試，然而必須在家裡做，做好即食。

準備：10分鐘
烹飪：20 ～ 30分鐘

◎ 450 ～ 675克/2 ～ 3杯短粒米，像kokuho玫瑰米（Kokuho Rice）或加州玫瑰米（洗淨，控水30 ～ 60分鐘）

醋料

◎ 112毫升/0.5杯米醋；
◎ 4湯匙砂糖或糖粉；
◎ 2湯匙熱水；
◎ 1.5 ～ 2茶匙鹽。

把米飯烹熟或者用電鍋來做。把醋料放在小玻璃碗裡攪拌均勻，放置陰涼處備用。

將熱米飯盛在大碗裡；木碗最好，玻璃碗或上釉陶碗也行。放著冷卻幾分鐘，然後一邊用木勺輕輕翻動，一邊倒入醋料。不可大力攪拌，可以像調拌沙拉那樣輕輕攪動。在倒醋料的時候隨時嚐一下米飯的味道——可能不需要全部的醋料。用濕毛巾蒙住碗，放置陰涼處備用，直至準備好其他裝飾食物。

日本風味稻米沙拉　類似散裝的壽司
Rice Salad Japanese Style

壽司通常是用生魚片或生貝類做的，但也有一兩種類型是用熟食——例如這道「散壽司」。我把這種壽司當作一道美味的稻米沙拉，它與日本稱為散裝的壽司非常類似。

　　傳統做法裡的兩種配料我在這個食譜裡都沒有用到，因為價格太貴而且在日本以外的地方也很難買到；那就是巨藻或昆布和葫蘆條。魚湯或金槍魚湯即使沒有昆布，做起來也非常簡單；而使用簡單的魚湯也能烹出美味的壽司——即使這道壽司不算是正宗的散裝壽司。可以用香菇替代其他菌類。

準備：1.5個小時
供4～6人食用
烹飪：0.5個小時

◎ 4～6個雞蛋（做成煎蛋後切成條）
◎ 56克／0.5杯乾香菇或112克／1杯鮮香菇或其他菌類（切片或切成4半）
◎ 56克／0.5杯嫩豌豆或甜豆（沿對角切成2半，如果豆子本身特別小就不用切了）
◎ 8條生蝦（去頭，剝皮，去蝦線）
◎ 28克乾蝦；
◎ 112毫升／0.5杯魚湯或泡香菇的水；
◎ 1湯匙日本甜米酒；
◎ 1湯匙生抽醬油；
◎ 112克／1杯炸豆腐（切成4半）
◎ 1湯匙花生油，給食物增添光澤（僅供選擇）

把乾蝦放在碗裡用熱水泡10分鐘或更長時間，直到泡漲變軟。控水後放在一邊備用。

同時，如果你用的是乾香菇，在熱水裡（當然要另拿一隻碗）泡30分鐘。泡好撈出後，留著泡香菇的水，可以替代魚湯（如果你還是使用魚湯，那就把香菇稈和泡菇水也放進湯鍋裡去）。

在鍋裡加熱魚湯或香菇水，加日本甜米酒和生抽。煮沸，加入泡好控水的乾蝦和豆腐。慢燉3分鐘後，把剩餘湯汁過濾到一口煎鍋裡，將煮過的蝦和豆腐放在一邊備用。

煎鍋置於大火上，放入鮮蝦。翻炒2分鐘後，加入香菇和嫩豌豆或甜豆。繼續翻炒2分鐘，這時湯汁蒸發得差不多了。如果你願意，可以倒點油，給蝦、香菇和嫩豌豆或甜豆增添誘人的光澤。

把壽司米飯盛在大淺盤裡。加入做好的乾蝦和豆腐料，輕輕調拌一下。最後，把煎蛋條、鮮蝦（切2半）、香菇和嫩豌豆鋪在表面。溫熱或冷食皆可。

煙燻三文魚壽司卷　另一種吸引每個人的壽司
Sushi Rolled with Smoked Salmon

這是會吸引每一個人的另一種壽司。把它想像成一個三文魚黃瓜三明治，區別只不過是壽司呈圓卷形而不是扁形，它用米飯代替了麵包，並且三文魚是包在外面的而已。

捲壽司，需用一個日本的竹簾。或者可以用做瑞士捲的工具。

準備：10分鐘
做4個長卷，
可以切成4～6個小壽司卷；
搭配沙拉供3～4人作為簡單午餐
烹飪：35分鐘

◎ 225～285克煙燻三文魚片
◎ 1個長條黃瓜，切成4段，去籽
◎ 目的是把壽司米飯做成4個長卷，
　每個黃瓜條是長卷長度的一半，三
　文魚片裏在最外邊。

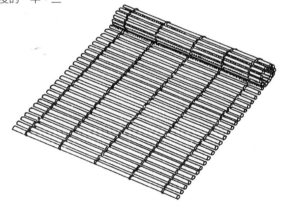

把長卷分為4段。用保鮮膜或塑膠袋包裹壽司竹簾或瑞士卷工具。把1/4的三
文魚片鋪在其表面，鋪好後與其寬度大致相同，長度是其一半（如果是長度相
同的話，會捲出非常細長的卷）。手上蘸點水，然後仔細地把壽司米飯鋪在三文
魚片上，一定要均勻。放一條黃瓜條在米飯上──不必非要放在正中間。

　　如果你用竹簾來捲，仔細地從你的方向往外捲。注意不要將塑膠袋捲到中
間去。解開竹簾，把捲好的壽司放在一邊，仍然包裹著塑膠袋。重複三次這
個步驟。如果用的是瑞士捲工具，這種扁平的工具只能產生輔助的作用。捲
的時候，把塑膠袋的一邊靠身體最近，向上往外捲，然後再向下捲回來，做
成卷兒。盡量捲緊，但不要過分用力擠壓。

　　仍然包裹在塑膠袋裡放進冰箱冷藏10分鐘左右。然後揭開塑膠袋，每卷切
成4～6份，即可食用。

釀三文魚壽司　壽司加生魚片的最簡單運用
Sushi and Salmon Terrine

你首先可能會以為這是臨時拼湊成的。其實，它是運用壽司和生魚片的最簡單做法。用西方的形式做出之後，食用時是用刀叉而不是用筷子。我建議把釀三文魚壽司放在混合沙拉葉上，擺上桌，可以蘸點蛋黃醬或酸醬油。不管怎樣，如果你願意，可以加點鮮薑末或酸薑末在沙拉醬裡。最好即做即食。

其他選擇，可在小模子裡做釀三文魚；根據做出的大小，每人一塊或半塊。

準備：2 ～ 4個小時的醃泡
供8 ～ 10人作為開胃菜食用，
供4 ～ 6人作為簡單午餐
烹飪：30 ～ 40分鐘

◎ 310 ～ 390克/3 ～ 3.5杯壽司米飯；
◎ 675 ～ 900克/1.5 ～ 2磅新鮮三文魚肉，切成非常薄的片。

醃泡汁
◎ 3湯匙優質橄欖油；
◎ 0.5茶匙米醋或檸檬汁；
◎ 0.5茶匙鹽；
◎ 1茶匙薑汁；
◎ 1小撮白胡椒粉；
◎ 1茶匙日本甜米酒或0.5湯匙細白砂糖（僅供選擇）；
◎ 1湯匙小洋蔥末或青蔥末或蔥末；

把所有做醃泡汁的調料在玻璃碗中攪拌均勻後，放入三文魚片醃製2 ～ 4個小時。在做壽司前將三文魚片撈出控水。

用保鮮膜或塑膠袋墊在小模子裡，然後鋪一層三文魚片。再填入壽司米飯，深約2.5 ～ 3.5公分。用勺背輕輕壓緊壓平；再擺一層三文魚片，然後再鋪米飯，最後上面再放一層三文魚片。用保鮮膜或塑膠袋或不透油紙蒙住口，放入冰箱冷藏30分鐘。

從模子裡倒出擺在平盤裡。用長尖刀，在熱水裡先浸一下，切成小份，如以上所述上桌食用。把所有做醃泡汁的調料在玻璃碗中攪拌均勻後，放入三文魚片醃製2 ～ 4個小時。在做壽司前將三文魚片撈出控水。

扇貝紫菜卷壽司　做壽司的好樣本
Sushi with Scallops Rolled in Nori

這道食譜列出了一些配料，足以使你能創造出一種完全不同的壽司。

紫菜是一種薄得像紙一樣的海藻，在大多數歐美或其他地方的大型城鎮裡，去日本或東方人經營的商店裡可以買到各種尺寸的紫菜。做這道壽司，你需要購買幾袋小包裝的，共24片約2公分寬或稍小點的紫菜片。和做煙燻三文魚壽司一樣，先做出4個長卷，再逐個切成4～6份小壽司；或者，搭配些沙拉，可以供3～4人吃一頓簡單的午餐。扇貝一定要選用非常新鮮的。

準備：45～50分鐘
做16～24個小壽司，
或者如上所述，
夠3～4人作為午餐
烹飪：30分鐘

◎ 8個扇貝，帶卵或不帶卵均可（洗淨，切成2半，符但要保持完整的卵）
◎ 2湯匙檸檬汁
◎ 0.25茶匙鹽

把鹽放在檸檬汁裡溶解。將洗好的扇貝放在玻璃碗裡，倒入放過鹽的檸檬汁，並沒過扇貝。攪動一下扇貝，保證檸檬汁能均勻地裹在其表面。放在陰涼處5分鐘，然後控水。

準備好捲壽司時，先把米飯分為4份；用保鮮膜或塑膠袋墊在竹簾表面或者瑞士卷工具表面。和做煙燻三文魚壽司一樣，但是是直接先鋪上一層米飯，然後放4半扇貝，如果沒有去卵，就把2個扇貝卵擺在橫向的中間；捲的時候，它就成為壽司的「內核」了。

把其餘的米飯按如此步驟都捲好。仍然包裹在塑膠袋裡，放進冰箱冷藏10～15分鐘。

壽司上桌前，先剝去包裹的塑膠袋，然後逐個切為4～6份，每小份盡量配合紫菜片的寬度（當然紫菜片也不要求完全包裹住壽司卷）。把每個壽司用紫菜片包裹起來，米飯有粘性所以不會散開。立即上桌，在紫菜還保持脆性的時候食用。

175

米飯沙拉配咖哩蛋　用鹽水煮出米飯香
Rice Salad with Curried Eggs

前面講過如何做米飯沙拉（加蘆筍的米飯沙拉），只是不要加蘆筍——換句話說，就是把米粒在淡鹽水裡烹熟；剩下的問題就是怎麼做咖哩蛋了。

準備：30 ～ 35分鐘
作為開胃菜可供6人食用，
作為簡單的午餐可供4人食用
烹飪：20分鐘

◎ 12個雞蛋，開水煮6分鐘
◎ 140毫升/0.4杯熱水
◎ 3 ～ 4湯匙酸乳酪
◎ 2湯匙葡萄乾

咖哩糊
◎ 2棵蔥，切碎
◎ 2瓣蒜，切碎
◎ 1茶匙薑末
◎ 2個油桐子或4粒去皮杏仁
◎ 1個小紅椒
◎ 1茶匙芫荽粉
◎ 0.5茶匙孜然粉
◎ 1茶匙薑黃根粉末
◎ 0.25茶匙肉桂粉
◎ 2湯匙水
◎ 2湯匙橄欖油或花生油

裝盤用
◎ 香芹、芫荽或芫荽葉或豆
　瓣菜

把煮蛋放在冷水裡冷卻到常溫，再剝皮。

把做咖哩糊的調料攪拌至糊狀，然後放進鍋裡煮4分鐘，不時攪動。倒入熱水慢燉5分鐘，然後加酸乳酪。攪拌後加入雞蛋和葡萄乾，再燉3分鐘，適當調味。將做好的咖哩蛋冷卻一會兒，然後每個切成2半。

上桌前，把米飯沙拉分盛在6個碟子裡，每盤擺上4半咖哩蛋，像花瓣一樣。每份再均勻倒一些咖哩汁，用香芹、芫荽或芫荽葉或豆瓣菜點綴一下。

日式蒸缽米飯　火車站受歡迎的上好簡餐

A Japanese Rich Casserole（Kama-meshi）

這是日本速食發展史中一個典型的例子，在火車站很受歡迎，其中之一——橫川站，是在新潟至東京的線上，尤其以此出名。它很類似井飯（donburi），只不過是用傳統的稱為「kama」的烹米鍋來做的。

日式蒸缽飯裡的肉類可以是雞肉、牛肉或者兩樣都放。對我而言，做好這道菜的祕訣就是高湯。這個食譜可以再現我在橫川站買到的日式蒸缽飯的美味。它可以作為一道上好的簡餐，而且除了以下列出的配料，我也不願意再多加任何其他的東西。

準備：15分鐘
供4～6人食用
烹飪：50分鐘

- ◎ 340克/1.5杯日本短粒米，或加州玫瑰米，或澳大利亞產的加州玫瑰米，或者類似的米（洗淨，烹飪前控乾1個小時）
- ◎ 450克/2杯去皮去骨雞胸肉；
- ◎ 112克/1杯煮熟的牛肉（先切成薄片，再切成小塊，也可以熬製簡單的雞、牛肉湯）
- ◎ 1湯匙老抽醬油
- ◎ 2湯匙日本清酒
- ◎ 570毫升/2.5杯雞、牛肉湯
- ◎ 112克/0.7杯竹筍，切成薄片
- ◎ 56克/0.5杯鮮香菇或112克/1杯香菇乾
- ◎ 1湯匙生抽醬油
- ◎ 1湯匙日本清酒
- ◎ 3湯匙小洋蔥末或青蔥末

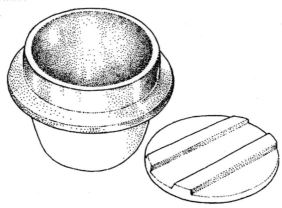

先將雞胸肉切半，然後切成薄片。把雞肉片放進玻璃碗裡，倒入老抽醬油和2湯匙日本清酒，用手攪拌均勻。

如果你是用乾香菇，就先用冷水把它漂洗乾淨，然後在熱水裡浸泡至少10～30分鐘，把泡過香菇的水和香菇稈也放進湯鍋裡。將泡好的香菇切成薄片，鮮香菇洗淨也照樣切成薄片（但不要浸泡）；鮮香菇稈也照樣放進湯鍋裡。

把112毫升/0.5杯高湯倒進小鍋裡。煮沸後加入醃好的雞肉片、熟牛肉、竹筍和蘑菇。充分攪拌，關小火，蓋鍋燜3分鐘。

在一個有蓋的大鍋或沙鍋裡放入稻米和剩餘的高湯，並放1大撮鹽。攪拌後，開火煮沸；煮沸後，加入生抽和1湯匙日本清酒，再攪拌一下。然後倒入雞、牛肉湯。不要用力攪拌，但要用木勺輕輕攪動以使肉類、竹筍和蘑菇能浮在米飯上面。湯汁必須沒過肉；把鍋蓋緊，用中火烹煮20分鐘。然後把鍋子從火上移開，揭開蓋子，撒入小洋蔥末或青蔥末；再蓋上鍋蓋，燜5～6分鐘。直接上桌，還是燙的呢！

煙燻三文魚鱷梨米飯沙拉　　誘惑味蕾的神奇組合

Rice salad with Avocado ang Smoked Salmon

不管是誰看見鱷梨和煙燻三文魚一起上桌時，都會感到很驚奇。當我還是孩子的時候，我就懷疑方圓千里之內是否會有任何一種煙燻三文魚存在；但鱷梨是非常多產的，我父母的前院裡就有。印尼人通常把鱷梨當作甜品，我們用它來做甜奶油慕思，很多年後，我還以此開發出了一種相當美味的霜淇淋。如今，在印尼的大城市和觀光旅館裡，人們學會了享用鱷梨調味醬和鱷梨蝦肉沙拉，但鱷梨的充分潛質還沒有完全被人們所挖掘到。

　　這道米飯沙拉當然可以用鮮蝦肉來做——如果你能買到蝦的話；但如果只能買到凍雞尾蝦，那煙燻三文魚就會是更好的選擇。

準備：10分鐘
供4人用
烹飪：10分鐘

◎ 285克/1杯米，泰國香米
　或巴斯馬蒂米更好，洗淨控
　水；
◎ 若干沙拉葉做裝盤用；
◎ 2個熟鱷梨；
◎ 225～340克煙燻三文魚

蘸料
◎ 1湯匙細香蔥末或洋蔥末；
◎ 1湯匙碎芫荽或芫荽葉；
◎ 0.5茶匙糖；
◎ 0.5茶匙辣椒粉；
◎ 1茶匙醬油；
◎ 3湯匙橄欖油；
◎ 2湯匙米醋或葡萄酒醋；
◎ 2湯匙溫水。

把所有做蘸料的調料放入玻璃碗裡，攪拌均勻。在還溫熱的時候，用一半去蘸米。

　　將鱷梨去皮，切片後立即放進剩餘的蘸料裡。確保鱷梨片均勻裹上蘸料汁，以防鱷梨片變色。把煙燻三文魚切成條。

　　米飯冷卻後，盛進大淺盤裡，把萵苣葉擺在上面；再在中間擺上煙燻三文魚條，然後把鱷梨片擺在三文魚上面。準備到這裡，可以把沙拉放進冰箱裡冷藏1個小時左右；如果超過這個時間，鱷梨容易變色。待沙拉變成常溫時上桌，不要太冷。

　　注意：如果你買的鱷梨還很硬，那需要放幾天才能成熟。如果想要在48個小時或更短的時間內讓它成熟，那就需用塑膠袋裹住每個鱷梨，然後把它們完全埋進櫃子中或存放的米堆裡。

奶油魚蛋飯　可以當作午餐的料理

Kedgeree

我第一次來英國的時候，記得在旅館的早餐點餐單上發現了奶油魚蛋飯時感到非常驚奇——我是經常以稻米爲早餐的，但從沒搭配過烤麵包片和黃油。30年後，我的英國籍丈夫仍然在早餐時只吃米飯，如果實在沒有其他東西可吃的話。

在18世紀或19世紀的歐洲，逐漸受到歡迎的東方式菜肴通常會演變得跟原來不太一樣，這也可以理解。豆粥就曾被17世紀60年代的一位英國作家做過這樣的紀錄：「豆子搗碎，和稻米一起煮……然後再加一點融化的黃油。」瑪德赫・賈弗里（Madhur Jaffrey）在《東方素食烹飪》（Eastern Vegetarian Cooking）裡提到了「稀」豆粥，說它是非常類似所有稻米種植國裡的米粥，也提及了「乾」豆粥。在東方的歐洲人喜歡把豆粥作爲早餐和晚餐，因爲像當地人一樣，他們發現米粥很容易消化，而且對病人和宿醉的人能產生安慰的作用。法國廚師查理斯・弗蘭克泰利（Charles Francatelli）在19世紀70年代寫過的書裡提到過一種奶油魚蛋飯食譜，他把它稱爲「Riz a la Soeur Nightingale」。他是否經過佛羅倫斯・奈廷格爾（Florence Nightingale）的允許來這樣命名，我就不得而知了。

魚肉不是奶油魚蛋飯的配料，但在印度常常是加進魚肉之後才上桌，所以英國人把它當作一道魚肉和米飯的菜肴。這也不錯，只要奶油魚蛋飯別變爲加工令人生厭的剩魚肉的藉口就行。我在這裡列出喜歡的奶油魚蛋飯食譜——我也更願意拿它做午餐而不是早餐——當然省略了麵包片和黃油。我還選用了撒黑胡椒粉的煙燻鯖魚，你可以在超市裡買到成品，當然也可以選用自己最喜歡吃的魚類。

準備：10分鐘
供4 ～ 6人食用
烹飪：20分鐘

◎ 340克/1.5杯長粒米（巴斯馬蒂
米、印度香米、森隆米等）
（在冷水裡浸泡30分鐘，然後控水）
◎ 2 ～ 2.5升/7.5 ～ 10杯水；
◎ 340克/1.5杯撒胡椒粉的煙燻鯖
魚或者煙燻黑線鱈魚
去皮，去骨，片成薄片；
◎ 56克黃油；
◎ 2 ～ 3個煮過的雞蛋，切好；
◎ 0.5茶匙辣椒粉或1個紅辣椒
去籽切碎（僅供選擇）
◎ 鹽；
◎ 1湯匙香芹葉；
◎ 1 ～ 2湯匙炸洋蔥片。

把水倒入大鍋裡放0.25湯匙的鹽加熱。煮沸後，放入稻米，要攪拌以防粘
鍋。水再次沸騰後，繼續煮6 ～ 8分鐘，直到米粒煮至快熟但還不是太軟。
將米粒倒進篩網裡控水，放置冷卻幾分鐘。

　將米飯盛在大碗裡，仔細拌入魚片和雞蛋塊。攔點鹽，如果你想吃辣一點
的就加點辣椒。在鍋裡將黃油融化，倒入拌好的米飯；不停調拌約3分鐘，直
到熱透。直接上桌，放在耐熱盤上，再在鍋裡撒點炸洋蔥片和香芹。

普羅旺斯式釀魷魚沙拉　旅行之於開胃菜的想像
Provencal Salad of Stuffed Squid

我的朋友斯爾維亞・大衛森（Silvija Davidson），也是一位非常優秀的廚師，他在去靠近霍納（Rhone）河口的濕地——咖瑪（Camargue）旅行回來之後研發了這個食譜，並送給我，咖瑪地區在很長一段時間裡是把稻米作為邊緣農作物的，但如今種植稻米已經是該地區的主要產業之一了。

這是一道複雜但美味的開胃菜，或者多放一些沙拉再配上新鮮出爐的法式長棍麵包，就成了一頓豐盛的午餐了。如果你在當地買不到紅米，就用野生米來代替；海萵苣乾可以用嫩菠菜葉代替，但魷魚必須是十分新鮮的。

準備：大約 0.5 個小時，包括做米飯
作為開胃菜夠 6 ～ 8 人食用，
多加些沙拉後作為主菜冷盤
夠 4 ～ 6 人食用
烹飪：1 個小時

◎ 24 個小魷魚，筒形長約 10 公分，
　　毛重 1.5 公斤 /8 杯；
◎ 6 湯匙優質橄欖油；
◎ 6 棵蔥，去皮切塊；
◎ 3 瓣蒜，剝皮搗碎；
◎ 600 毫升 /0.75 瓶普羅旺斯玫瑰葡
　　萄酒，或任意優質白或干紅。

【餡】
◎ 170 克 /0.75 杯紅米或野生米；
◎ 0.5 茶匙茴香籽；
◎ 0.5 茶匙海鹽；
◎ 3 個黃甜椒或青椒；
◎ 84 克 /1 杯抹了橄欖油的黑橄欖，
　　去核切塊。

【蘸料】
◎ 1.5 茶匙普羅旺斯芥末或第戎
　　（Dijon，法國東部城市）芥末；
◎ 3 湯匙檸檬汁；
◎ 6 湯匙普羅旺斯特級初榨橄欖油；
◎ 3 湯匙烤青椒的汁；
◎ 1 茶匙法國綠茴香酒、希臘茴香酒
　　或其他茴香味的酒（僅供選擇）；
◎ 海鹽和新鮮胡椒粒。

【裝盤用】
◎ 1 茶匙碾碎的混合胡椒粒；
◎ 84 克 /1 杯海萵苣乾
　　在溫水裡浸泡 15 分鐘，控水。

洗淨魷魚，去頭、鬚和紫色皮（在本食譜中是不用魷魚頭和鬚的），把筒形部分徹底清洗乾淨然後控水。

在敞口鍋裡把橄欖油稍稍加熱，放蔥和蒜炒至變軟並呈半透明狀。在鍋裡鋪入一層魷魚（可能需要分幾批來煎），煎1～2分鐘。翻面再煎2～3分鐘，直到魷魚不再呈透明狀為止。把先前煎的魷魚再放回鍋裡，加入葡萄酒，稍稍煮沸，慢燉2～3分鐘，直到魷魚變軟。用漏勺撈出魷魚，放進碗裡，拿碟子蓋住碗口。放在一邊，讓其變得更軟，然後準備餡料。留著剛才鍋裡的湯汁。

量好米放入鍋裡，加茴香籽和鹽，然後計量一下烹炒魷魚的湯汁倒入鍋裡，煮沸。攪拌一次，然後蓋鍋燜煮40分鐘，直到米粒不再發脆但仍然富有彈性為止。

所有的湯汁應該都被吸收了，但如果米粒已經變軟而湯汁還有剩餘的話，直接把湯汁倒掉，將米飯盛在攪拌碗裡。

在做米飯的同時，青椒放進鍋裡用大火乾煸至外皮變為黑色並起小泡。然後放進蓋碗裡讓其冷卻。冷卻到一定程度時，剝去皮，去梗去籽，把汁濾到碗裡，剩餘青椒切塊。

把魷魚放在廚房紙巾上控乾，將做蘸料的調味料放在一起攪拌。把青椒、橄欖和2/3的蘸料加進米飯裡，充分攪拌，適當調味。然後用手或小勺仔細填進魷魚袋裡，稍稍塞緊但不要撐破魷魚。

填好魷魚後，將海萵苣葉墊在大淺盤裡，擺上魷魚，撒點剩餘的蘸料和胡椒粒，溫食或冷食皆可。這道沙拉可以提前24小時做好，但必須蓋好在冰箱裡冷藏。

米肝糕　北國芬蘭食譜裡的開胃菜

Rice and Liver Pudding

這是我採用雅克奧・萊赫拉（Jaakko Rahda）給我的一個芬蘭食譜，他喜歡研究芬蘭食物。他提到稻米是17世紀透過進口才進入芬蘭這個國家的，但是直到19世紀還只是富人才能買得起。稻米被當作一種只有在耶誕節才能吃到的奢侈品，還經常是被做成米粥。

這道肝糕引起了我的興趣。它的傳統做法是，在上桌時會提供很多黃油和越橘果醬。如果你找不到這種果醬，那就忘掉黃油，我建議配一份沙拉和印度酸辣醬，把它做成一頓簡單的午餐。它是和凍肝醬一樣好吃的開胃菜，如果你願意還可搭配麵包或吐司。

這個食譜裡描述的混合物還可以用來做香腸。如果做香腸，就不要加牛奶，以便濃稠一點。其餘步驟參照本書做其他香腸的方法，冷熱食均可。

雅克奧把這道菜形容成肝臟米糕。他說這個類似瑞典式的「korvkake」或香腸糕和蘇格蘭菜——哈吉司羊肉也很像，只不過是用稻米代替了燕麥片。

準備：35分鐘
供4～8人食用
烹飪：70～90分鐘

◎ 225克/1杯短粒米或泰國香米
　 洗淨，控水；
◎ 670毫升/3杯水；
◎ 2茶匙鹽；
◎ 505毫升/2.5杯牛奶；
◎ 2個雞蛋；
◎ 56克黃油；
◎ 1個洋蔥，切碎；

◎ 450克/1磅肝臟：雞肝、小牛肝
　 或豬肝，切碎或者攪拌成糊；
◎ 112克/0.7杯葡萄乾或乾杏仁
　 切碎（僅供選擇）；
◎ 2茶匙糖蜜或蜂蜜（僅供選擇）；
◎ 1茶匙薑末；
◎ 1茶匙碎薄荷；
◎ 1茶匙鹽。

　　將米飯放在鹽水裡煮沸後，蓋著鍋蓋燜煮10～15分鐘。從火上移開，倒入冷牛奶充分攪拌，放在一邊備用，將烤箱預熱到160℃/320℉。

　　在煎鍋裡放入黃油，將洋蔥煸炒至淡棕色。冷卻一會兒，然後和其他配料一起摻進米飯裡。適當調味，微帶甜味，並且稀薄，因爲烘烤後會變得濃稠。

　　在烤盤裡塗上黃油，倒入米飯混合物；再在表面點上一些黃油，烤70～90分鐘。如上所述，趁熱食用。

模製蟹肉飯　搭配沙拉好佐餐
Moulded Rice with Crabmeat

這種飯配上一份沙拉就能作爲一頓午餐或者開胃菜了；唯一的差別就在於你用多大的模子來做。你可以挑選或選用任何愛吃的醬汁，可以用壽司米代替以下提到的黃米。

準備：20分鐘
作爲午餐夠 2 人食用，
作爲開胃菜夠 4 人食用
烹飪：25分鐘

米飯
◎ 112克/0.5杯短粒米或泰國香米，
　洗淨，控水；
◎ 1湯匙橄欖油或花生油或澄清黃油；
◎ 0.5茶匙薑黃根粉末；
◎ 285毫升/1.5杯魚湯或雞湯；
◎ 1小撮鹽。

蟹肉
◎ 2棵蔥，切片；
◎ 2湯匙黃油或油；
◎ 225克/1杯鮮蟹肉（僅需白色肉）
　或優質罐頭蟹肉或凍蟹肉；
◎ 鹽和胡椒粉。

裝盤用（如果做開胃菜的話）
◎ 1根黃瓜，洗淨，去皮，切成圓片。

在鍋裡加熱黃油或油，然後放入稻米。不停攪拌2分鐘後，加薑黃根粉；再攪拌2分鐘，這時米粒已經變成淺黃色。加高湯和鹽，再繼續攪拌，煮沸後關小火，蓋著鍋蓋繼續燜煮。

要一直不受干擾地煮20分鐘。把鍋子從火上移開，不要揭蓋，放在濕毛巾上5分鐘。

米飯熟之前10分鐘，在煎鍋裡加熱爲蟹肉準備的黃油或油，放入蔥片翻炒至變軟。加進蟹肉和洋蔥末或青蔥末或細香蔥末，輕輕攪拌，使其混合在一起。中火烹煮2分鐘，用鹽和胡椒粉調味，繼續翻炒1分鐘，輕輕翻個面。

在2個大模子和4個小模子裡塗上黃油，並在底部墊上不透油紙；先將蟹肉分裝在模子裡用勺背壓平，再填入米飯，與模子邊緣齊平。

要將米飯從模子中取出，先用小刀沿內壁鏟一圈，然後倒扣在碟子上。輕輕敲打模子的底部，使裡面的米飯整個扣在碟子裡。拿掉最上面的墊紙；將黃瓜片擺在飯周圍。溫熱或冷食皆可，當然你還可以澆點醬汁。

牛肉米飯煎蛋　外焦裡嫩的厚實口感

Beef and Rice Omelette

我的蘇門答臘籍祖母過去常用鴨蛋、番茄塊、少許碎椰子，和碎辣椒來做煎蛋。很多年以後，我才意識到那跟西班牙煎蛋在表面上有多麼的類似，都是非常厚，煎成棕色，外焦裡嫩。這個食譜的不同之處在於它是用牛肉和稻米做成的；再搭配一道沙拉，就可以作為美味的簡餐了。

我建議拿做燉菜的牛肉來做這道煎蛋，但也可以用其他熟牛肉或者剩的烤牛肉來做，或者就在熟食店裡買醃牛肉也可以。

準備：10分鐘
（假定已經準備好熟牛肉和米飯）
供4～6人食用
烹飪：12～14分鐘

◎ 3湯匙橄欖油或花生油；
◎ 5棵蔥或1個大洋蔥，切好；
◎ 2瓣蒜，切碎；
◎ 0.5～1茶匙辣椒粉；
◎ 0.5茶匙鹽；
◎ 112克/0.5杯熟牛肉
　　切成薄片後再切為小塊；
◎ 60克/0.5杯熟米飯；
◎ 1湯匙新鮮碎椰子塊或乾椰子粉（僅供選擇）；
◎ 5個鴨蛋或7個雞蛋。

在煎鍋，最好是不粘鍋裡放入2湯匙油，將蔥蒜翻炒3～4分鐘；加入除了蛋以外的其他配料，攪拌2分鐘。將蛋在大碗裡打散。把鍋裡的混合物倒進蛋液裡，充分攪拌。進行適當調味。拿剩餘的油在鍋裡刷一層，放置低火上。鍋熱後，倒入蛋液，不斷地晃鍋，持續3～4分鐘，直到表面固定但還不是十分熟。

現在拿一個大盤子扣在鍋裡，然後翻轉過來將半熟的煎蛋扣在盤子裡。把鍋放回火上，再將煎蛋滑入鍋裡，現在就可以煎另一面了。煎2分鐘後，蓋住鍋蓋再燜2分鐘。開蓋，將煎蛋切4～6份，直接把鍋端上桌。

牛肝雞肉焦糖蔥焗飯　　提早備料，20分鐘就可上菜
Rice with Calf Liver, Chicken and Caramelized Shallots

為本書的食譜做過所有的嘗試之後，我很高興我從未厭倦過稻米。相反的，我很享受烹調新菜式的過程，希望讀者也經常去做這些菜肴。這個食譜是其中之一；它有著自己的獨特風味，再搭配足夠開胃的沙拉就是營養均衡的一頓美餐了。如果找不到那樣的蔥，就用醃洋蔥或東方小紅洋蔥來代替（不是超市裡買的那種大洋蔥）。

儘管除了牛肝其他配料可以事先烹調好，但這道菜仍是需要花很多時間的。可以把它當成是一種燴飯，假如你已經事先準備好所有的配料，那麼客人來了之後只需等20分鐘就可以吃到，這是從加熱油開始算起的。

準備：120分鐘
供4～6人食用
烹飪：20～25分鐘

◎ 340克/1.5杯長粒米，泰國香米或森隆米（Sunlong）更好，不管怎樣，只要是烹飪時會變軟的米就行，但不要用巴斯馬蒂米；
◎ 670毫升/3杯水；
◎ 0.5茶匙鹽。

肉類和肝臟】
◎ 2片無皮雞胸肉，切成小粒；
◎ 450克/1磅小牛肝，如雞肉般切成小粒；
◎ 2湯匙生抽醬油；
◎ 2湯匙米林酒；
◎ 1湯匙檸檬汁；
◎ 0.5～1茶匙黑胡椒粉。

焦糖汁】
◎ 2～3湯匙橄欖油或花生油；
◎ 8棵蔥或醬洋蔥或小紅洋蔥，去皮，切成4段；
◎ 8瓣蒜，豎切為2半；
◎ 1小撮辣椒粉或少許塔巴斯哥（Tabasco）辣醬油（僅供選擇）；
◎ 2茶匙糖；
◎ 0.25茶匙鹽；
◎ 112毫升/0.5杯白葡萄酒或雞湯；
◎ 112克乾酪或其他硬度適中的乳酪，碾碎（僅供選擇）。

烤箱預熱到180℃/350℉，放一個帶蓋的耐熱大淺盤或焙盤進去烤至發燙。

　　雞肉和牛肝分別放在一個碗裡，用混合了生抽、米林酒或干型雪莉、檸檬汁和黑胡椒的調料揉搓。

將米洗淨控水；鍋裡倒入水，加0.5湯匙鹽。放入米，扣蓋低火烹煮20分鐘（從把米放進冷水裡算起）。然後把鍋子從火上移開，不要揭蓋再燜5分鐘。

把米放進鍋裡開始煮到7分鐘的時候，在另一煎鍋裡加熱油。放入蔥或洋蔥翻炒5分鐘。加糖、鹽和辣椒粉（如果需要）；繼續翻炒2分鐘，倒入葡萄酒或高湯。開大火，沸煮4～5分鐘。加入雞肉粒；蓋上鍋蓋燜煮2分鐘。揭蓋翻動一下雞肉；再蓋上鍋蓋燜1分鐘。適當調味，充分攪拌一下。這些做好後，米飯大約也熟了。

將米飯盛進在烤箱裡加熱好的大淺盤或焙盤裡。讓烤箱繼續運轉，盡可能快地做完以下步驟。在飯上均勻撒點乳酪末（如果需要），再在乳酪末上面撒上雞肉粒。將大淺盤或焙盤放回烤箱裡。

　　在煎鍋裡再把焦糖汁加熱一下，然後放入牛肝。只翻炒1分鐘。現在關掉烤箱，將大淺盤或焙盤取出，把牛肝粒和蔥撒在雞肉粒上面。如果你用的是焙盤，就蓋上蓋子。立即端上桌，最好將它放在熱的餐盤裡。

沙丁魚焗飯　倫敦頂級飯店廚師的食譜
Tian de Sardines

我在1992年4月第一次於《住宅與花園》（*House & Garden*）雜誌上看到這個食譜時，就想立即烹飪一下。艾麗絲‧伍萊姬‧薩門（Alice Wooledge Salmon）以前是倫敦最好的飯店的廚師，現在是英國烹飪作家中的佼佼者，我在這裡引用這個食譜已經得到了她的允許。她援引了伊莉莎白‧大衛（Elizabeth David）《地中海食物》（*Mediterranean Food*）中的話：「在普羅旺斯山上，他們不會拒絕鹽鱈魚，但在海岸上這已經為新鮮沙丁魚或鳳尾魚所代替。」我建議這道菜可以和綠色沙拉搭配，作為開胃菜或簡單午餐。如果你能說服魚販子幫你處理乾淨沙丁魚，那就會好很多，在家裡自己清理是非常費事的。

189

準備：90分鐘（包括清理沙丁魚）
供4人作為主菜，
作為開胃菜夠6～8人食用
烹飪：30分鐘＋20分鐘冷卻

◎ 675克/1.5磅新鮮沙丁魚；
◎ 500克/1磅新鮮嫩菠菜；
◎ 1.1公斤/2.5磅鮮嫩的瑞士甜菜；
◎ 橄欖油；
◎ 3瓣蒜，切碎；
◎ 鹽和黑胡椒；
◎ 56克/0.25杯白色長粒米；
◎ 2個雞蛋；
◎ 100克硬酪末；
◎ 自製的粗麵包屑。

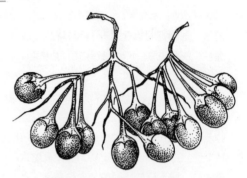

將沙丁魚去鱗、清理內臟，並去頭去尾及去骨。漂洗乾淨魚肉，放在一邊備用。

　將菠菜去梗，把葉子徹底清洗乾淨，大致切碎然後控水。將瑞士甜菜的葉子摘下，洗淨控水。白色的甜菜莖稈可以做蔬菜汁用。

　將菠菜葉和甜菜葉各自放進不同的鍋裡，分別加1瓣蒜的蒜末及1湯匙的橄欖油。蓋上蓋子，低火烹煮2分鐘；揭開蓋，繼續煮至液體都蒸發掉。用鹽和胡椒粉調味。

　同時，將米洗淨，放入煮沸的鹽水裡。沸煮6分鐘，然後撈出控水並用冷水沖洗一下；再倒進篩網裡控水。
把2個雞蛋打散加入菠菜葉、甜菜葉、稻米、75克的硬酪末以及剩餘蒜末，充分攪拌。

　在炸物盤或容積約為1.7升/7.5杯的深陶罐裡塗點油。把2/3的稻米和菠菜等的混合物倒進去；把每條沙丁魚肉切成2～3段，適當調味，然後均勻地放在稻米和菠菜上面。滴幾滴橄欖油後，放入剩餘的稻米菠菜混合物，再滴幾滴橄欖油，並撒上剩餘的硬酪末，將一把麵包屑均勻撒在各種食物上。

　在預熱到220℃/425℉的烤箱裡烘烤20分鐘；然後將溫度調高至240℃/475℉，再烤10分鐘，將表面烤成焦黃色。從烤箱裡拿出焗飯，讓其冷卻20分鐘，然後上桌。

中國式香米腸　主角配角兩相宜
Chinese Spicy Rice Sausage

正如本書描述的其他香腸一樣，它們是用保鮮膜或香蕉葉包裹成卷的。

準備：6 ～ 8個小時浸泡＋30分鐘
搭配沙拉夠4人作為簡單午餐，
搭配其他香腸夠8 ～ 10人作為開胃菜
烹飪：35 ～ 40分鐘

◎ 450克/1磅/2杯糯米
　在冷水裡浸泡6 ～ 8個小時，洗淨，控水；
◎ 28克乾蝦，熱水浸泡10分鐘，控水，切碎；
◎ 3湯匙花生油；
◎ 4棵蔥或1個洋蔥，切碎；
◎ 1茶匙辣椒粉或黑胡椒粗粒；
◎ 1茶匙五香粉（僅供選擇）；
◎ 1茶匙芝麻油；
◎ 1湯匙生抽醬油；
◎ 1茶匙鹽；
◎ 1.5升/6.25杯水。

將糯米放在蒸鍋裡蒸10分鐘。

在炒菜鍋或油炸鍋裡，燒熱花生油，翻炒蔥或洋蔥3分鐘。然後加碎蝦仁、辣椒粉或胡椒粉、五香粉（如果需要）、麻油、生抽和鹽。攪拌後加入蒸過的糯米。繼續攪拌，然後將鍋子從火上移開，讓其冷卻幾分鐘。

充分冷卻後，用手揉搓成團。然後做成10 ～ 12根香腸，用保鮮膜或塑膠袋包裹起來，但不要包太緊；米粒在煮香腸時會稍稍膨脹。

在大鍋裡將水煮沸，然後放入香腸煮20 ～ 25分鐘。可以剝出香腸即刻上桌，也可冷藏3天；若在冰箱冷藏過的，要用少許油或黃油煎至棕色再食用。

〔第四節〕
主菜　米飯搭配魚肉或海鮮

在有稻米的地方，通常會有充足的水源，因此也就會有魚。米飯和魚肉搭配，營養非常均衡，所以無疑的，在稻米種植國長大的人們印象裡，總是經常把這兩者聯繫在一起。事實上，這種聯繫比想像中的還要緊密：稻米和魚類提供了值得玩味的想像符號。稻米是穩定的，可以依賴的，正如種植它的土地；水正好相反。稻米讓人們安居下來並過著有序的生活，但捕魚卻又使他們退回到了原始的捕獵生存方式當中。從生存經濟角度上來說，種稻米是耗費人力的，如果沒有現金還要承擔風險；而捕魚，如果運氣好的話，是沒什麼花費的。

對你我來說，魚類相當的昂貴，而我們也僅限於能買到超市提供的品種。目前來說一切尚可接受，但如果你找到一位很好的私營魚販，又不會離得太遠的話，那就值得花些時間去那兒買魚了。位於倫敦西南的一家魚店就經常有日本生魚片愛好者排著長隊等待購買，我見過也排過隊。你也可以找更好的店，去購買從康沃爾郡（Cornwall，或其他任何地方）剛運來的新鮮魚。我有時會去購買，買回的魚非常新鮮，眼睛透亮，這時需要進行最快捷的烹調或者乾脆直接食用。

現實中的活魚市場，就是那種誰都可以去，想買多少就買多少的地方，也是非常令人驚奇的——充斥著貨物發票、貨車司機自己賣魚，而深海魚類少得可憐的地方。我更喜歡搬到下游的、以前的舊比林斯格特（Billingsgate）魚市場和「威尼斯市場」（Rialto in Venice）（希望它還在）的魚市場以及雪梨（Sydney）碼頭的市場。對於人們很少記錄世界上的大型食品市場，我感到很驚奇，甚至美食旅行也是花更多的時間在餐館裡，而不是在廚師們購買食物的地方。但是一個餐館，就像一片稻田，只是有序的象徵；而市場就像海洋，總是充滿了未知的力量。

香味魷魚飯　甜味辣味都有風味
Spiced Rice and Squid

我有意將香料分爲兩組：甜味的是搭配米飯，而辣味的是搭配魷魚。所以這道菜的兩個組成部分有著不同的風味，卻又和諧地互相融合在一起。

準備：30分鐘＋10～15分鐘醃泡
供4～6人食用；
烹飪：20～25分鐘

◎ 450～550克/1～1.25磅魷魚，徹底清洗乾淨，切成環形或小塊。

醃泡汁】
◎ 2湯匙萊姆檸檬汁；
◎ 1茶匙檸檬草，切碎；
◎ 1茶匙紅辣椒或青辣椒，切碎；
◎ 1茶匙香芹末；
◎ 2瓣蒜，搗碎；
◎ 2湯匙生抽醬油或魚露；
◎ 1茶匙糖；
◎ 1湯匙油或花生油。

米飯】
◎ 340克/1.5杯泰國香米或其他長粒米，洗淨，控水；
◎ 2湯匙橄欖油或花生油；
◎ 2棵蔥，切片；
◎ 2顆丁香；
◎ 5公肉桂枝；
◎ 2個綠豆蔻；
◎ 0.5茶匙鹽；
◎ 505毫升/2.25杯魚湯或水。

其他配料】
◎ 28克黃油（僅供選擇）；
◎ 1湯匙碎芫荽或芫荽葉。

把所有做醃泡汁的調料放進玻璃碗裡，攪拌均勻，將魷魚醃製10～15分鐘。

在燉鍋裡加熱橄欖油，把除了米和魚湯或水之外所有做米飯的配料放進鍋裡翻炒3分鐘。倒入魚湯或水，煮沸。然後放入米粒，攪拌，調至小火。慢燉10～15分鐘，直到湯汁煮乾。蓋緊鍋蓋用非常小的火再燜煮10分鐘。

將魷魚瀝出，放在米飯表面。蓋緊鍋蓋再用中火煮1分鐘；然後將燉鍋放在折疊的濕毛布上，約2分鐘。

揭開鍋蓋，適當調味，充分攪拌使魷魚和米飯混合均勻，如果還找得見的話，揀出所有香料固體物──丁香、肉桂枝和豆蔻。同時，加黃油（如果需要）和芫荽或芫荽葉。趁熱上桌，搭配一些素菜或綠色沙拉一起吃。

金槍魚蒸飯　很棒的簡餐
Steam Tuna with Rice

這是一道很棒的簡餐，用蓋得很密的陶瓷鍋或搪瓷鍋來做就更好了，因為做好以後可以直接端上桌。對我來說，辣椒是很重要的配料，但你當然可以選擇只放一點或都不放。如果你早晨就開始浸泡稻米並準備好了其他配料，那麼在將鍋子放置爐子上之後，只需30分鐘就能享用了。

準備：2個小時浸泡＋40分鐘
供4人食用；
烹飪及放置：30分鐘

◎ 340克/1.5杯長粒米，巴斯馬蒂米更好，冷水浸泡至少2個小時；
◎ 4片金槍魚排，每片重約140～200克；
◎ 0.5茶匙辣椒粉；
◎ 1湯匙檸檬汁；
◎ 3湯匙橄欖油或花生油；
◎ 2個洋蔥，切碎；

◎ 450克/1磅未張開的蘑菇（洗淨切片）
◎ 2～6個大紅椒（去籽切碎，僅供選擇）
◎ 1茶匙薑末；
◎ 2個大番茄，去皮切碎；
◎ 鹽和胡椒粉；
◎ 450克/1磅菠菜或萵苣（洗淨，大致切碎）
◎ 390毫升/1.54杯魚湯或水；

用鹽、辣椒粉及檸檬汁揉搓一下金槍魚肉，放入冰箱冷存。

將洋蔥過油翻炒2分鐘後，加入蘑菇。繼續煸炒1分鐘，加辣椒末（如果需要）、薑末和番茄。用鹽和胡椒粉調味後再慢煮4分鐘。放置陰涼處備用，如果還要幾小時以後才開始烹飪，就放進冰箱裡冷存為佳。

要開始烹飪時，將米粒控水，然後把放進冰箱裡的配料都取出來。在鍋裡放入米粒和魚湯或水，煮沸。煮沸後，關小火，敞蓋慢煮10分鐘。

在米飯表面均勻撒入一半的菠菜或萵苣以及一半的洋蔥、番茄、蘑菇的混合物。然後放入金槍魚，再依次放入剩餘的菠菜或萵苣，最後放剩餘洋蔥等。

蓋緊鍋蓋，火開大一點，繼續煮15分鐘。把鍋子從火上移開，放置在濕布上約5分鐘。然後揭蓋，直接端鍋上桌。

甜辣蝦搭配炒飯　色香味俱全且十足果腹

Hot and Sweet Prawns/Shrimp with Fried Rice

我第一次吃到這種蝦是在曼谷東方旅館的烹飪學校裡，而從那以後，我寫過好幾次並多次重複談起它。在那個學校裡，蝦非常小但很新鮮，是帶殼烹調的，所以可以當作開胃品，我們也帶殼吃。

　　這裡我採用的是中等大小的蝦，更成熟一些，而且不是冰凍過的，所以殼很硬。最好先在廚房裡就把殼剝去，以避免吃的時候把餐桌弄得一塌糊塗。配上炒飯和沙拉作為主菜，大概每人分到五、六隻蝦即可。

準備：15分鐘
供4人食用；
烹飪：8 ～ 10分鐘

- ◎ 25 ～ 30隻中等大小的蝦
  去頭，剝殼，去蝦線，洗淨；
- ◎ 84 ～ 112毫升/0.5杯水；
- ◎ 3 ～ 4湯匙椰糖或深色黃砂糖；
- ◎ 1 ～ 2個小紅椒（切碎，或8 ～ 10個完整黑胡椒，在研缽裡碾碎）；
- ◎ 3湯匙魚露；
- ◎ 2湯匙碎芫荽，或芫荽根，或芫荽葉

把蝦放進篩網裡控水，用紙拍乾水分。撒一點鹽，放在冰箱裡備用。

　　在敞口淺燉鍋裡把水加熱；放糖、辣椒末或胡椒末以及魚露。煮沸後，攪至糖完全溶解。慢燉3 ～ 6分鐘，不時攪拌，直到漸漸濃稠。加入芫荽或芫荽根或芫荽葉；繼續攪拌，加入蝦肉。再攪拌3 ～ 4分鐘，直到蝦裹上亮亮的糖汁。然後直接上桌。

葡萄牙式鹹鱈魚馬鈴薯飯　滿足大家庭的胃口
Portuguese Salt Cod with Rice and Potatoes

這道食譜是綜合了兩個食譜而成的：鹹鱈魚配馬鈴薯及雞蛋和鹹鱈魚飯。印尼人都對鹹魚很熟悉，因爲直到現在，醃製還是從捕魚到烹飪的過程中唯一的一種保存手段，因此醃魚的數量也比凍魚的數量大。吃很多米飯自然可以吸收化解魚的鹹味，而馬鈴薯也是最尋常的搭配材料，與其他蔬菜一起用加香料的椰漿烹調。鹹魚、米飯和馬鈴薯，如果豐富點再加上一些雞蛋（就像這個食譜），搭配一起就成了不僅能填飽肚子而且很令人滿意的一頓飯，尤其是對食量大的大家庭來說。你只需再配上一點綠色沙拉就可以了。

目前，鹹鱈魚也已不再是便宜的魚，那就沒有理由不選擇價格更爲低廉的、像煙燻的黑線鱈魚或鯖魚了；事實上幾乎所有你在當地能買到的鹹魚乾或煙燻魚乾都行，當然這還得取決於你居住的地方。選那些自由浮游的、肉多的魚類，比目魚和深海魚就不適合做這道菜。鹹魚需要在水裡浸泡幾個小時或一整夜，然後控水，再用冷水沖洗乾淨。用毛巾或廚用紙擦乾，再去皮去骨，把魚肉片成魚片備用。

我介紹兩種方法來做這道葡萄牙菜，效果都很不錯：一種是用非常少的油，因爲馬鈴薯是和米粒一起煮熟的；另一種要更豐富一些，因爲馬鈴薯是用油炸的並且還要加雞蛋一起炒。

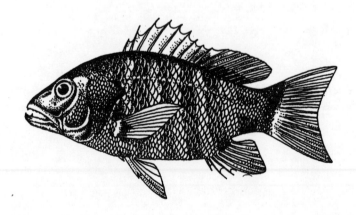

準備：20 ～ 25分鐘
（不包括浸泡鹹鱈魚的時間）
供6 ～ 8人食用
烹飪：32 ～ 35分鐘

◎ 450克/1磅/2杯西班牙短粒米，或義大利短粒米，或軟質長粒米，如泰國香米或森隆米；
◎ 450克/1磅/4杯甜馬鈴薯，去皮，切成條；
◎ 2個中等大小的洋蔥，切碎；
◎ 4個紅番茄，去皮切碎（也可以去籽）；
◎ 340 ～ 450克鹹鱈魚，或其他鹹魚，或煙燻魚（參考上述）；

◎ 680毫升/3杯水；
◎ 8個雞蛋；
◎ 2湯匙橄欖油（或113毫升/0.5杯蔬菜油，如果準備炒番茄的話）；
◎ 2片月桂葉；
◎ 2湯匙碎香芹，或碎芫荽，或芫荽葉；
◎ 鹽和胡椒粉；
◎ 56克/0.5杯黑橄欖，去核，切成2半，裝盤備用（僅供選擇）。

方法一：在帶蓋的中型厚底燉鍋或沙鍋裡，加熱橄欖油，將洋蔥翻炒至變軟並呈透明狀。加入馬鈴薯條繼續翻炒3分鐘；再加進魚片、番茄和月桂葉。攪拌後慢燉1 ～ 2分鐘，倒進米粒，再不停地攪拌2分鐘。加水煮沸，關小火，蓋住鍋蓋。燜煮20分鐘。

　　將雞蛋打散，用胡椒粉和少許鹽調味。揭開鍋蓋，倒入蛋液，充分攪拌；再蓋上鍋蓋，放置5分鐘。直接上桌，撒入香芹末，或芫荽末，或芫荽葉及鳥欖（如果想用的話）。

　　方法二：稻米的烹飪方法同上，但不加馬鈴薯。當煮米飯的時候，在大一點的油炸鍋裡加熱蔬菜油，最好是不粘鍋，把馬鈴薯條炸熟但還沒有完全變色。這要花費7 ～ 8分鐘的時間或者更久，所以要把握住時間以便米飯和薯條能同時熟。

　　馬鈴薯熟後，盡可能將鍋裡的油倒出，而只留薯條在鍋裡，改小火，放鹽和胡椒粉調味。把雞蛋打散，倒入薯條中；輕輕攪拌──一定不能像煎蛋那樣做，但要稍微類似炒蛋。把薯條、炒蛋倒入稻米、魚片裡，撒入香芹末，或芫荽末，或芫荽葉和鳥欖（如果願意用的話），直接上桌。

海鮮什錦飯 稻米和海鮮最好分開烹調
Paella with Seafood

對於家庭烹飪來說，我發現把稻米和海鮮分開烹調，上桌前再混在一起的效果最好；然而這樣做，就需要非常好的魚湯來烹飪米飯。如果你有海鮮飯鍋的話，可以用它來烹調米飯；否則，用沙鍋最好。

準備：1個小時
供4～6人食用
烹飪：18～20分鐘

米飯
- ◎ 2湯匙橄欖油
- ◎ 1個洋蔥（切片）
- ◎ 2瓣蒜（切片）
- ◎ 0.5茶匙卡宴辣椒或辣椒粉
- ◎ 2個大番茄（去皮切碎或2湯匙番茄醬）
- ◎ 112克/1杯新鮮或再生棉豆或新鮮蠶豆
- ◎ 170～225克/1杯長形平豆或紅花菜豆（切成5公分的段）
- ◎ 1大撮藏紅花絲（在研缽裡碾碎或0.5湯匙薑黃根粉末）
- ◎ 710毫升/1.25品脫/3杯熱魚湯
- ◎ 鹽和胡椒粉
- ◎ 450克/1磅/2杯西班牙短粒米，或義大利短粒米

海鮮
- ◎ 450克/1磅/4杯鱈魚片（切成約3公分的小方塊）
- ◎ 225克/2杯魷魚（清洗乾淨，切成小塊）
- ◎ 450克/1磅/2.5杯明蝦或大蝦，（帶頭或去頭均可，清洗乾淨，但不要帶殼）
- ◎ 225克/2杯貽貝（清洗乾淨）
- ◎ 2湯匙橄欖油
- ◎ 1個洋蔥（切片）
- ◎ 3瓣蒜（切片）
- ◎ 0.5茶匙卡宴辣椒或辣椒粉
- ◎ 3個大番茄（去皮切碎）
- ◎ 1大撮藏紅花絲（在研缽裡碾碎，僅供選擇）
- ◎ 鹽和胡椒粉
- ◎ 420毫升/0.75品脫/2杯熱魚湯或水

從稻米開始。在海鮮飯鍋或沙鍋裡加熱油，翻炒蔥蒜，大約 2～3 分鐘。加入除了稻米和魚湯以外的做米飯的配料；攪拌後慢燉 3 分鐘。加入魚湯再慢燉 2 分鐘，煮沸後加入米飯。充分攪拌後，讓米粒均勻分布在鍋底。關小火，半蓋著鍋蓋，繼續慢煮 10～15 分鐘。

在煮米飯的同時，來烹調海鮮。在一個大沙鍋或炸鍋裡放油將洋蔥和蒜煸炒 1 分鐘。加入鱈魚丁，反覆煸炒 2 分鐘；然後加番茄和所有調料粉、鹽、胡椒粉和魚湯或熱水。煮沸後加入貽貝；烹煮 2 分鐘後加入剩餘的海鮮。輕輕攪拌後蓋上鍋蓋，開大火煮 3 分鐘就好。

揭開蓋，給海鮮適當調味；然後鋪在海鮮飯鍋或沙鍋裡做好的米飯上。立即上桌。

海鮮火鍋　搭配簡單的白米飯就好
Seafood Hotpot

海鮮火鍋採用的是日本菜式。我很喜歡吃日本式的火鍋，用筷子來吃海鮮、蔬菜和米飯，然後雙手捧著碗喝火鍋原湯；但你也可以用勺子和叉子。

如果把這個火鍋作爲主菜，我建議配簡單的白米飯就好，盛在單獨的碗裡。如果把它當作湯，你或許就不想搭配米飯了——尤其是如果主菜裡還有以米飯爲配料的，或者在每份湯裡只放一勺米飯的情況下。火鍋裡的配料都可以事先準備好，放在冰箱裡備用。

準備：50 ～ 60 分鐘
作為主菜夠 4 人食用，
作為湯夠 8 人食用
烹飪：4 ～ 5 分鐘

◎ 1.1升 /2 品脫 /5 杯金槍魚湯，或
  570 毫升 /1 品脫 /2.5 杯魚湯（和
  雞湯以 1:1 的比例混合）
◎ 3 湯匙生抽醬油
◎ 3 湯匙米林酒
◎ 1 湯匙薑汁
◎ 0.25 茶匙辣椒油（或更多）
◎ 鹽（必要時再加）
◎ 2 湯匙檸檬汁（僅供選擇）
◎ 8 隻明蝦或大蝦（去殼，去蝦線）
◎ 340 克黑鱸魚片或鮭魚片
◎ 340 克鮟鱇魚尾（切成細條）
◎ 8 隻活的硬殼蛤蜊（用刷子清洗乾
  淨，然後泡在鹽水裡）
◎ 8 隻新鮮扇貝（清洗乾淨，
  切成 2 半，留完整的扇貝卵）
◎ 8 個新鮮香菇或未張開的蘑菇（洗
  淨切片或切成 4 半）

其他配料
◎ 340 克 /3 杯新鮮緊實的豆腐（熱
  水浸泡 10 分鐘，控水，切成 16 小塊）
◎ 2 片中國大白菜葉（粗切）
◎ 112 克 /1 杯嫩豌豆或嫩豌豆莢
  （摘好）
◎ 56 克 /0.5 杯小洋蔥或青蔥（洗
  淨，切成薄圓片）

用沸水焯一下嫩豌豆，或嫩豌豆莢和白菜葉。開始做米飯，就假定你打算用火鍋配米飯。

把湯倒進鍋裡，開火慢燉。加醬油、米林酒、薑汁和辣椒油。煮沸後加明蝦或大蝦、黑鱸魚片或鮭魚片以及鮟鱇魚。再燉 2 分鐘，加入蛤蜊、扇貝和蘑菇。繼續慢燉 2 ～ 3 分鐘 —— 不要燉太久。適當調味，如果需要可以加點檸檬汁。

將準備好的其他配料分盛在幾個湯碗裡，然後澆上熱熱的海鮮湯和各種海鮮。立即上桌。

小龍蝦湯　就是要澆在米飯上吃
Crayfish/Crawfish Etouffee

這是我去新奧爾良（Mew Orleans）旅行帶回來的食譜之一。小龍蝦湯是用小龍蝦、對蝦或小蝦，加上由洋蔥、芹菜和甜青椒或柿子椒燉製而成的，一般澆在米飯上吃。在路易斯安那州，盛產小龍蝦的季節是從每年的11月到次年的4月中旬，多數小龍蝦都是來自於水稻田。

在英國，如果誰能找到很好的魚販，那有時就能買到斯堪地那維亞（Scandinavian）的小龍蝦，如果買不到這種小龍蝦用大對蝦也行。我個人在做這道湯時還喜歡放干白葡萄酒，並用卡宴辣椒來代替黑胡椒。

準備：25分鐘
供4～6人食用
烹飪：約15分鐘

- ◎ 900克/2磅小龍蝦尾，或大對蝦（洗淨，然後煮3～4分鐘）
- ◎ 28克黃油和1湯匙橄欖油
- ◎ 1個大洋蔥（切碎）
- ◎ 1根芹菜（切碎）
- ◎ 2個甜青椒或柿子椒（去籽，切碎）
- ◎ 2瓣蒜（切碎）
- ◎ 1湯匙麵粉或中筋麵粉（僅供選擇）
- ◎ 2湯匙碎香芹
- ◎ 2湯匙小洋蔥或青蔥（切碎）
- ◎ 1茶匙卡宴辣椒或黑胡椒
- ◎ 225毫升/1杯干白葡萄酒或水
- ◎ 鹽

將小龍蝦或大對蝦剝殼後放在一邊備用。在炒菜鍋或燉鍋裡加熱黃油和油，將洋蔥、芹菜和甜椒煸炒5～6分鐘，要不停地翻動。再加入蒜、卡宴辣椒、麵粉（如果用的話）和鹽。攪拌3分鐘後，倒入葡萄酒或水。煮沸後再慢燉4分鐘。

適當調味後加入去殼的小龍蝦尾或對蝦。再燉3分鐘後，加香芹和小洋蔥或青蔥，攪拌幾秒鐘，直接上桌，配上足夠的米飯。

蘑菇稻米釀多佛鰨魚　工夫料理輕鬆上菜
Dover Sole Stuffed with Mushrooms and Rice

準備：1個小時
供4人食用
烹飪：30 ～ 40分鐘

魚
◎ 4條中等大小的多佛鰨魚
（Dover soles，洗淨）
◎ 3湯匙橄欖油
◎ 0.5茶匙鹽
◎ 0.5茶匙辣椒粉
◎ 1茶匙檸檬汁

米飯
◎ 2湯匙橄欖油
◎ 1個小洋蔥（切碎）
◎ 2瓣蒜（切碎）
◎ 1個紅辣椒（去籽）
◎ 1個青椒（去籽）
◎ 84克/0.75杯未張開的蘑菇
（洗淨，切碎）
◎ 170克/0.75杯巴斯馬蒂米
（洗淨控水）
◎ 285毫升/1.25杯魚湯或水
◎ 鹽
◎ 10個烏欖（去核，切碎）
◎ 2個番茄（去皮，去籽，切碎）
◎ 2湯匙碎芫荽或芫荽葉

裝盤用
◎ 2湯匙烤松仁，或烤銀杏
仁，或烤碎麵包塊

用一把尖刀，沿魚的脊椎將魚肉切下；然後用剪刀把脊椎骨兩端剪掉。將魚肉中的小刺也剔除掉，甚至將整副骨架取出也是很容易的。仔細地抽出嵌在魚肉裡的每一根小刺。

小心地剝去魚皮，把魚肉從頂部翻轉回來，使其變成一個可以填入東西的容器。當4條魚都像這樣準備好後，先給魚肉刷一遍油、鹽、辣椒粉和檸檬汁的混合汁液；在準備填料的時候，把魚肉放在陰冷處備用。

在燉鍋裡將蔥、蒜和辣椒末翻炒2分鐘；加入蘑菇繼續翻炒1分鐘。加進稻米，攪拌至米粒均勻裹上油。倒入高湯或水，用鹽調味。煮沸後，蓋緊鍋蓋，慢燉12 ～ 15分鐘；然後立刻將米飯盛進碗裡同時放入烏欖、番茄和芫荽或芫荽葉。

到這裡為止，每樣東西都可以提前24小時先準備好，把米飯和魚肉分別冷藏在冰箱裡。

準備好烹調時，先把烤箱預熱到180℃/350°F。把魚並排擺在塗好油的焙盤裡，用勺子將米飯填進魚肉裡，將米飯平均分配好。滴些橄欖油在米飯上；不要蓋上鍋蓋，在烤箱裡烤12 ～ 15分鐘，立即上桌。

魚肉飯　源自中亞的俄羅斯糅合味
A fish Pilaf（Fish plov）

這是一個來自萊斯利・張伯倫（Lesley Chamberlain）《俄羅斯食物和烹調》（*The Food and Cooking of Russia*）的食譜。據萊斯利說，「plov」是俄羅斯從中亞引進的菜式之一，傳統上是用裡海的歐鯿來做，儘管她建議用鯉魚或梭子魚替代，但如果這些魚都沒有，也可用鯰魚、菱鮃魚、鮁鱇魚、海魴或庸鰈來做。

準備：15 ～ 20分鐘
供4 ～ 6人食用
烹飪：20 ～ 25分鐘

◎ 用鹽調味
◎ 2片月桂葉
◎ 1根香芹根或0.5個歐洲防風草根（parsnip）
◎ 一些黑胡椒
◎ 4個洋蔥
◎ 450 ～ 675克/1 ～ 1.5磅/4杯魚肉（切成小塊）
◎ 2茶匙黑胡椒粉
◎ 3湯匙新鮮香芹
◎ 2湯匙新鮮蒔蘿
◎ 1茶匙碎茴香籽
◎ 2撮藏紅花或薑黃根
◎ 140毫升/1杯優酪乳油
◎ 2 ～ 3個胡蘿蔔
◎ 7湯匙橄欖油或其他蔬菜油
◎ 390克/1.75杯義大利米（洗淨，熱水浸泡30分鐘）
◎ 0.25個檸檬的汁

將不超過1升/1.5品脫/3.75杯的水煮沸，加鹽、月桂葉、一半的香芹根或歐洲防風根，一點碎胡椒籽和半個洋蔥。再加魚肉，慢燉10分鐘。然後把魚肉盛進耐熱盤裡，用兩片洋蔥、剩餘香芹根或歐洲防風根、一半黑胡椒、碎香芹、蒔蘿、茴香籽和一半藏紅花或薑黃根將魚肉蓋住。撒點鹽，倒入優酪乳油。在極小的火上煨或蒸10 ～ 15分鐘。

將剩餘洋蔥和胡蘿蔔都切碎，然後在另一個鍋裡過油炒至變軟。將魚肉湯濾進鍋裡，煮沸後加入稻米；用中火再次煮沸。加入剩餘胡椒和藏紅花，攪拌，蓋上鍋蓋，用小火燉8 ～ 10分鐘。將鍋子從火上移開，讓米飯燜5分鐘。

米飯盛在一個碗裡，灑點檸檬汁，魚還用烹飪時的盤子盛放並端上桌。

椰汁蝦　東南亞基本菜式

Prawns/Shrimp in Rich Coconut Sauce（Sambal goreng udang）

用這種方式烹飪的蝦在整個印尼和馬來西亞都很受歡迎，當然它總是配著米飯吃的；米飯和蝦在色、香、味上搭配得非常到位。像辣椰子牛肉一樣，這是一道東南亞基本菜式，因此，我的書裡就收錄了這個食譜。

　　在倫敦，我用在超市裡買來的去殼、去蝦線的冰凍明蝦或大蝦來做這道菜。這樣縮減了不少的準備時間，而這種蝦只需烹飪4分鐘就好，並且之後也不用重新加熱。

準備：約15分鐘
供6 ～ 8人食用
烹飪：20分鐘

◎ 420毫升/2杯熱水
◎ 5公分鮮檸檬草
◎ 2片酸橙葉或檸檬葉或月桂葉
◎ 2個熟透的番茄（去皮切碎）
◎ 112克/1杯椰油（切碎）
◎ 1公斤/2磅凍明蝦或大蝦（完全解凍）

調味汁
◎ 3棵蔥或1個小洋蔥（切碎）
◎ 2瓣蒜
◎ 5公分長的鮮薑根（去皮切片）
◎ 3個大紅椒（去籽切碎）
◎ 1茶匙蝦醬（僅供選擇）
◎ 2個油桐子，或澳大利亞堅果仁，或去皮杏仁（碾碎，僅供選擇）
◎ 1茶匙芫荽粉
◎ 1茶匙辣椒粉
◎ 0.5茶匙鹽或更多
◎ 1湯匙羅望子汁或檸檬汁
◎ 2湯匙橄欖油或花生油
◎ 2湯匙冷水

把所有準備做調味汁的材料混在一起攪拌成糊。放進燉鍋裡煮沸，然後不斷攪拌著烹煮4分鐘。加入熱水、檸檬草、酸橙葉、檸檬葉或月桂葉。再度煮沸後慢燉20分鐘。加入番茄和椰油，攪拌至椰油融化，再攪拌慢煮2分鐘；適當調味。到這裡為止製作調味汁的過程，可以提前24個小時先做好放進冰箱冷藏（但不能冰凍）。

　　準備烹飪蝦時，先把調味汁煮沸，攪拌均勻，然後放入蝦（需完全解凍，否則有害細菌在短短的烹飪過程中還能繼續存活）。只需慢燉4分鐘，煮太久蝦肉會變硬也會失去鮮美的味道。揀出檸檬草和檸檬葉，趁熱配著米飯食用，再搭配些蔬菜或沙拉。

釀鮭魚　　鮭魚肚裡的稻米餡料
Stuffed Trout, Armenian Style

我得感謝萊斯利・張伯倫讓我引用她的書《俄羅斯食物和烹調》裡的這個食譜。她介紹了兩種鮭魚的填充料，都很美味，有一種含有米粒。她還建議說無論你選擇哪種填充料，這道菜都該搭配米飯（我想白米或糙米都很適合）或碎小麥。

　　爲了做出的菜看起來更精緻，就要先把鮭魚去骨，你自己可以花這樣的工夫也可以說服魚販幫忙。首先，剪掉魚鰭和魚頭，用尖刀將魚背切開，刀要放在脊骨的上邊。魚肉翻開成一個平面，用刀將從頭至尾的整根魚椎骨剔掉。

準備：0.5個小時
供2～4人食用
烹飪：0.5個小時

魚
◎ 2條大鮭魚，重約675～900克
　 /1.5～2磅（去頭，清洗乾淨，如果已
　 經去骨，在魚肉內外抹上鹽和胡椒粉）

餡料1
◎ 6個洋李乾或杏乾（溫水裡浸泡2～3
　 個小時，然後切碎；或新鮮布拉斯李子或
　 新鮮酸杏，去皮切碎）
◎ 1個石榴或蘋果加1湯匙檸檬汁
◎ 2個大洋蔥（切碎）
◎ 1茶匙乾羅勒
◎ 2湯匙黃油
◎ 鹽和胡椒粉

餡料2
◎ 70克/0.3杯短粒米或泰國香米
　 （在鹽水裡沸煮6分鐘，控水）
◎ 84克黃油
◎ 3湯匙碎香芹
◎ 1茶匙薑末
◎ 56克/0.3杯葡萄乾
　 （溫水浸泡2個小時）
◎ 鹽和胡椒粉

其他配料
◎ 140毫升白葡萄酒，或84毫升橄
　 欖油加2湯匙黃油（油炸用）

準備和混合餡料。

第一種方法先把石榴切成2半然後小心取出石榴籽，其餘丟棄掉；如果是用蘋果，去皮切片，然後均勻抹上檸檬汁以防變色。洋蔥在黃油裡炸至變軟；冷卻後混入水果裡。用鹽和胡椒粉進行適當調味。

第二種方法在米飯還熱著的時候把全部配料混合進去，待其冷卻後填入魚肉裡。在給魚填好餡料後，無須將開口縫住，但要輕拿輕放。

烹飪時，將魚放進不粘鍋裡，倒入葡萄酒沒過魚身，蓋上鍋蓋慢燉8～10分鐘或者不放酒，在油和黃油裡炸同樣的時間，中間翻一次面。

第三種方法在預熱到180℃/350 ℉的烤箱裡烘烤30～35分鐘。先將魚放在抹過黃油的烤盤裡，倒入葡萄酒沒過，用鹽和胡椒粉調味，然後再倒點融化的黃油在表面，約2～3湯匙。

不管用哪種烹飪方式，做好後趁熱食用。

辣咖哩魚　熱辣鮮汁好下飯（米飯或米糕）
Hot Curry of Fish

我過去常常用鮭魚來做這道咖哩菜，但那時鮭魚還很便宜，而現在這種調味汁對這麼精緻的魚來說似乎太濃了一點；所以我用鱈魚或鮟鱇魚來替代。這道辣咖哩魚應該配上足夠的白米飯或米糕來吃。

準備：
約1個小時，包括做椰漿的時間
供 4 ～ 6 人食用
烹飪：約30分鐘

◎ 450 ～ 675克/1 ～ 1.5磅
鱈魚肉或鮟鱇魚肉
（切成大塊，用鹽和胡椒粉揉搓）
◎ 84毫升/0.3杯橄欖油
◎ 1.1升/2品脫/5杯椰奶，由
170克乾燥儲存的椰子製成
◎ 450克/1磅新鮮的小番茄
（擦洗乾淨）

咖哩汁
◎ 4棵蔥或1個洋蔥（切碎）
◎ 3瓣蒜（切碎）
◎ 5公分長的檸檬草
（摘除外葉，切碎）
◎ 2.5公分長的新鮮香根莎草
（galingale，剝皮切碎）
◎ 2片酸橙葉（撕碎）
◎ 1茶匙胡椒粉
◎ 4 ～ 5個紅辣椒（去籽切碎）
◎ 1湯匙烤芫荽籽
◎ 1湯匙烤孜然籽
◎ 0.5茶匙豆蔻粉
◎ 0.5茶匙薑黃根粉
◎ 1湯匙魚露
◎ 2湯匙羅望子汁或檸檬汁
◎ 2湯匙花生油
◎ 1茶匙鹽

做好椰漿，放在一邊備用。將魚在油裡淺炸至棕色，也放在一邊備用。

把所有做咖哩汁的調料都放進攪拌器裡，加3湯匙椰漿，攪拌成均勻的糊狀；然後倒進燉鍋裡。煮沸後慢燉5 ～ 6分鐘，期間不時攪動一下。加入剩餘椰漿，煮至快要沸騰時放入番茄，敞蓋慢燉15 ～ 20分鐘。適當調味，並品嚐一下番茄，最好是快熟但還沒熟透的程度。

加入魚塊，繼續慢燉8 ～ 10分鐘。不要讓湯汁太濃，應該像湯一樣。上桌時，簡單地把魚肉和番茄澆在一碟米飯或米糕上，然後倒上熱熱的辣汁在上面。

鮭魚米布丁　瑞典食譜挑動口腹之欲
Salmon Pudding with Rice

這是採用艾倫・大衛森（Alan Davidson）《北大西洋海鮮》（*North Atlantic Seafood*）一書中的瑞典食譜；最初版本是用鹹鮭魚代替新鮮鮭魚的。

準備：15 ～ 20分鐘
**供3 ～ 4人作為主菜，
供6人作為開胃菜**
烹飪：1個小時

◎ 170克/0.75杯稻米，泰國香米、加州玫瑰米、日本短粒米或適合做調味飯的米，如阿伯里奧或「Vialone Nano」米
◎ 340克/2杯鮭魚肉（切成小塊）
◎ 285毫升/1.25杯牛奶
◎ 56克黃油
◎ 2個雞蛋（蛋黃和蛋清分離）
◎ 0.5茶匙鹽
◎ 0.25茶匙白胡椒粉
◎ 1茶匙糖
◎ 3 ～ 4湯匙麵包屑

將米換幾遍水洗淨，控水。把蛋黃放在碗裡攪1 ～ 2分鐘；把蛋清攪至黏稠狀。

在燉鍋裡加熱牛奶直至快到沸點。放入米飯，攪拌一次，慢燉至米粒吸收進所有的牛奶（這個過程要花15分鐘）。把鍋子從火上移開，拌入黃油，放置冷卻。

米飯冷卻後，拌入蛋黃液、鮭魚、鹽、胡椒粉和糖，最後調入蛋清液，適當調味。

給容積為1升/1.75品脫/4.5杯的餡餅或蛋奶酥模子塗上黃油，在底層先撒上2湯匙麵包屑，然後倒入米飯和鮭魚的混合物。再撒上剩餘麵包屑，放進預熱到180℃/350 ℉的烤箱裡烘烤40 ～ 45分鐘，烤至淡棕色。

從烤箱裡取出後，放置3 ～ 4分鐘，然後用小刀在模子內壁鏟一圈，把布丁倒在盤子裡；用蘸過溫水的尖刀切成幾份。立即上桌，如果喜歡的話還可以加點融化的黃油。

鮭魚米卷　西方版本的爪哇菜式pais ikan
Rice and Salmon Parcels

這是「pais ikan」的西方版本，「pais ikan」是一種混合了西方和爪哇風格的菜式，它是一種加了香料後用香蕉葉包裹起來的食物。這裡介紹的這道菜是用薄酥皮來包的。你可以做成適合自助餐的一個大卷包，也可以做成幾個單獨的小卷。無論是哪一種，在上桌前最好切開，以露出鮭魚的顏色，並釋放出從烹飪時就悶在裡面的香氣。

　　爲了襯托鮭魚的粉紅色，綠色或白色的蔬菜都可以用來搭配──白色的包括豆芽或白蘿蔔絲。我會搭配淡咖哩汁或杏仁醬，其實，什麼醬也不放的話，配上一道沙拉也不錯。這些米卷也是非常理想的野餐食物。

準備：1個小時
供6～8人食用
烹飪：55～60分鐘

◎ 390克/1.75杯短粒米，
　 日本短粒米更好
　　（洗淨，在烹飪前控水1個小時）
◎ 2張薄酥皮
　　（做1個大卷包或1張做1個卷包）
◎ 675克/1.5磅鮭魚肉
　　（整塊的或已經切成6～8塊，
　　用鹽和胡椒粉揉搓）
◎ 450克/1磅/4杯節瓜或黃瓜
　　（切成圓片）
◎ 1茶匙鹽
◎ 3湯匙澄清黃油或橄欖油。

混合調料
◎ 1茶匙薑末；
◎ 1茶匙檸檬草（只需裡面柔軟的部分，
　　切碎，僅供選擇）
◎ 1瓣蒜（切碎）
◎ 2茶匙刺山果花蕾（切碎）
◎ 1個青椒
　　（去籽切碎或0.25湯匙辣椒粉）
◎ 1湯匙椰油
　　（用2湯匙熱水融化，僅供選擇）
◎ 2湯匙融化的無鹽黃油
◎ 12～16粒新鮮胡椒籽
　　（輕微碾碎，僅供選擇）
◎ 0.25茶匙鹽或更多
◎ 1茶匙糖

事先用電鍋或蒸鍋將米飯烹煮一些時間；放置冷卻。節瓜或黃瓜片放進篩網裡，撒鹽，放10分鐘。拿出漂洗乾淨，用廚房紙拍乾。在澄清黃油或油裡將節瓜或黃瓜煸炒2分鐘；放置冷卻。

在薄酥皮的一面刷黃油或油，然後把一張放在另一張上，再把最上面的一層塗上油。將冷卻的米飯擺在薄酥皮中間，留足夠的酥皮邊來捲包，米飯擺成邊緣是直的、表面是平的形狀。把魚肉擺在米飯上面，撒上薑和刺山果花蕾的混合物在魚肉上，最後再擺上節瓜或黃瓜片。

捲起薄酥皮包住所有餡料，做成橢圓形。在表面和側面都刷上黃油或油，然後放進塗過油的焙盤裡。在預熱到190℃/375℉的烤箱裡烘烤35～40分鐘。切成6～8片上桌，冷熱食均可。如果要搭配醬汁，就單獨裝碟。

注意：要做單獨的卷包，就需1張薄酥皮做1個。先捲成方形，刷黃油或油，然後如上述操作，將米飯、魚肉、混合調料和節瓜均勻分好。像做信封那樣將薄酥皮的四角都折疊到中間，最後一個角再打折壓到其他幾個角下面，這樣就封成了一個整包。同上所述，用烤箱烤製。

鮭魚米餡餅　聞名國際的俄羅斯餡餅
Rice and Salmon Pie（Koulebiaka）

這道國際聞名的俄羅斯餡餅，傳統上有很多種餡料。鮭魚和稻米證明是最受歡迎的，尤其是在芬蘭，它是一道民族菜式；每個家庭都有自己獨特的版本。這是斯爾維亞·大衛森個人最喜歡的菜式，也是她給了我這個食譜。

準備：做米飯；1.5個小時
供4 ～ 6人食用
烹飪：45 ～ 60分鐘

麵糰
◎ 450克/1磅/2杯未經漂白的麵粉
◎ 1湯匙快速乾酵母或28克新鮮酵母
◎ 1茶匙鹽
◎ 170克無鹽黃油
◎ 140毫升/0.75杯牛奶
◎ 140毫升/0.75杯法式優酪乳油
　　或優酪乳油
◎ 2個土雞蛋
◎ 2個土雞蛋的蛋黃

餡
◎ 675克/1.5磅無皮鮭魚肉
　　（整塊或切成幾塊）
◎ 225克/2杯洋蔥（去皮，切片）
◎ 225克/2杯野生蘑菇或平菇
　　（擦淨，切片）
◎ 84克無鹽黃油
◎ 1個檸檬的汁
◎ 310克/1.3杯長粒米，
　　糙米或白米
◎ 1個生的土雞蛋（打散）
◎ 1湯匙碎香芹葉
◎ 1湯匙新鮮蒔蘿（切碎）
◎ 0.5茶匙新鮮豆蔻末
　　或根據口味加量
◎ 3個煮老的土雞蛋（切片）
◎ 鹽和胡椒粉

其他配料
◎ 2湯匙優酪乳油
◎ 56克無鹽黃油

將麵粉、乾酵母和鹽放進碗裡，在中間挖一個小坑（如果是用新鮮酵母，加一點溫牛奶和糖來和麵，並醒上10分鐘直到表面發泡爲止）。燙熱牛奶和黃油，然後冷卻到和體溫差不多的溫度。優酪乳油、整個雞蛋的蛋液一起倒入麵粉中間的小坑裡，攪散。用木勺慢慢將液體和麵粉拌勻。揉麵糰10分鐘，直到麵糰變得柔韌有彈性。把麵糰放進塗過油的碗裡，蓋上，讓其發至原來體積的2倍（約1.5小時）。麵糰發好後，再簡單按揉一下，分成兩等份，包裹好，然後放進冰箱冷藏直到準備做餡餅。

烹飪：45～60分鐘

在56克的黃油裡將鮭魚一面煎2分鐘，然後翻面再煎2分鐘。放在一邊，適當調味，灑上一半的檸檬汁；在剩餘的黃油裡煸炒洋蔥至透明色。加入蘑菇和1撮鹽；蓋上鍋，燜至檸檬汁開始蒸發。揭開蓋，開大火將汁液燒乾；把洋蔥和蘑菇及剩餘檸檬汁、熟米飯、生雞蛋、香草、香料和調味料放進攪拌碗裡，充分拌勻。

在撒了麵粉的砧板上，將一塊冷藏的麵糰擀成約1公分厚的橢圓形餅，大小要適合焙盤的尺寸。將麵餅放在焙盤裡，用勺舀進一半米飯等的混合物，留4公分寬的邊緣。把鮭魚擺在米飯上面，煮蛋塊擺在鮭魚上面；然後再蓋上另一半米飯混合物。把麵餅的邊緣用水弄濕；將第二塊麵團也擀成同樣尺寸形狀的麵餅，蓋在上面。

壓緊兩個麵餅的邊緣，折疊一下，再用叉子壓緊。在餡餅表層的中間挖一個小洞；如果還有剩餘的麵糰碎塊，做成裝飾葉或花邊的樣子，弄濕後鑲嵌在餡餅上。

給餡餅的外部刷上優酪乳油，放進預熱到200℃/400℉的烤箱裡烘烤45～60分鐘，直至烤成金黃色。把餡餅裝在大淺盤裡，將黃油融化後倒進中間的小洞裡。趁熱上桌，配上優酪乳油綠色沙拉（舉例來說），並撒點新鮮蒔蘿。

蝦肉調味飯　　光看就令人垂涎的粉紅色味
Prawn/Shrimp Rissoto

儘管本書有單獨的調味飯系列，但我覺得像這樣一道美味的主菜還是應該列在這兒。可以在這道菜之後再上一道單獨的綠色蔬菜或沙拉。它呈現粉紅的顏色，非常漂亮。

因為調味飯用模子來塑型和倒出裝碟都很容易，所以我建議用小模子來做這道菜。對於一道主菜來說，可能需要大一點的模子：我用半徑為9公分、深6公分的模子。

如果你願意用龍蝦來代替對蝦當然也可以。但不管怎樣，都要買一些生的貝類，因為需要它們來做湯。

準備：45分鐘
供4 ～ 6人食用
烹飪：
20 ～ 25分鐘＋5 ～ 8分鐘烤箱加熱

◎ 1.1 ～ 1.4公斤/2.5 ～ 3磅生明蝦
　 或大蝦（帶殼帶頭）
◎ 8棵蔥或洋蔥（切碎）
◎ 4瓣蒜（碾碎）
◎ 1湯匙橄欖油
◎ 1茶匙辣椒粉
◎ 1片月桂葉
◎ 1.7升/3品脫/7.5杯冷水

◎ 285毫升/1.25杯優質
　 干白葡萄酒，或玫瑰葡萄酒
◎ 56克黃油
◎ 340克/1.5杯阿伯里奧或
　 「Vialone Nano」米
◎ 1.1升/2品脫/5杯蝦湯（見下述）
◎ 鹽和胡椒粉
◎ 2湯匙新鮮硬酪塊
◎ 4湯匙奶油（僅供選擇）
◎ 3湯匙碎香芹葉

將大蝦剝殼去頭；把蝦殼和蝦頭徹底清洗乾淨放在一邊備用。在蝦背上深切一刀去掉黑色蝦線；這樣切，蝦肉在烹飪時會捲成小圈。用冷水沖洗蝦肉，在篩網裡控水，用廚房紙巾擦乾。拿蒜末和半湯匙鹽揉搓蝦肉。冷藏。

然後開始做湯。在燉鍋裡加熱1湯匙橄欖油，將一半的蔥末或洋蔥末翻炒1分鐘；放入蝦殼和蝦頭。繼續攪拌1～2分鐘後，加入辣椒粉和月桂葉。再次攪拌，加水；煮沸後，慢燉20～25分鐘。用墊上細棉布的濾網將湯濾進另一個燉鍋裡。到這裡為止的步驟可以提前24個小時先做好，待湯冷卻後放入冰箱冷藏。

在客人來之前1個小時可以準備開始烹飪調味飯了。將蝦肉從冰箱裡拿出來，放至常溫再開始烹飪它。將蝦湯再次煮沸然後慢慢煨著，以便開始做調味飯時，它還是熱的。用鹽和卡宴辣椒調味，在慢燉時再倒入葡萄酒。

在敞口燉鍋裡加熱一半的黃油，然後將剩餘的蔥末或洋蔥末煸炒至變軟。加入稻米，繼續攪拌2～3分鐘以使米粒均勻裹上黃油。現在可以像往常一樣烹飪調味飯：給稻米加1滿勺熱湯，不斷攪拌，待米粒吸收完湯汁之後再加入1滿勺湯。從加第一勺湯開始算起需要烹煮20～22分鐘。不必把湯都加完——湯剩餘的話可以用來烹調蝦肉。

在小模子裡塗上黃油，再墊上不透油紙。將剩餘黃油和硬酪末拌進調味飯裡，用力攪拌1分鐘左右。然後分裝在小模子裡，用湯勺壓平壓緊。每個小模子都蒙上鋁箔紙。

在預備上桌前的半個小時，就將烤箱預熱到180℃/350℉。當烤箱預熱好時，把盛著調味飯的小模子放進烤箱中的雙層蒸鍋（盛有一半熱水的焙盤）裡加熱，同時開始烹調蝦肉。

在燉鍋裡加熱420毫升/2杯剩餘蝦湯；煮沸後，放入蝦肉。只需烹製3分鐘，適當調味；然後如果還用奶油的話，關小火後再加入奶油，攪拌蝦肉。把鍋子從火上移開，撒上香芹末；將蝦肉和奶油汁盛進加熱過的大淺盤裡。把調味飯從模子中取出盛進加熱過的碟子裡，立即上桌，將蝦肉盤放在附近以便客人自助取用。

〔第五節〕
主菜　米飯搭配禽類肉

養雞是全人類的經驗；這可能有點誇張，但我確信我們之中大部分的人都曾於某時參與過餵養母雞。在亞洲的都市裡，那些可能從未見過稻田的人們仍然在後院裡放養著雞。我住在薩里（Surrey）的時候，我的一半的鄰居都似乎在建養雞場，儘管他們的電線網路擋不住當地的狐狸們。

　　人類是一個食用雞肉比其他紅肉更多的族群，所以世界上一定有大量的雞肉食譜，很多都是在相同基礎上演變出來的。全世界都做雞湯，配上米飯或大麥就是著名的補充能量的好食品了，對成長期的兒童、病人或其他注重飲食的家庭來說都很適合。在這本書裡，我僅僅收進了一些具有代表性的食譜，是來自那些稻米種植國或以稻米爲主食的國家。稻米或者是這些菜式的基本成分，又或者有些菜式通常搭配稻米食用。

　　這一系列不全是雞肉食譜，儘管大部分都是。我得說雞肉是味道相當淡的，尤其是如今機械化養殖場不斷增長，養出的雞就更是這樣的了。因此在雞肉裡加點香料就更好了，無論是加在醃泡汁還是填料裡或者是加在搭配的米飯裡。米飯本身當然是雞肉的完美搭配，因爲它不用搗成糊就能吸收和傳送水分和香氣。這導致我在本節收進了很多填料的食譜，不僅是填塞母雞，還有鴨和火雞。本書介紹的「異物填充」鴨子也同樣可以用來填火雞——或者體形大的雞。

　　現在超市裡都有袋裝的各個部位的禽類肉，所以我們可以購買火雞腿或雞大腿來填入精心調配的香味填料。無骨的鴨胸肉尤其有用，因爲鴨胸是很好的部位。另一方面，雞最好買整隻的，當把需要的肉剔下之後，雞骨架就可以拿來做調味飯或醬汁的湯了，或者你也可以做眞正的雞湯。

印度比爾亞尼雞肉飯　融合印尼技巧＋快捷版
Chicken Biryani

大部分印度比爾亞尼菜都需要花時間準備和烹飪，但獲得的效果確實是讓人感到驚喜。我必須得提一下，我的這個食譜並不是眞正的印度荣，它已經受到了印尼方式和技巧的影響。這道菜是一個快捷的版本，但依然美味。如果你在正式烹飪前就在一個碗裡準備好所有的調料粉，你就會感覺已經做了一半的事情了。

準備：10 ～ 15分鐘
供4人食用
烹飪：
15 ～ 18分鐘＋等候的5分鐘

◎ 4塊去骨去皮的雞胸肉
　（切成非常薄的片）
◎ 2湯匙橄欖油
◎ 2棵蔥（切碎）
◎ 2瓣蒜（切碎）
◎ 1茶匙薑末
◎ 0.5茶匙辣椒粉
◎ 0.5茶匙孜然粉
◎ 1茶匙芫荽粉
◎ 1小撮肉豆蔻粉
◎ 0.25茶匙肉桂粉
◎ 0.25茶匙薑黃根粉

◎ 170毫升/0.75杯天然酸乳酪
◎ 1茶匙糖
◎ 3湯匙葡萄乾或蘇丹葡萄（僅供選擇）
◎ 鹽和胡椒粉
◎ 225 ～ 285克/1 ～ 1.25杯米，
　巴斯馬蒂米、得克斯瑪提米
　或澳大利亞長粒米
◎ 1.7升/3品脫/7.5杯水
◎ 0.5茶匙鹽

裝盤用
◎ 1湯匙蔥酥
◎ 2湯匙杏仁粉

把米洗淨然後控水。在大燉鍋裡將水煮沸；煮沸後加入0.5湯匙的鹽和稻米，一次加一點，以使水一直保持沸騰。將稻米攪拌一次，讓水一直沸煮8分鐘。把稻米放進篩網裡控水，然後放在一邊備用。

在另一個帶緊蓋的燉鍋或沙鍋裡，加熱油，然後將蔥薑蒜翻炒2分鐘。放入雞肉片；開大火，將雞肉煸炒3分鐘。現在加入所有的調味料，攪拌幾秒鐘後，加入酸乳酪，繼續攪拌1分鐘。加入糖和葡萄乾或蘇丹葡萄（如果使用的話），再次攪拌，適當調味；然後把米飯堆放在雞肉和醬汁的表面。

用鋁箔紙、毛巾或碗布蒙住燉鍋或沙鍋，然後蓋緊蓋子。關小火，燜煮10分鐘。把鍋子從火上移開，不要揭蓋，再放5分鐘；然後揭開蓋，撒點裝飾用的配料，端上桌，如果可能就用烹飪時的器皿直接上桌。立即食用，可以搭配烹熟的新鮮豆子或秋葵莢。

醋雞煲仔飯　取日本菜式的點子做尚好的飯
Vinegared Chicken and Rice Casserole

這不是一道平常的沙鍋菜，而是由現代日本菜式直接變化而來的：雞肉是在醋中烹飪的，而且只是作爲高檔餐館或清酒吧裡的一系列美味——魚肉、海鮮、禽類肉和肉類中的一部分。在清酒吧裡，這道精緻的菜肴和日本清酒完美搭配；一直到用餐快結束時，才會給每位客人端上來一小碗白米飯，是用筷子來吃的。

如果你更喜歡日本方式的醋雞，那就不要在沙鍋裡烹飪了；然而，我認爲這是我開發的最好的雞肉煲仔飯了。如果你是在日本以外的地方做這道菜，最好用國寶米，或其他加州產的日本型稻米、或加州玫瑰米。

準備：50分鐘＋一夜醃製
你需要在做這道煲仔飯前一天，
就準備和烹飪雞肉以及熬湯。
供4～6人食用
烹飪：20分鐘＋放置5分鐘

◎ 3塊帶皮雞胸肉（切成丁）
◎ 6個雞大腿（去骨，切成丁）
◎ 2湯匙麵粉或中筋麵粉
　 或米粉
◎ 1小撮鹽
◎ 油炸用的蔬菜油

醃泡汁
◎ 1湯匙芝麻油
◎ 1湯匙花生油或蔬菜油
◎ 1個洋蔥（切片）
◎ 4個小洋蔥或青蔥
　（切成2.5公分長的段）
◎ 3個乾紅椒
◎ 112毫升/0.5杯米醋或果醋
◎ 112毫升/0.5杯金槍魚湯
　 或雞湯
◎ 1湯匙生抽醬油
◎ 1湯匙老抽醬油
◎ 1湯匙米林酒或1湯匙糖

米飯
◎ 450克/1磅/2杯短粒米
　（見上述詳細說明，洗淨，控水）
◎ 570毫升/1品脫/2.5杯金槍
　 魚湯或雞湯
◎ 1湯匙生抽醬油

首先，準備醃泡汁。在炒菜鍋或油炸鍋裡加熱那兩種油，將洋蔥和小洋蔥或青蔥翻炒2分鐘；加入其他配料沸煮5分鐘。盛進玻璃碗裡，放著冷卻。

將麵粉和鹽拌好後裹在雞肉表面。在不粘鍋或炒菜鍋裡加熱油，把雞肉分批下鍋，每批炸4～5分鐘。所有炸過的雞肉在還熱的時候，就放進冷卻的醃泡汁裡。再次放置冷卻後把碗蓋上，放進冰箱裡，冷藏一夜。

做煲仔飯幾個小時之前就從冰箱裡取出雞肉和醃泡汁。取出辣椒，放在一邊備用。

現在，就要開始最後的烹飪了。在沙鍋或燉鍋裡把雞肉和醃泡汁與米、高湯、1湯匙醬油混合在一起。充分攪拌，煮沸後蓋上沙鍋蓋（或鍋蓋）。關小火，慢燉20分鐘。將沙鍋放在濕毛巾或濕抹布上，蓋緊蓋子醒5分鐘。

將辣椒去籽，切成小塊。用沙鍋直接把雞肉飯端上桌，或者從鍋裡盛進大淺盤裡。撒上辣椒末，立即食用。

雞肉蘑菇蓋澆飯　非日本正宗味兒，但魅力無可擋
Donburi with Chicken and Mushrooms

這是我自己最喜歡的一種蓋澆飯。我只用了無皮的雞大腿肉和鮮香菇以及乾香菇；湯裡還有足量的小洋蔥或青蔥，切成絲，黃油比油更好以及半杯干白葡萄酒。這或許不是正宗的日本菜式，雖然如此，但是它的魅力還是不可抗拒。你當然可以省略掉葡萄酒或者用米林酒來代替，但要切記米林酒會更甜。

準備：
30 ～ 35分鐘＋1個小時熬湯
供4 ～ 6人食用
烹飪：70分鐘

◎ 450克/1磅/2杯短粒米，
　或軟質長粒米（例如泰國香米或加
　州玫瑰米）
◎ 700毫升/1.25品脫/3杯水

其他配料
◎ 340 ～ 450克/3 ～ 4杯
　雞大腿肉（去皮，切成細條）
◎ 112克/2杯新鮮香菇
◎ 28克/0.25杯乾香菇（漂洗乾淨，
　熱水浸泡30分鐘，然後控水，但是
　留著泡香菇的水）
◎ 56克黃油

◎ 3瓣蒜，切成小細條
◎ 2.5公分長的薑段（去皮，切成絲）
◎ 1個青椒（去籽，也切成絲）
◎ 5棵小洋蔥或青蔥（摘好洗淨，
　然後切成絲）
◎ 2湯匙生抽醬油
◎ 112毫升/0.5杯干白葡萄酒或2湯
　匙米林酒（僅供選擇）
◎ 340毫升/1.5杯雞湯
◎ 鹽和胡椒粉

你可以用平常的方式事先做熟米飯，但如果可能，最好在雞肉和蘑菇做好的時候，米飯還是溫熱的。然而，不管做哪種蓋澆飯，肉類、蔬菜、湯汁都可以儲存在冰箱裡，與米飯分開放，至少可儲存48個小時。在上桌前再將肉類和米飯混合在一起，在微波爐裡加熱一下。每份高溫加熱2～3分鐘即可。

做雞湯。將雞大腿剔下的雞骨和雞皮放進燉鍋裡，加入蘑菇稈和泡菇水，再加850毫升/1.5品脫/3.75杯的冷水。慢燉1個小時；然後將湯汁濾出需要的量，放在一邊備用。

將香菇切成薄片。在炒菜鍋或大的油炸鍋裡，融化黃油，將蒜、薑和青椒翻炒1～2分鐘。加入雞肉條再翻炒3分鐘；然後加進蘑菇片繼續翻炒1分鐘。倒入葡萄酒或米林酒及醬油——如果你打算用的話。開大火，煮至起泡，沸煮2分鐘。

把火關小一點，再加湯。慢燉2～3分鐘。適當調味；把米飯分盛進4個大碗裡，均勻擺上雞肉和蘑菇，最後澆上湯汁。趁熱上桌。

雞肉米腸　米量少的路易斯安那血腸
Chicken and Rice Sausage

熟米飯和米粉都很適合用來自製香腸，如果你習慣用麵包屑，或許會願意去嘗試一下和稻米一起製作你最喜歡的香腸。這種路易斯安那血腸（我猜是和「布丁」一樣的詞）其實並沒有用多少米，這是和真正的中國式香腸比較起來而說的。但如果你兩種都做，並把它們切片，配上蘋果醬作為開胃菜，這種混合搭配也是很美味的。

如今，在倫敦，隨著舊式家庭屠宰的衰落，買少量的腸衣不管怎樣都是很難的了。因此製作本書中的所有香腸，我就用保鮮膜或塑膠袋來包裹；這倒使你能甚至只為一、兩個人做新鮮的香腸。當然，你也能用傳統的香蕉葉來包裹，如果你恰好是居住在香蕉樹多過超市的地方。

準備：做米飯（如果用的話）；
30分鐘＋30～60分鐘冷藏
搭配沙拉供2～4人作為開胃菜，
或者搭配如中式香腸和辣豬肉腸，
可供8人食用
烹飪：60～70分鐘

◎ 4塊無皮雞胸肉
◎ 56克/0.5杯熟米飯，短粒米飯
　 更好或2湯匙米粉
◎ 1個大洋蔥（切碎）
◎ 3瓣蒜（切碎）
◎ 2湯匙橄欖油或花生油
◎ 0.5茶匙卡宴辣椒或辣椒粉
◎ 2湯匙小洋蔥或青蔥（切碎）
◎ 0.5茶匙乾百里香
◎ 1大撮碎肉豆蔻
◎ 鹽和胡椒粉
◎ 最後油炸用的油或黃油

將雞胸肉切成小塊，然後放進攪拌器或食物調理機裡，攪拌成糊狀。

放2湯匙油將洋蔥和蒜炒至輕微變色。從火上移開，放置冷卻；冷卻後，把這些和其他配料（除了最後油炸用的油或黃油）都放進攪拌器裡。攪拌幾秒鐘。從攪拌器裡取出後冷藏30～60分鐘，以便變得緊實，易於處理。將混合料分成4份。把每一份放在足夠大的保鮮膜或塑膠袋上，以便能捲成腸形，還能折疊封口；如果是用香蕉葉，可以拿牙籤固定末端。

在燉鍋裡倒入半鍋水，煮到可以慢燉時，加入裹好的香腸，煮6～8分鐘。然後撈出冷卻，解開保鮮膜、塑膠袋或香蕉葉。香腸可以冷藏至少48個小時，冷藏過的香腸在油炸前必須恢復到常溫狀態才行。

香腸上桌前，過油或黃油炸一下，要不斷地翻動，直到通體炸成漂亮的棕色。趁熱或溫熱食用均可，把它切成片，搭配一道蘸酸醬油的綠色沙拉，或如這道食譜介紹的那樣搭配其他香腸。

菲式雞肉阿都波配米飯　烹飪和呈現都講求精緻
Philippines Chicken Adobo with Rice

對稻米種植國的人們來說，尤其是對於那些一天三餐都選擇吃米飯的人來說，白米飯是最好的飯。如果你想繼續加工米飯，可以用烤箱，這可能是受一些外國食譜的影響（本書也有很多相關介紹），而這已經屬於過度烹飪了。下列食譜就應包括在內，因為它不但追求精緻，而且煮熟的米飯是盛在單獨的碗裡，每個人都可以自助取用，也可以和雞肉混在一起，菲律賓稱之為「Adobong Manok」。我建議在烹飪雞肉的時候同時煮米飯。

準備：15 ～ 20 分鐘
供 4 ～ 6 人食用
烹飪：40 ～ 45 分鐘

◎ 450克/1磅/2杯長粒米（簡單煮熟）
◎ 1.1 ～ 1.4公斤/2.5 ～ 3磅雞肉（切成小塊，丟掉雞油和雞皮）
◎ 6 ～ 8瓣蒜（切碎）
◎ 112毫升/0.5杯白醋或米醋
◎ 1.1升/2品脫/5杯水
◎ 1 ～ 2片酸橙葉或月桂葉
◎ 1茶匙鹽
◎ 0.5 ～ 1茶匙黑胡椒粗粒或辣椒末
◎ 0.5茶匙薑黃根粉
◎ 0.5茶匙辣椒粉
◎ 2湯匙魚露或生抽醬油
◎ 2湯匙花生
◎ 140毫升/0.75杯特濃椰漿

把雞肉塊放進大鍋裡，加入蒜、醋、水、酸橙葉或月桂葉、胡椒粉或辣椒粉和鹽。煮沸後，蓋上鍋，關小火，慢燉2分鐘。

用漏勺把雞肉撈進篩網裡。開大火，煮沸湯汁，直到湯汁剩下原來一半的量；這要花20 ～ 25分鐘。

在另一個鍋裡加熱油，加入薑黃根粉和辣椒粉；攪拌，加入約6湯匙的椰漿。倒入雞肉，再次攪拌，攪拌至雞肉塊均勻裹上橙色的湯汁。再倒入那些剩餘湯汁和椰漿；煮沸後，讓其輕微起泡，並不斷攪拌，慢燉10 ～ 15分鐘。加入魚露或醬油。適當調味，趁熱上桌，佐以白米飯。搭配任何稍加烹製或熗炒的蔬菜都很合適。

雞肉什錦飯　嚴格說來是煲仔飯
Jambalaya with Chicken

這道食譜裡不放火腿，如果你還選用雞肉腸或火雞肉腸，就可以避免用豬肉了。另一方面，如果用克利奧爾式鮮豬肉香腸，和辣燻腸或者其他同類歐洲式食品——我想德式或西班牙式的香腸多是煙燻過或香料豐富的——當然也能找到非常接近正宗路易斯安那風味的。我不得不說我在新奧爾良的烹飪老師，沒有很好地採納我的義式辣腸加茴香籽的建議，但我不後悔。儘管我承認這道菜嚴格來說應該叫做煲仔飯。

　　做這道菜要買一隻整雞；可以用雞架、雞皮和內臟熬湯。要得到最佳效果，需把雞肉醃製至少2個小時或一整夜。

準備：1個小時做湯汁＋
2個小時（或整夜）醃泡
供6 ～ 8人食用
烹飪：25 ～ 30分鐘

雞肉的醃泡汁
◎ 3湯匙溫水或干白葡萄酒或雪莉酒
◎ 1茶匙新鮮或乾的百里香
◎ 2瓣蒜（搗碎）
◎ 0.5茶匙白胡椒粉
◎ 1湯匙調味番茄醬
◎ 0.5茶匙鹽

其他配料
◎ 900克/2磅/4杯雞肉（去皮切片）
◎ 3湯匙橄欖油或花生油
◎ 1個大洋蔥（切碎）
◎ 2根芹菜（切碎）
◎ 1個大的甜青椒，或甜紅椒，
　　或柿子椒（去籽，切片）
◎ 450克/1磅/2杯豬肉香腸，或雞肉
　　腸，或火雞肉腸（切片）

◎ 0.5茶匙切碎的新鮮或乾的百里香
◎ 2片月桂葉
◎ 0.5茶匙卡宴辣椒或辣椒粉
◎ 3瓣蒜（切碎）
◎ 390克/2.3杯新鮮番茄塊或
　　番茄罐頭
◎ 450克/1磅/2杯長粒米或中粒米
◎ 700毫升/1.25品脫/3杯熱雞湯
◎ 4湯匙小洋蔥或青蔥末
◎ 4湯匙碎香芹
◎ 鹽和胡椒粉用來調味

塔巴斯哥辣醬油，或其他辣椒醬，或辣椒汁，用來調味。

　　把所有做醃泡汁的調料放進一個碗裡，將雞肉片醃漬至少2個小時，或放在冰箱裡醃漬一整夜。

瓦倫西亞肉菜飯　　向家族餐館裡的名廚取經
Paella Valenciana

1991年7月我曾在瓦倫西亞（Valencia）外瑪爾瓦羅莎市（Malva Rosa）的面朝大海的「艾爾‧德爾芬」（El Delfin）餐館吃過一次午餐。吃飯時是在一所很大的白色房子裡，黑色的傢俱，石頭的地板，在靠近廚房門的盡頭有一個吧台，一陣微風吹來，輕輕地掀起了白色桌布的邊角。當一道特別精緻的菜肴擺上桌時，其他顧客也會走過來欣賞一番，高度讚美廚師賽蘿拉‧凱薩（Senora Cesar）。這個餐館顯然是一個家族企業。我獲准進入廚房參觀賽蘿拉用傳統方式準備菜肴的過程，他用一個淺鐵鍋——一種做肉菜飯專用的鍋，底下是木柴火。鍋底可均勻受熱，所以米飯鍋巴非常棒，脆而不焦。我在瓦倫西亞的百貨商店裡買了一個肉菜飯鍋，在我的燃氣爐上用了很多次，效果很好；

但燃氣的火還是分布得不那麼均勻，所以我第一次用它做的肉菜飯中間有點焦。而電爐上的扁平烤盤又不夠肉菜飯鍋那麼寬，所以我得出結論：在燃氣爐或電爐上，就用淺底的燉鍋來做肉菜飯，鍋大小和熱源相近，並且要用帶蓋的燉鍋。

　　我在這裡列出的配料就是當日賽蘿拉‧愷撒用的那些，我也提供了一些我嘗試過具有同樣效果的其他配料，儘管這樣一來，對烹調技巧感到非常自豪的瓦倫西亞人，是不會願意把它稱為瓦倫西亞肉菜飯了。他們尤其不允許用薑黃根來代替藏紅花，但我毫不猶豫地這樣做了；因為考慮到了藏紅花驚人的價格，並且我就是在那些每天用薑黃根的人們之間長大的。然而我也完全同意他們不許肉類和海鮮混合在一起烹飪的做法。瓦倫西亞肉菜飯最早是內陸稻農的一道菜肴，他們養雞，到處捕兔和揀拾可食用的蝸牛，但遠離海岸，所以吃不到新鮮的魚類。海鮮什錦飯是混合了不同配料的肉菜飯。瓦倫西亞在家庭用餐或朋友聚餐時吃肉菜飯的方式，是把整鍋飯放在餐桌中間，每個人都從邊上往中間吃。有人告訴我說，10～12個或更多的人，可以一起圍著大圓桌這樣吃，在見識了一些巨型肉菜飯鍋仍在被使用後，我才相信了這一切。

　　做這種飯最好的米當然是自摩爾時代以來，就在瓦倫西亞和穆爾西亞（Murcia）周圍種植的短粒米了，那時修建的灌溉管道如今還是稻米種植的基礎。在穆爾西亞山區的卡拉斯帕拉（Calasparra），他們種植的稻米標為「Denominacion de Origen」，就好像是葡萄酒一樣；還有一些農民仍然種植著低產的被稱為「Bomba」的傳統品種，種子是用計程車派送給種植者的（我是聽當地一位大型磨坊商業總監說的）。「Bomba」是用棉布袋手工包裝，以引入線封口，在瓦倫西亞售價相當於每公斤3英鎊/5美元。西班牙出口稻米給幾個歐洲國家，在英國或美國的一些商店裡可以見到，但數量很少。

　　如果買不到西班牙米，就用能找到的最好的短粒米，日本的或韓國的，或義大利阿伯里奧米。如果用乾棉豆，先浸泡一夜。

準備：20分鐘

供4～6人食用

烹飪：40分鐘

◎ 3湯匙橄欖油

◎ 2塊雞胸肉和2個雞大腿，
　帶骨帶皮（切成大塊）

◎ 225～340克/1～1.5杯
　兔子肉（切成小塊）

◎ 1個小洋蔥（切片）

◎ 4瓣蒜（切片）

◎ 1茶匙卡宴辣椒

◎ 2個大番茄（去皮切碎）
　或2湯匙番茄醬

◎ 112克/1杯新鮮棉豆，
　或泡過的乾棉豆，或新鮮蠶豆

◎ 170～225克/0.75～1杯
　綠扁豆或紅花菜豆
　（切成5公分長的段）

◎ 2撮藏紅花絲，在研缽裡碾碎，
　或半湯匙薑黃根粉

◎ 16～20只蝸牛
　（洗淨，僅供選擇）

◎ 1.1升/2品脫/5杯
　熱雞湯或熱水

◎ 鹽和胡椒粉，用來調味

◎ 450克/1磅/2杯短粒米

在鍋裡加熱油，油熱後加入雞肉和兔肉翻炒3分鐘。加入洋蔥、蒜、卡宴辣椒和番茄或番茄醬。全部一起攪拌1分鐘。加入豆子和藏紅花，再次攪拌。蓋上鍋燜2分鐘。揭開蓋，加入蝸牛（如果用的話），攪拌，然後倒進熱雞湯、水、鹽及胡椒粉；再蓋上鍋，慢燉18～19分鐘。到這裡為止的步驟，可以提前幾小時先準備好。

現在，鍋裡的湯汁足夠烹飪米飯。如果你對此還不太確定，就把湯中的固體物盛進另外的容器裡，然後單獨計量一下湯汁——應該需要850毫升/1.5品脫/3.75杯的量。如果必要，加些熱水；將湯汁煮沸，加入所有固體物和稻米。充分攪拌，適當調味並蓋上鍋。關小火，慢燉15分鐘。

關火後，讓鍋再燜5分鐘。把鍋直接端上桌或把飯盛進溫熱的碟子裡。刮掉鍋底薄薄的鍋巴層，撒在米飯表面，使每個人都能分享到。

雞肉煲仔飯　東方人眼裡的雞肉飯
Chicken with Rice（Arrog con pollo）

在《拉丁美洲烹飪手冊》裡，伊莉莎白‧蘭伯特‧奧爾蒂斯提議這道菜應該叫做「Pollo con Arroz」，因為翻譯過來就是：雞肉配米飯。在東方國家裡，稻米和雞肉搭配的菜肴是如此之多，以至於必須有長長的詳細名稱才能區別開來。翻譯出來的名稱就更長了，所以在菜單和烹飪書裡，它們被籠統地冠以雞肉飯的名稱。

讀過我的其他書的讀者會很熟悉我的祖母，我在這本書裡也收進了她的一些食譜。伊莉莎白的丈夫凱薩‧奧爾蒂斯（Cesar Ortiz），也有幸在作爲一位優秀廚師的祖母跟前長大，而這道雞肉煲仔飯就是多娜‧卡門‧薩拉比亞‧德‧蒂諾克（Dona Carmen Sarabia de Tinoco）的食譜。

準備：20分鐘
供4～6人食用
烹飪：55～60分鐘＋等候5～6分鐘

◎ 1隻雞，大約1.5公斤/3.5磅（切成10～12塊，用鹽和胡椒粉調味）
◎ 1～1.2升/1.75～2品脫/4.5～5杯雞湯或水
◎ 3湯匙橄欖油
◎ 1個洋蔥（切碎）
◎ 2瓣蒜（切碎）
◎ 1～2個辣椒（去籽，切碎。如果能找到就用墨西哥辣椒）
◎ 1茶匙孜然粉
◎ 0.2茶匙藏紅花粉
◎ 340克/1.5杯長粒米

◎ 4個番茄（剝皮，去籽，切碎）
◎ 0.5茶匙鹽
◎ 56毫升干型雪莉酒（僅供選擇）

裝盤用
◎ 1個大紅椒（去籽，切成條）

稻米洗淨控水。在大燉鍋裡加熱油，將雞肉烹至略微棕色，放在一邊備用。再將洋蔥、蒜和辣椒放入煸炒1～2分鐘。加入孜然粉和藏紅花後攪拌，然後再將雞肉放回鍋裡。倒入雞湯或水，加0.25湯匙的鹽；蓋上鍋，煮沸後慢燉30分鐘。

　　在帶蓋的耐熱沙鍋裡放1湯匙的油；拌入控過水的米，確保米粒均勻裹上油色。加0.25茶匙的鹽；把雞肉也用漏勺盛進沙鍋裡。將湯汁濾進一個碗裡，湯中固體物放進沙鍋裡。

　　量出700毫升/1.25品脫/3杯的湯。如果湯不夠，就加水達到這個量。把湯倒進沙鍋裡，加入番茄塊。充分攪拌一下，蓋上沙鍋，關小火慢燉20分鐘。然後把鍋子從火上移開，揭開鍋蓋倒入干型雪莉酒（如果要用的話）並加入裝點的紅辣椒。再扣緊蓋子，燜5～6分鐘。

　　直接用沙鍋上桌，趁熱吃，佐以烹製蔬菜或混合沙拉。

菲式糯米肉菜飯　菲版的西班牙肉菜販

Philippines Glutinous Rice Paella（Bringhe）

多琳‧弗恩安德茲（Doreen Fernandez），是馬尼拉一位頂級的食品作家，同時也是菲律賓一所一流大學裡的教授。多琳告訴我說這道菜在布拉干省（Bulacan）和邦板牙灣（Pampanga）很受歡迎。它被認為是菲律賓版本的西班牙肉菜飯，因為放了加調料的西班牙口利左香腸（Chorizo）。

多琳給我的這道食譜其實味道是很清淡的，幾乎沒有加任何香料。對我而言，任何菜肴如果加了像帕提司（Patis）這樣有刺激性味道的菲律賓式魚露，就需要加一些辣椒或卡宴辣椒來中和一下了。在我的這個食譜版本裡，使用了泰國魚露（nam pla），因為它在西方國家很容易買到，但是你也可以用味道濃烈的蝦醬，印尼人稱之為「terasi」，馬來西亞則叫它「balachan」。

準備：20分鐘
供6 ～ 8人食用
烹飪：30 ～ 35分鐘

◎ 2湯匙豬油或花生油

◎ 1個洋蔥（切碎）

◎ 2瓣蒜（切碎）

◎ 2個青椒（去籽，切碎）

◎ 1隻中等大小的雞（切塊）

◎ 450克/1磅/2杯西班牙加調料的
　口利左香腸（切片）

◎ 3湯匙薑汁

◎ 225克/1杯糯米（洗淨控水）

◎ 225克/1杯長粒米（洗淨控水）

◎ 0.5茶匙卡宴辣椒

◎ 3茶匙魚露或1湯匙蝦醬

◎ 1.1升/2品脫/5杯淡椰漿

◎ 1片月桂葉

◎ 鹽（視需要而定）

◎ 1 ～ 2個甜紅椒或柿子椒
　（烤焦後去皮，切成條）或340克/1.5
　杯罐裝甜椒

◎ 2 ～ 3個煮老的雞蛋（切為4半）

◎ 香蕉葉（或用鋁箔紙）

在大炒鍋或平底鍋裡加熱豬油或花生油，將洋蔥、蒜和辣椒翻炒2分鐘。加入雞肉塊，每面煎至棕色；加入香腸片和薑汁。繼續翻炒1分鐘，然後加入兩種稻米和卡宴辣椒；再攪拌1分鐘左右，就加入魚露，緊跟著倒入椰漿。將其煮沸後，加入月桂葉，整個攪拌一下。關小火，蒙上香蕉葉或鋁箔紙，然後蓋緊鍋蓋，慢燉20～25分鐘。

　揭開鍋蓋，適當調味。辣椒擺在表層，再蓋上鍋放置5分鐘。趁熱上桌，用熟蛋塊裝盤。

焦糖童子雞或母雞配葡萄乾米飯
摩洛哥雞肉食譜姊妹版

Caramelized Poussins/Rock Cornish Game Hens with Rice and Raisins

這是摩洛哥人的一個雞肉食譜，我採用了其中的一些，把它做成了一道最吸引人、最美味的菜肴。如果只簡單地搭配蔬菜和沙拉，那就要保證每個人都能分到一隻雞或者把一隻雞分為兩份，每份多加點米飯和燴炒的混合蔬菜或乾酪蔬菜。對於三道菜的正餐來說，第一道菜可以先從魚類開始，例如烤魚串，然後以冷凍甜點或新鮮水果收尾，搭配均衡。

東方風格宴會或夏季花園宴會的中心裝飾品，是在大盤盛的白色或黃色米飯上擺放整隻或半隻雞，以香芹和杏仁為點綴。

準備：30分鐘
供4 ～ 8人食用
烹飪：約2個小時

◎ 225克/1杯巴斯馬蒂米或巴特那米
（換2遍水洗淨，控水）
◎ 1.1升/2品脫/5杯水
◎ 0.5茶匙鹽
◎ 140克黃油
◎ 1茶匙薑末
◎ 4湯匙小洋蔥或青蔥末
（僅供選擇）
◎ 3湯匙糖
◎ 1茶匙肉桂粉
◎ 0.25茶匙孜然粉
◎ 1小撮丁香粉
◎ 1茶匙芫荽粉
◎ 0.25茶匙卡宴辣椒或辣椒粉
◎ 0.25茶匙多香果粉（僅供選擇）

◎ 0.5茶匙黑胡椒粉
◎ 2撮藏紅花粉或0.25茶匙薑黃根粉
◎ 112克/0.65杯葡萄乾
◎ 56克/0.5杯杏仁片
◎ 4隻童子雞或康寧雞（Rock Cornish Game Hens，編按：一種混種小雞），每隻約450 ～ 500克
（洗淨，裡外用鹽揉搓）
◎ 1.1升/2品脫/5杯雞湯

首先，把放了0.5湯匙鹽的水燒開。煮沸後，加入控過水的稻米，繼續沸煮3分鐘。把米倒進水池中的篩網裡，控乾水分兼冷卻下來。

當米在冷卻的時候，把除了藏紅花或薑黃根粉以外的所有調料粉一起放進碗裡。

在一個相當大的燉鍋裡，加熱28克黃油，把薑蔥末煸炒1分鐘，然後把碗裡那些調料加進來。全部攪拌1分鐘後加入葡萄乾和杏仁；再攪拌1分鐘後，關火。把米放進鍋裡，充分攪拌混合之後，放置冷卻。

在一個小燉鍋裡融化56克的黃油，然後拌入藏紅花或薑黃根粉；待其冷卻後，塗在雞肉表面。再把冷卻的米飯混合物填塞進雞肉內，用木製牙籤將開口封住或用粗線縫起來。

把幾隻雞在足夠大的燉鍋裡平放一層，互相靠緊。倒入熱水或高湯，加3湯匙糖。蓋上鍋慢燉1.5個小時，不時地給雞身淋上些湯汁。湯汁會隨著烹飪時間的推進慢慢變少，最後階段還會在鍋底變成焦糖；這時把雞都盛進大的烘烤盤裡，往鍋裡加入剩餘的56克黃油。繼續加熱湯汁，並不停用木勺快速攪拌1～2分鐘。然後舀起湯汁澆在雞身上，並均勻揉搓。

到此為止，已經事先為做這道菜準備好幾個小時了。如果你還願意做如下所述的湯汁，那就先不要清洗大燉鍋。

做湯汁（僅供選擇），在剛才烹雞的燉鍋裡放112毫升/0.5杯高湯或酸乳酪。適當調味，在上桌前再加熱。

在開飯前25分鐘，把烘烤盤放進預熱到180℃/350 ℉的烤箱裡。上桌時，把雞從烤箱裡取出，放進溫熱的碟子裡。直接端上桌，搭配湯汁與否均可。

蒸雞肉糯米飯　　吉隆坡地下美食街的平民美食
Steamed Chicken with Glutinous Rice

像很多其他高速發展的亞洲城市一樣，現在的吉隆玻也到處是大型商廈、廣場和一些非常現代的小店。飯店或餐館就設在大廈的地下室幾乎成為如今的慣例，人們在這樣的地方流覽（眞正意義上的或隨便）幾個小時對食物所引起的興趣，恐怕比在博物館裡待一天所引起的興趣要多得多。在一個豪華商場的地下室，我發現一個「食品廳」，是一個大型開放的場所，桌椅擺放在中間，周圍有一圈櫃檯。每個櫃檯都是一個單獨的賣家，提供大約6種特色小吃，有大幅的彩色圖示。通常要走上一圈之後才能決定吃什麼，然後直接在相應的櫃檯付帳；收銀員只負責收錢並不負責上菜。通常餐點會很快就做好，放在客人面前，然後客人自己端著去找位置，坐下來食用。每樣東西都閃亮又潔淨，服務員工作效率高而且也很友好，最重要的是那裡的食物非常價廉物美。

　　至於現在介紹的這道菜，廚師是把必要的配料都放在一個光滑的黑鐵鍋裡：從咕嘟著泡的湯鍋裡舀一滿勺湯，然後放雞肉、蘑菇和蒸米飯。他把鍋蓋緊後開火，同時在一個盤子裡擺上咖哩調味品和泡菜，左邊是一副包在紙巾裡的筷子；右邊是一個木製三腳架，用來放置煮得正旺的鐵鍋。我有足夠的時間坐在桌前記下這個食譜，因為我想等米飯涼一點再吃，以免燙傷舌頭。

　　在家裡，我是用帶蓋的大沙鍋來做這道菜的。

把糯米蒸45分鐘；同時，在炒鍋或炸鍋裡熱油煸炒蘑菇2分鐘。用漏勺撈出，放在吸油紙上控油。

　　然後倒入雞肉及醃泡汁煸炒3～4分鐘；取出放在一邊，和蘑菇一起備用，鍋裡會留有一些汁液。再加1湯匙油，油熱後，將蔥煸炒2分鐘；然後加入蒸好的糯米飯，放老抽醬油、五香粉（如果用的話）和一點鹽。翻炒1分鐘後，倒入水或高湯。蓋鍋慢燉8～10分鐘，這時汁液應該已為糯米所吸收。關火，適當調味。

　　沙鍋裡放黃油或油，底層撒上蘑菇和雞肉；然後加入米飯，確保只占沙鍋容量的3/4。用湯勺將米飯輕輕壓緊。蓋好蓋子，用非常小的火煨30分鐘或放入預熱到160℃/320℉的烤箱裡烘烤40～45分鐘。趁熱上桌，將點綴配料撒在米飯表面。

準備：2個小時或一整夜的浸泡
＋30分鐘
供6人做中午簡餐或晚餐
烹飪：90～105分鐘

◎ 675克/1.5磅/3杯雞胸肉或雞腿肉
　（切成小塊）

醃泡汁
◎ 3湯匙蠔油
◎ 1湯匙米林酒或紹興酒
◎ 1茶匙老抽醬油
◎ 1茶匙生抽醬油
◎ 1茶匙生薑末
◎ 1茶匙芝麻油
◎ 1茶匙糖
◎ 1茶匙玉米粉或馬鈴薯粉

米飯
◎ 450克/1磅/2杯白色糯米
　（洗淨控水）
◎ 3湯匙花生油或更多

◎ 84克/0.5杯乾香菇
　（熱水浸泡20分鐘，切成薄片，泡菇水和
　蘑菇稈留著做湯用）
◎ 6棵蔥，切片
◎ 1茶匙鹽
◎ 1茶匙老抽醬油
◎ 1茶匙五香粉（僅供選擇）
◎ 700毫升/1.25品脫/3杯水或高湯

點綴用
◎ 2個紅椒（去籽，切碎）
◎ 3個小洋蔥或青蔥（洗淨切好）
◎ 2湯匙碎芫荽或芫荽葉
◎ 在玻璃碗裡把所有做醃泡汁的調料拌勻後放入雞肉，存進冰箱，醃漬2個小時或一整夜。

海南雞飯　亞洲餐館展示的特色菜
Hainanese Chicken Rice

這一道菜，是來自不同國家的大量雞肉──稻米菜式之一，最早應該起源於中國南方的海南島，但如今在新加坡、馬來西亞和中國臺灣地區都很知名。它已經變成餐館向西方消費者和客人展示的特色菜，我在吉隆玻希爾頓酒店吃過，覺得特別好吃。這道菜製作起來其實並不困難，但是像很多東方食物一樣，需要手巧一點，因爲需要加一些能使菜看上去更精緻，和更吸引眼球的零碎配料。它需要三種蘸料：醬油、辣椒醬和薑汁以及一些帶有雞湯的裝飾菜，正是這些細節才使海南雞飯顯得如此特別。

準備：1個小時10分鐘
供4 ～ 6人食用
烹飪：35 ～ 60分鐘

◎ 450克/1磅/2杯稻米：泰國香米（茉莉米）或其他長粒米或者日本米

雞肉和肉湯
◎ 1隻雞，1.5 ～ 1.75公斤/3.25 ～ 3.5磅
◎ 1.7升/3品脱/7.5杯水，或更多
◎ 1個洋蔥（切碎）
◎ 1個胡蘿蔔（剝皮，切為2半）
◎ 10 顆整粒黑胡椒
◎ 0.5茶匙鹽

辣椒醬
◎ 3個大紅椒（煮3分鐘）
◎ 1湯匙花生油
◎ 2瓣蒜，搗碎
◎ 2湯匙萊姆檸檬汁
◎ 1茶匙糖

醬油水
◎ 2湯匙生抽醬油
◎ 1湯匙紹興酒或干型雪莉酒
◎ 1茶匙芝麻油

薑汁
◎ 2茶匙薑末
◎ 2湯匙熱水

裝飾菜
◎ 2湯匙小洋蔥或青蔥末
◎ 2湯匙炸洋蔥酥
◎ 黃瓜片、萵苣葉

整隻雞切爲2半，剔除脂肪和軟骨，裡外徹底洗淨。在大燉鍋裡放入雞、水和所有做肉湯的配料。煮沸後，蓋鍋慢燉30分鐘。

雞撈出，充分冷卻後，從雞肉中剔除雞骨，使雞皮還留存完整。雞肉放在另一個帶蓋的燉鍋裡備用。

雞骨放回剛才煮雞的鍋裡，如果需要再加點水，再次煮沸。可慢燉1個小時做出美味的雞湯。用棉布將湯濾出，丟掉雞骨和其他固體物。

在煮雞和做雞湯的時候，準備醬汁和裝飾菜。

煮過的紅椒切碎，在花生油裡炸1～2分鐘，然後加入其他配料。充分攪拌後，將辣椒醬放在小碗或小模子裡。在另一個碗裡，放入醬油、酒及芝麻油，攪勻。把薑末加水攪成薑汁，同樣放在小碗裡備用。

簡單地把米做成米飯，可以只用電鍋；如果有足夠的雞湯，可以用它來代替水做米飯。

同時，在燉鍋裡倒入1.4升/2.5品脫/6.25杯雞湯及雞肉，煮沸後慢燉，時間與做米飯相同。米飯做好後，用叉子將雞肉撈出，切成2.5公分寬的細條。如果可能，最好沿著雞肉的紋理切，並且每條都帶著皮。

將萵苣葉和黃瓜片擺入4～6個餐盤裡，再在上面均勻放上雞肉條。雞湯適當調味，盛在單獨的湯碗裡，撒上青蔥末或洋蔥酥。米飯也每人單盛一碗，3種醬汁可自助取用。我個人喜歡放點薑汁在湯裡，放點辣椒醬在米飯上，醬油則澆在雞肉上。

這道菜最好使用筷子和勺子來進食，或用湯匙和叉子。

阿富汗肉菜飯　最出名也最受歡迎
Qabili Pilaf

這個食譜是來自於海倫‧薩蓓瑞關於阿富汗食物的書《Noshe Djan》，據她說這道菜可能是阿富汗最出名、最受歡迎的肉菜飯了。你可以選擇用羊肉或者雞肉來做，葡萄乾也可要可不要，但一定要有胡蘿蔔。

準備：30分鐘＋2個小時的浸泡
＋50分鐘準備和烹飪肉類
供4 ～ 6人食用
烹飪：60 ～ 75分鐘

◎ 450克/1磅/2杯長粒米，
　巴斯馬蒂米更好
◎ 3 ～ 4湯匙橄欖油或蔬菜油
◎ 1個大洋蔥（磨碎或切碎）
◎ 700 ～ 800克/約1.75磅羊肉，
　或1只雞（切成8 ～ 10塊）
◎ 850毫升/1.5品脫/3.75杯
　水或更多
◎ 2 ～ 3個大胡蘿蔔
　（切成火柴杆似的細條或粗略磨碎）

◎ 112克/0.65杯葡萄乾（僅供選擇）
◎ 2茶匙孜然粉
◎ 0.25茶匙藏紅花（僅供選擇）
◎ 鹽和胡椒粉
◎ 換幾遍水將米漂洗乾淨。然後用冷
　水浸泡至少30分鐘或2個小時。

在可用於烤箱的燉鍋裡加熱油，將洋蔥翻炒3分鐘。加入羊肉或雞肉，整個攪動2 ～ 3分鐘，然後加入850毫升/1.5品脫/3.75杯水及一點鹽和胡椒粉。煮沸後，蓋鍋燜35 ～ 40分鐘，直到肉煮軟。

　　湯盛進量壺，肉留在鍋裡。米飯需用700毫升/1.25品脫/3杯的湯汁，所以可能得加些水才能達到這個量。

　　給鍋裡的肉撒上葡萄乾（如果用的話）和胡蘿蔔，然後再撒點孜然粉和藏紅花（如果用的話）。將浸泡的米控水後，也放在鍋裡的胡蘿蔔的上面。現在倒入700毫升/1.25品脫/3杯的湯汁，然後加些鹽和胡椒粉。蓋鍋，煮沸後慢燉15 ～ 20分鐘，直到所有湯汁都被米粒吸收。

　　蓋緊鍋蓋，繼續用最小的火煨25 ～ 30分鐘。或者，將燉鍋放進預熱到150℃ /300 ℉的烤箱裡烘烤30 ～ 40分鐘（如果你暫時還不打算開飯，可以在烤箱裡放得久些以便保溫）。

　　如果用阿富汗的形式來上這道菜，就把米飯、胡蘿蔔和葡萄乾盛進一個碗裡，而將肉盛在溫熱的大淺盤裡。將米飯、胡蘿蔔和葡萄乾拌好，然後堆在肉的上面，這樣肉就好像隱藏起來了。或者把肉盛在一個碟子裡，米飯單獨盛進碗裡，胡蘿蔔和葡萄乾作為點綴撒在米飯表層。如果你認為這兩種都是需要技巧的方式，那就在鍋裡把所有的東西攪拌好之後，直接盛在大淺盤裡；這樣看起來和聞起來也都會很誘人。

香味米飯配炸酥雞　源自中東肉菜飯的印尼味兒
Savoury Rice with Crisp-Fried Chicken（Nasi Kebuli）

這道印尼式稻米搭配雞肉的菜肴一定是中東肉菜飯的前身。一些印尼人會說這種菜肴可以用小羊羔肉或山羊肉來做，並且阿富汗肉菜飯就是這麼做的；但這道菜不是。在我很小的時候，這是很受家庭喜愛的菜肴，對我和姊妹們來說，最具吸引力的是炸酥雞。

準備：稻米浸泡1個小時＋15分鐘
供4～6人食用
烹飪：1.25個小時

◎ 450克/1磅/2杯長粒米（冷水浸泡1個小時，洗淨，控水）
◎ 450毫升/2杯蔬菜油

湯
◎ 1.5～1.7公斤/3.25～4磅烤雞切成8～10塊
◎ 4棵蔥或1個洋蔥（切碎）
◎ 2茶匙芫荽粉
◎ 1茶匙孜然粉
◎ 1小撮香根莎草粉（僅供選擇）

◎ 5公分的新鮮檸檬草
◎ 1小根肉桂
◎ 1小撮肉豆蔻粉
◎ 2瓣蒜
◎ 1.5茶匙鹽
◎ 1.4升/2.5品脫/6.25杯冷水

裝飾菜
◎ 1湯匙炸洋蔥酥
◎ 一些新鮮香芹葉
◎ 2茶匙新鮮細香蔥末
◎ 黃瓜片

把雞肉和其他所有做湯的配料放進燉鍋裡，倒入冷水。煮沸後，直烹至雞肉變軟，這大概需30～45分鐘。在雞肉煮軟前10分鐘開始其他準備工作。

　　燉鍋裡放2湯匙油，將稻米翻炒5分鐘；然後把煮雞肉的湯濾進來。大概需要570毫升/1品脫/2.5杯的湯來煮米飯，如果湯不夠，就加點水補足。煮至米粒將湯汁完全吸收，這只需花幾分鐘。然後再把稻米蒸10分鐘，或者如前面所述的方法將米完全烹熟。

　　在做米飯的同時，把雞肉用剩餘的油深炸一下。所有準備都做好後，用一個大碟子來盛：米飯堆在中間，雞肉擺在周圍，用炸洋蔥酥、香蔥末、香芹末和黃瓜片妝點。

祕魯式鴨肉配米飯　　美妙風味來自15種配料混搭
Peruvian Duck with Rice

我有幾個感興趣的祕魯食譜，是由一個過去住在祕魯的朋友提供的。這個就是其中之一，西班牙語稱爲「arroz con pato」。我一見到這個食譜就喜歡上了它，因爲它要求的不少於15種的配料中，鴨肉和青椒我都愛吃——和我祖母的西式蘇門答臘綠色鴨肉燉菜要求的配料一樣多。然而這兩者還是有區別的，主要是我的祖母怎麼也不會想到在食物裡放啤酒，另外她也不會把鴨肉和米放在一起進行烹飪。

我介紹的這個食譜裡，減少了辣椒和啤酒的用量，且只用了鴨胸肉，而不是整隻鴨。鴨胸肉可以在大部分超市裡買到兩片包裝的；而米則要經過燉製變熟的。

準備：10分鐘
供4人食用
烹飪：30 ～ 35分鐘＋放置5分鐘

◎ 2個大洋蔥（切碎）
◎ 4個大青椒（去籽，切碎）
◎ 1個甜青椒或柿子椒（去籽，切碎）
◎ 8瓣蒜（切碎）
◎ 1茶匙孜然粉
◎ 鹽
◎ 2湯匙碎芫荽或芫荽葉
◎ 1湯匙橄欖油或蔬菜油
◎ 4塊鴨胸肉
◎ 390克/1.75杯巴斯馬蒂米
　　（洗淨控水）

◎ 420毫升/0.75品脫/不超過
　　2杯的雞湯
◎ 285毫升/0.5品脫/1.25杯啤酒
◎ 112克/1杯熟的青豌豆
◎ 1個紅甜椒或柿子椒（去籽
　　切成三角形或菱形）

在炸鍋裡加熱油，放進鴨胸肉，先把帶皮的一面朝下。煎3分鐘後變爲棕色。翻面，再將另一面煎3分鐘至變爲棕色。把鴨胸肉撈出放在砧板上，每片切成4塊，放進帶蓋的沙鍋裡。

在同一個炸鍋裡，把除了芫荽或芫荽葉以外所有切碎的配料翻炒2分鐘，然後也倒進沙鍋裡。加入孜然粉、芫荽葉、少許鹽和雞湯；沙鍋慢燉15分鐘。再加入稻米攪拌，然後倒入啤酒。再次攪拌，適當調味。蓋緊鍋蓋，關小火，慢燉20分鐘。

將沙鍋從火上移開，微微揭蓋放入熟豆和紅椒；再次蓋緊，放置5～6分鐘。直接把沙鍋端上桌，可多搭配些素菜。

燻鴨配炒飯　主角是中式四川燻鴨
Tea-Smoked Duck with Fried Rice

這是一個中國食譜，參見《中式經典烹飪手冊》（*Classic Chinese Cookbook*）裡四川風味燻鴨的做法。作者是用整隻鴨來做，而我只選用了鴨胸肉，因爲這樣處理起來更容易，況且大多超市裡都有簡便包裝的鴨肉出售。這道菜還是需要一些事先的準備工作，但燻鴨美味的口感還是值得花費那些工夫的。
你可以用燻箱，或鍋蓋緊密的厚底大燉鍋，或蓋子呈半球形的炒鍋來做。要保證廚房通風良好，否則煙無法排出。使用揮發燃料的燻箱，好處在於可以放在戶外進行燻製。

可以在蒸鴨的時候做炒飯；搭配任意燴炒的素菜皆可。

準備：冷藏一夜＋30分鐘
供4～6人食用
烹飪：約80分鐘

◎ 4～6塊帶皮鴨胸肉
◎ 1.25茶匙鹽
◎ 170克/0.75杯麵粉或中筋麵粉
◎ 112克/0.65杯棕糖
◎ 4湯匙黑色茶葉
◎ 2.5公分薑段（去皮，切成薄片）
◎ 2個小洋蔥或青蔥
　（摘好，洗淨切成圓片）
◎ 1整個八角茴香果
◎ 1茶匙花椒粒
◎ 2湯匙紹興酒或干型雪莉
◎ 1湯匙生抽醬油
◎ 1湯匙芝麻油
◎ 深炸用的花生油或玉米油

先用鹽揉搓鴨胸肉，然後放進冰箱冷藏一夜。次日，取出沖洗乾淨，用廚房紙巾拍乾。現在就可以煙燻了。不管是用什麼器皿，在底部都要墊上雙層的鋁箔紙；然後鋪上茶葉、麵粉和棕糖。再放一個鐵絲架在上面，鴨肉一片片擺在架上。

蓋緊容器，用中火加熱10分鐘；然後打開，將鴨肉翻面，再繼續燻10分鐘。

鴨肉盛進耐熱碟裡，碟子大小需適合蒸鍋；或者也可以用炒鍋來蒸。在碗裡放入薑、蔥、八角茴香、花椒、料酒或雪莉酒、醬油和芝麻油調好，倒在鴨肉上，翻動幾下，使其均勻裹上調料汁。然後將鴨肉蒸1個小時。

從蒸出的湯汁中取出鴨肉，用廚房紙巾拍乾，放置冷卻（蒸出的湯汁，大部分是油，可以不要）。到這裡為止的步驟，可以提前準備好，而米飯最好是吃之前再略微翻炒一下。

炒飯準備好後，可以把鴨肉過油深炸6～8分鐘直至表皮酥脆；然而最好不要把鴨肉炸得太過，否則容易嚼不爛。立即上桌。

拉里·塔布斯的稻米釀燻鴨　2小時烹釀出陣陣飄香
Larry Tubbs's Smoked Duck Stuffed with Rice

拉里·塔布斯（Larry Tubbs)是路易斯安那莫豪斯（Mer Rouge）附近的一個稻米種植者。他喜歡獵鴨和烹飪，我們曾在他那牆上掛滿鴨子圖片的舒適辦公室裡，討論過米、鴨肉和烹飪它們的方式，時間長達一個多小時。他沒有給我這個食譜的細節，但生動地描述了他是怎樣燻鴨和填鴨的，以至於我回到自己的廚房後可以毫不費力地製作。香料和香草可根據個人的口味進行添加。

拉里一次會烹製16～20塊鴨胸肉。而我必須從超市裡買，所以我每次最多買8塊。薰製和烹飪的過程非常漫長，但卻並不困難，而且做出的效果又很美味，所以我認為那些麻煩是值得的。如果你有帶木製煙燻粉的燻箱，那就可以使用這個設備，或者也可以在鍋蓋緊密的普通燉鍋，或鍋蓋呈半球形的炒鍋裡用茶葉、麵粉和棕糖來燻製。

準備：醃漬整夜和準備填料、
做米飯約1個小時（包括煙燻）
供8人食用
烹飪：2個小時

◎ 8塊帶皮鴨胸肉。

醃泡汁
◎ 6瓣蒜，切碎
◎ 2～4新鮮小辣椒或乾辣椒
◎ 2茶匙薑末
◎ 1茶匙百里香或檸檬草（切碎）
◎ 0.5茶匙肉桂粉
◎ 0.25茶匙碎肉豆蔻
◎ 1茶匙鹽
◎ 2湯匙檸檬汁
◎ 2湯匙水
◎ 2湯匙橄欖油或花生油

填料
◎ 225克/1杯瘦豬肉（剁碎）
◎ 2個鴨肝（剁碎）
◎ 112克/1杯烹軟的米飯
◎ 2湯匙橄欖油或花生油
◎ 3棵蔥（切碎）
◎ 2瓣蒜（切碎）
◎ 1茶匙芫荽粉
◎ 1茶匙孜然粉
◎ 0.5茶匙卡宴辣椒
◎ 2湯匙香芹末或芫荽或芫荽葉
◎ 鹽

燻製（如果不是用帶煙燻粉的燻箱）
◎ 3湯匙茶葉
◎ 3湯匙麵粉或中筋麵粉或米粉
◎ 3湯匙棕糖

將所有做醃泡汁的配料攪拌成糊狀。倒進玻璃碗裡，鴨胸肉也放進碗裡，然後放進冰箱醃漬一夜。

填料也要在燻製開始前幾個小時就準備好。蔥、蒜過油煸至變軟。加入所有的調料粉和鹽；低火翻炒1分鐘。放置冷卻，盛進碗裡，拌入豬肉、鴨肝和稻米；加入香芹末（芫荽/芫荽葉）充分攪拌。並將其冷藏。

準備開始燻製時，將填料分為4份，每兩片鴨胸肉中間放1份，帶鴨皮的一面朝外。用細繩將兩片鴨胸肉綁三道使其和填料固定住。然後用棉布或香蕉葉，再把四個鴨肉包盡可能緊實地包裹起來。用繩子將棉布的末端繫緊或者是用牙籤固定住香蕉葉。

先在厚底燉鍋或炒鍋裡墊上雙層鋁箔紙；再在表面撒上茶葉、麵粉和棕糖。鍋裡放入一個鐵架，將鴨肉包置於鐵架上。不要挨得太緊，要讓煙能夠燻到每個鴨肉包的完整表層。蓋緊鍋，用中火加熱35～45分鐘；其間將鴨肉包翻一次面。這個過程中，會有煙霧冒出，在揭蓋翻面的時候會放出更多的煙，所以要保持廚房通風良好。

關火後不要揭鍋蓋，再放置15～20分鐘；然後解開鴨肉包，但要鴨肉和填料還是黏著在一起。放進預熱到160℃/320℉的烤箱裡烘烤50～60分鐘。

在將填料鴨肉解開切成厚片之前先讓其冷卻5分鐘。可以搭配開胃沙拉。

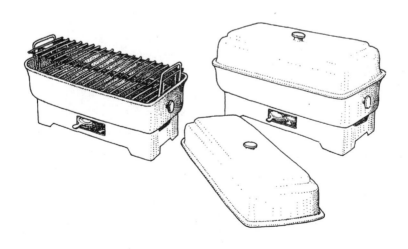

稻米、開心果和葡萄乾釀烤鴨　來自土耳其的經典烹飪
Roast Duck Stuffed with Rice, Pistachios and Raisins（Ordek dolmasi）

東方國家有很多種稻米釀鴨的方式。中國和寮國喜歡用糯米，但同屬亞洲的土耳其卻更喜歡用巴斯馬蒂米，或其他任意一種長粒米類型。這個食譜是經艾拉・阿爾格（Ayla Algar）允許，摘自她的書《土耳其經典烹飪》（Classical Turkish Cooking）的。

如果你打算每人分配半隻鴨，那麼主菜裡再搭配點沙拉就可以了。

準備：
2～4個小時浸泡＋35～40分鐘
供4人食用，作為自助餐可供8人食用
烹飪：1.25～1.5個小時

◎ 2隻鴨，每只重1.5～1.8公斤
／3.5～4磅，準備好烘烤

填料
◎ 340克／1.5杯長粒米，巴斯馬蒂米更好（冷水浸泡2～4個小時，控水）
◎ 3～4湯匙融化的無鹽黃油
◎ 2個大洋蔥（切碎）
◎ 1茶匙鹽
◎ 56克／0.3杯葡萄乾
◎ 4湯匙新鮮薄荷（切碎）
◎ 0.5茶匙多香果粉
◎ 0.5茶匙細香蔥末
◎ 0.5茶匙肉桂粉
◎ 0.5茶匙新鮮黑胡椒粉
◎ 450毫升／2杯鴨湯或雞湯
◎ 84克／0.7杯去殼的開心果果仁，煮2分鐘（去皮，碾碎）
◎ 鹽和胡椒粉

在燉鍋裡加熱黃油，洋蔥煸炒3～4分鐘。加入稻米繼續翻炒直至米粒均勻裹上黃油；然後加入除了湯和開心果果仁以外的其他配料。繼續再攪拌2分鐘後，倒入高湯。

再次攪拌後蓋上鍋，慢燉15分鐘；然後把鍋子從火上移開，不要揭蓋，放置15分鐘。揭蓋，放入搗碎的開心果果仁；適當調味，將稻米填料放至冷卻。

當準備烹飪鴨子的時候，先將烤箱預熱到240℃／475℉。將填料均勻地分配好，填入每隻鴨內，然後縫上開口或用牙籤封口。用鹽和胡椒粉揉搓鴨肉，然後放在烤盤架上，置於烤箱內。40分鐘後，將溫度調低為180℃／350℉。再烤35～50分鐘，這樣就一共烤了1.25～1.5個小時。

從烤箱中取出烤鴨，盛在大淺盤裡放5分鐘；然後將每隻豎切為兩半，立即上桌。

外來釀鴨　火雞當內餡的效果一樣好
Duck with Exotic Stuffing

在本書禽類肉章節的介紹裡，我已經提過這個食譜用火雞，效果也一樣地好。如果用一隻重約4.5或5.5公斤/10或12磅的家禽，下列配料就需雙倍的量了，且還需要一些填充頸洞的餡料，比如栗子、傳統的鼠尾草和洋蔥。肉需先去骨，填好料後用線繩繫緊；如以下所述，在烘烤之前先蒸一下。如果用的是一整隻火雞，那蒸的方式明顯就不適用；因此可以先把填料放在碗裡蒸10～15分鐘再填入火雞內。

準備：35 ～ 40分鐘

供 4 ～ 6 人食用

烹飪：2 ～ 2.25個小時

◎ 2公斤/4.5磅適合烤製的愛斯勃雷鴨，用1湯匙鹽裡外揉搓

填料

◎ 2 ～ 3個紅椒（去籽）

◎ 4棵蔥（剝皮）

◎ 2瓣蒜

◎ 5湯匙碎椰油，用6湯匙熱水稀釋

◎ 鴨肝（切碎，僅供選擇）

◎ 112克/1杯鮮香菇（切成薄片）

◎ 112克/1杯豬里肌肉（剁碎）

◎ 2湯匙碎芫荽或芫荽葉

◎ 2湯匙小洋蔥或青蔥（切碎）

◎ 1湯匙魚露

◎ 0.5茶匙鹽

◎ 0.75茶匙白胡椒粉

◎ 4湯匙糯米（洗淨控水）

將辣椒、蔥、蒜和椰漿攪拌成糊狀。盛在碗裡後混入其他做填料的成分，取一點料炸成一個小球來試嚐味道。如果覺得淡就加點鹽；然後將料填入鴨內，縫上開口或用牙籤封口。

鴨放在碟子或碗裡，蒸80 ～ 90分鐘，蒸到一半時要加些水。蒸好後，盛進烤箱用的碟子裡；到這裡為止的步驟可以事先準備好。

打算開飯時，將鴨放進預熱到200℃/400 ℉的烤箱裡加熱30分鐘。在燒烤狀態下烤5分鐘至變為棕色。將烹飪出的湯汁倒進一個小鍋裡，冷卻幾分鐘後，油會浮至表面。把油撇開，剩餘湯汁可重新加熱作為澆汁。鴨肉冷熱食用均可。

香草乳鴿飯　法國食譜書點名的料理
Pigeons with Three Herbs on a Bed of Rice

這是來自《法國香草花園食譜集》(*Recipes From a French Herb Garden*)中吉羅德‧霍爾特(Geraldene Holt)的一個食譜。她用的是糙米；而我則採用對我來說很新奇的法國卡馬格的紅色米。準備：10～15分鐘

準備：10～15分鐘
供4～6人食用
烹飪：1.5～2個小時

◎ 2隻斑尾林肥鴿
◎ 百里香、迷迭香和墨角蘭的嫩芽各3枝
◎ 56克黃油
◎ 1片五花培根厚片
◎ 1棵蔥 (切碎)
◎ 鹽
◎ 新鮮胡椒粒
◎ 225克/1杯卡馬格紅色米 (Camarguais rice)
◎ 570毫升/1品脫/2.5杯野味湯或雞湯或水
◎ 鴿子去毛洗淨。在每隻鴿子開口處插一根香草。

在一個鑄鐵焙盤裡把黃油融化，將培根和蔥烹炒2分鐘。加入鴿子，表面都煎成棕色；盛進盤子裡，用鹽和胡椒粉調味。

在黃油裡再放入米粒翻炒，倒入高湯，煮沸。把鴿子放在米飯上面，剩餘的香草擺在周圍。

蓋上蓋子，放進中等溫度在160℃/320℉的烤箱裡加熱1.5～2個小時，直到鴿肉變軟且米飯也吸入湯汁烹熟為止。

醉鵪鶉紅米飯　　紅色米誘人的堅果風味

Quails Cooked in Wine with Red Rice

法國南部的卡馬格（Camargue）地區種有紅色米，少量出口到德國和英國的倫敦。紅色米有種堅果的風味，讓我回憶起在新奧爾良買的「胡桃米」。你當然也可以用胡桃米來做這道菜。

　　像糙米一樣，紅色米也需要兩倍的液體才能烹熟，所以葡萄酒裡要再加些高湯或水。

準備：20分鐘
供4人食用
烹飪：60～70分鐘

◎ 4隻鵪鶉（洗淨並醃好料）
◎ 1茶匙鹽
◎ 1湯匙檸檬汁
◎ 4湯匙橄欖油
◎ 6棵蔥（切片）
◎ 2瓣蒜
◎ 170克/1.5杯未張開的蘑菇
　（切成薄片）
◎ 1茶匙碎牛至葉或墨角蘭
◎ 1茶匙茴香籽
◎ 1茶匙辣椒粉
◎ 340克/1.5杯稻米
　紅色米或胡桃米或糙米
◎ 225毫升/1杯干白葡萄酒
◎ 340毫升/1.5杯雞湯或熱水
◎ 鹽和新磨的胡椒粉
◎ 鵪鶉清理內臟後沖洗乾淨，用廚房
　紙巾擦乾，用鹽和檸檬汁揉搓。放
　在一邊，準備其他配料

把烤箱預熱到160℃/320℉。在帶蓋的焙盤裡加熱油，鵪鶉煎2～3分鐘變爲棕色。加入蔥、蒜、蘑菇和茴香籽；轉圈攪拌的同時也轉動一下鵪鶉。加入牛至葉或墨角蘭、葡萄酒和一些鹽及胡椒粉。攪拌後蓋上蓋子，慢燉5分鐘。

　　揭開蓋，加入米粒，轉動攪拌的同時在另一個鍋裡加熱高湯。湯熱後（如果不用高湯也可以用熱水），倒進焙盤裡，將其煮沸。適當調味後蓋上蓋子；放進預熱過的烤箱裡，加熱1～1.25個小時。趁熱時吃，搭配一些沙拉。

{第六節}

主菜──米飯搭配

羊、牛、豬肉類

在本書的介紹部分，讀者可能已經瞭解到人們的飲食習慣是怎樣被改變的：富起來的亞洲人想少吃點米多吃點肉和麵包，所以更像是美國人的飲食結構了；而西方人則願意吃膽固醇少且富含纖維的食品。這兩種傾向都各有千秋。眼看著遠東的人們生活越來越舒適，而西方人正逐漸瘦下來身材也變得更爲合適，這些都是令人鼓舞的。甚至新聞報導說現在英國有300萬的素食者，這某種程度上是令人高興的，儘管在本節裡引用這個新聞似乎不太恰當。

至於肉類，人們對它的喜和惡同樣強烈，這還排除醫學處方和宗教禁忌的因素。咖哩山羊肉也許並不是對每個人都具有吸引力，但在倫敦我總是用羔羊肉來做這道菜。歐洲北部有些人似乎並不喜歡羔羊肉；我想我們都會贊同羊肉需與濃烈獨特的味道相配，比如大蒜或薄荷，還有很多其他配料。

我們先從羊肉開始介紹，然後是牛肉，最後是豬肉。或許令人毫不驚奇的是，介紹的羊肉菜肴是從希臘一路延伸到印度北部的，因此屬中東風味。而牛肉菜肴，則直接轉向遠東地區，然後是美國。印度風格的咖哩羊肉常用羔羊肉來做的，但我卻把它換成了牛肉。有兩個東南亞食譜原本是用水牛肉來做，這也是它們需要那麼長烹飪時間的原因──一頭終生都在耕種稻田的老水牛的肉是很硬的；當然，這樣烹飪出來的牛肉，質軟而且美味多汁。

本節最激動人心的食譜，或許是隨後介紹的16世紀義大利的大馬士革式什錦肉焗飯；我敢向你保證收錄這個食譜絕不僅是爲了獵奇，而且是因爲它確實美味。本節的豬肉食譜相對會少一些，但來自的地區範圍卻很廣，因爲幾乎每個人都吃豬肉，除非有宗教禁忌。

胃口小的讀者會發現本節提供的食物用量都相當慷慨。這部分是源於小時候所受的教養──在亞洲，待客必須要有充足的食物；還有部分是因爲性格所致。但我認爲你還是可以按照所列配量來做；因爲這些食譜大多很費時間，而且如果有剩餘的話，可以存進冰箱至少保質24個小時。很多菜還會越存越好吃，因爲肉會因爲醬汁和香料的滲透而更加入味。因此，在辛苦地做出一頓大餐之後，我就指望此後一天或者兩天都可以吃剩菜了。

羊肉馬鈴薯焗飯　簡單的家庭晚餐
Rice and Lamb Casserole with Potatoes

這道簡單的家庭晚餐可以用生肉來做，比如羔羊肉或山羊肉，或者用剩的烤羊肉也行。可以搭配肉汁或淡咖哩汁及霹靂醬這樣的醬汁，或者任意甜水果味的印度酸辣醬。

準備：15分鐘
供 4 ～ 6 人食用
烹飪：30 ～ 40 分鐘

◎ 3湯匙橄欖油或花生油
◎ 450克/1磅/2杯羔羊肉
　生肉或烤肉（切片或剁碎）
◎ 1個洋蔥（切碎）
◎ 2瓣蒜（切碎）
◎ 225克/1.3杯鮮番茄或番茄罐頭
　（去皮切碎）
◎ 340克/3杯新鮮小馬鈴薯
　煮熟切半
◎ 450克/1磅/2杯中粒米或長粒米
　（洗淨控水）
◎ 700毫升/1.25品脫/3杯羊肉湯
◎ 鹽和胡椒粉

將烤箱預熱到180℃/350℉。在燉鍋裡加熱油，把肉翻炒3分鐘。加入洋蔥或蒜，攪拌後蓋鍋。低火燜4分鐘。揭蓋放入番茄，用鹽和胡椒粉調味，繼續蓋鍋慢燉15分鐘。

同時，在另一個燉鍋裡，將湯煮沸後，加入米。攪拌一下，如果覺得湯不夠味再加點鹽和胡椒粉。敞蓋用中火煮15分鐘，然後加入馬鈴薯，和米一起攪拌。蓋上鍋，關小火，再燉10分鐘。

現在把米及馬鈴薯盛進塗好黃油的焙盤裡，給羊肉和番茄的混合物適當調味，然後倒在米和馬鈴薯上。用蓋子或鋁箔紙蒙住焙盤，放進預熱好的烤箱裡加熱10～15分鐘。趁熱上桌，可以搭配些綠色沙拉。

烤羊排節瓜米飯　適合大型自助餐上宴饗佳賓

Baked Lamb Cutlets with Rice and Courgettes /Zucchini

這是很多東西合璧的簡餐中的一種，很適合作爲家庭晚餐或大型自助餐中的一道菜。當然在很多國家裡，飼養的山羊一般比綿羊要多，所以在整本書裡你只會看到「山羊肉」適當地代替了「羔羊肉」。而且在這個食譜裡，你還可以用羊奶來替代牛奶或椰奶。

如果把這道菜作爲單碟飯或者單獨的主菜，你得預備每人2塊羊排的量；作爲自助餐的一部分，每人1塊就差不多了。還需要足夠能讓所有羊排並列擺放一層的烤盤。

準備：30 ～ 35分鐘
供6 ～ 12人食用
烹飪：80 ～ 90分鐘

- ◎ 12條羊排（要緊挨頸部末端的部位，去掉額外的脂肪，用鹽和胡椒粉醃漬）
- ◎ 560克/1.25磅/2.5杯巴斯馬蒂米或其他長粒米（洗淨，控水）
- ◎ 2湯匙橄欖油或花生油
- ◎ 2個大洋蔥（切碎）
- ◎ 2茶匙薑末
- ◎ 0.25茶匙辣椒粉
- ◎ 450克/1磅/4杯節瓜（切成薄圓片）
- ◎ 4湯匙麵粉或中筋麵粉或米粉
- ◎ 5個雞蛋
- ◎ 1.1升/2品脱/5杯奶：牛奶、羊奶或椰奶
- ◎ 鹽和胡椒粉

在淡鹽水裡將米沸煮8分鐘。控水。烤箱調至190℃/375℉。

洋蔥過油焗至變軟，然後加入薑末、辣椒粉和節瓜。翻炒2分鐘後放在一邊備用。

麵粉放在一個碗裡，把雞蛋全部打入。充分攪拌麵粉和蛋液，然後一點點加入牛奶，繼續攪拌直至攪成麵糊。放入鹽和胡椒粉調味，擱在一邊醒30分鐘。

在烤盤裡塗上黃油或油。先倒入米，然後放入洋蔥和節瓜的混合物；再把羊排擺在表層，接著倒入麵糊。烤20分鐘，然後調低至160℃/320℉的溫度，繼續烤製1個小時立即上桌。

253

蒸粗麥粉式的羊肉飯　來自摩洛哥的好滋味
Rice with Lamb, Couscous Style

我很喜歡摩洛哥式的蒸粗麥粉，但我覺得麥粒比米粒更硬，因而烹飪起來更麻煩。所以我用米來做那道知名的蒸南瓜粗麥粉。如果你用羊肩肉，買時就讓人幫你將其切成大塊。

　　你可以在蒸粗麥粉的容器裡做這道菜，但用兩個普通燉鍋也能做得很好。這個食譜指定了用鷹嘴豆（chickpeas/garbanzos），如果真的買不到，就用新鮮蠶豆或其他豆類來替代，甚至用乾豆也行，比如博羅特豆（borlotti）或黑白斑豆（pinto beans）。

準備：
30 ～ 60分鐘浸泡稻米＋1個小時
供4 ～ 6人做單碟飯，
作為自助餐時則夠8 ～ 10人食用
烹飪：45 ～ 50分鐘

◎ 450克/1磅/2杯白色或
　棕色巴斯馬蒂米（冷水浸泡30 ～ 60
　分鐘，洗淨控水）
◎ 84 ～ 112克/0.5磅乾雞豆（或者其他
　替代品，浸泡整夜）
◎ 2湯匙橄欖油
◎ 1公斤/2磅帶骨羊肉（最好是羊脖或羊
　肩肉，切成大塊）
◎ 1.7升/3品脫/7.5杯水或更多
◎ 4個中等大小的洋蔥（切碎）
◎ 1茶匙薑末
◎ 4個胡蘿蔔（去皮，每根切成4 ～ 5塊）
◎ 225 ～ 285克/2 ～ 2.5杯蕪菁
　（去皮，切成大塊）
◎ 450克/1磅/4杯黃瓜
　（去皮，切成大塊）
◎ 1茶匙薑黃根粉

◎ 4個番茄（去皮切碎）
◎ 0.5茶匙紅辣醬
◎ 1茶匙辣椒粉
◎ 鹽
◎ 鷹嘴豆或其他豆子加足夠的水煮1個
　小時；在起鍋前5分鐘加些鹽。豆
　子撈出控水，放在一邊備用。如果
　你用的是鷹嘴豆，撈出後放進冷水
　裡，然後用手輕輕揉搓就可以去皮；
　豆子皮搓掉後會浮在水面上。需要
　反覆搓2 ～ 3次把所有的豆子皮都
　去乾淨

將烤箱預熱到180℃/350℉。在燉鍋裡加熱油，把肉翻炒3分鐘。加入洋蔥或蒜，攪拌後蓋鍋。低火燜4分鐘。揭蓋放入番茄，用鹽和胡椒粉調味，繼續蓋鍋慢燉15分鐘。

同時，在另一個燉鍋裡，將湯煮沸後，加入米。攪拌一下，如果覺得湯不夠味再加點鹽和胡椒粉。敞蓋用中火煮15分鐘，然後加入馬鈴薯，和米一起攪拌。蓋上鍋，關小火，再燉10分鐘。

現在把米及馬鈴薯盛進塗好黃油的焙盤裡，給羊肉和番茄的混合物適當調味，然後倒在米和馬鈴薯上。用蓋子或鋁箔紙蒙住焙盤，放進預熱好的烤箱裡加熱10～15分鐘。趁熱上桌，可以搭配些綠色沙拉。

蘇門答臘式的山羊肉咖哩　記憶中老祖母的手藝
A Sumatran Goat Curry

東方所有的肉菜都可以預備用米飯來佐餐，而且常常是白米飯。這道菜（印尼稱爲「gulai bagar」）也不例外。我的蘇門答臘籍的祖母過去常常是用一整隻小山羊切成大塊來做這道菜。把煮好的羊肉切小後再放回湯汁裡，持續保溫直到上桌。這是因爲印尼人不喜歡吃半熟的肉，且任何一種咖哩都需要大量時間，來讓肉類充分吸收烹飪調料而入味。

準備：50 ～ 60分鐘
供6 ～ 8人食用
烹飪：1 ～ 1.5個小時

◎ 1條羊腿或羊肩，山羊或羔羊都行
　　（帶骨切為4 ～ 5塊）
◎ 28克/0.3杯壓縮包裝的新鮮碎椰子
　　或椰蓉
◎ 2茶匙芫荽籽
◎ 5顆油桐子或去皮杏仁
◎ 8棵蔥或2個大洋蔥（切成薄片）
◎ 4瓣蒜（切成小薄片）
◎ 5個紅辣椒（去籽切碎）
◎ 4顆丁香
◎ 1小撮肉豆蔻粉
◎ 2茶匙薑末
◎ 1茶匙薑黃根粉
◎ 1根肉桂
◎ 4個豆蔻種子
◎ 0.5茶匙孜然粉
◎ 1湯匙碎檸檬草
◎ 3片酸橙葉或月桂葉

◎ 850毫升/1.5品脫/3.75杯
　　新鮮椰子做的椰漿，或340克
　　/4杯的椰蓉
◎ 鹽
◎ 2湯匙羅望子汁
◎ 3湯匙油
◎ 2個茄子（每個切成6 ～ 8片厚片或
　　8 ～ 10個小圓茄子）

在炒鍋或炸鍋裡，先將28克新鮮椰子或椰蓉烤至金棕色（這只需花幾分鐘的時間）。接著用同樣的方法烤芫荽籽，不停地翻炒2～3分鐘；將烤好的這些配料加上油桐子或杏仁一起攪拌，或放入研缽裡搗碎。

在大燉鍋裡加熱油，將蔥或洋蔥、蒜和辣椒翻炒2分鐘。加入羊肉蓋鍋燜2～3分鐘。接著拌入油桐子和椰子的混合物，再蓋上鍋繼續燜煮2～3分鐘。加入除了羅望子汁、鹽、茄子和285毫升/0.5品脫/1.25杯椰漿以外所有的配料。

慢燉50分鐘。加入剩餘椰漿、羅望子汁和適量鹽；繼續燜煮20～30分鐘或煮至湯汁變得濃稠，放入茄子。繼續慢燉至熟透──這應該要花上大約5～6分鐘。

上桌前，撈出羊肉塊，根據個人喜好再切成小塊或片。肉放入烤箱用的焙盤裡，茄子擺在羊肉上面。用勺將湯汁中的浮油撇去或倒去。揀出湯汁中所有不想要的固體物：丁香、豆蔻種子、肉桂和香料葉子；然後把湯汁澆在肉上。用小火或放進中等溫度的烤箱保溫直至上桌，因為上桌時最好是熱氣騰騰的。

羊肉煲仔飯　印尼味兒的大型宴會旗艦菜
Rice Casserole with Lamb

這道菜其實是由印度比爾亞尼（biryani）菜變化而來的，或者更像是印尼式的比爾亞尼菜，它是用椰奶代替了酸乳酪。在印度，比爾亞尼菜是適於宴會的菜肴，就是那種很多人爲了慶祝什麼而舉行的大型宴會。在這種場合裡，這道菜一如既往地像是宴會的旗艦，而其他那些葷素菜肴都好似爲它保駕護航。然而，單就這道菜本身來說，就已經是豐富而令人滿意的一餐了。在這裡，列出了一些印尼配料成分，而相關的印度配料則可以作爲參考自由選擇。

準備：
2 ～ 4個小時浸泡＋35 ～ 45分鐘
供6 ～ 8人食用
烹飪：40分鐘

米飯
◎ 675克/1.5磅/3杯巴斯馬蒂米、得克斯瑪提米或其他長粒米
◎ 2.3升/4品脫/10杯水
◎ 1茶匙鹽

烹肉
◎ 1.5公斤/3磅/6.25杯羊肉：瘦的羊腿肉或羊肩肉（切成小塊）
◎ 570毫升/1品脫/2.5杯椰奶或140毫升/0.75杯原味優酪乳和450毫升/2杯水
◎ 鹽

醬汁
◎ 2個紅辣椒（去籽）或1茶匙辣椒粉
◎ 3棵蔥（切片）
◎ 4瓣蒜（切碎）
◎ 1茶匙薑末
◎ 4個油桐子，或澳大利亞堅果，或6個去皮杏仁
◎ 1湯匙完整的芫荽籽
◎ 1茶匙完整的孜然籽
◎ 0.25茶匙碎豆蔻
◎ 0.5茶匙整粒胡椒粒
◎ 3顆丁香
◎ 2個綠豆蔻
◎ 2.5公分長的桂皮
◎ 1茶匙薑黃根粉或1大撮藏紅花絲
◎ 2湯匙花生油或橄欖油
◎ 3湯匙椰奶或水

裝飾菜
◎ 2個大洋蔥（切片）
◎ 3湯匙葡萄乾或蘇丹葡萄
◎ 3湯匙杏仁薄片
◎ 4湯匙油炸用的橄欖油
◎ 稻米在淡鹽水裡浸泡至少2個小時，4個小時或更長的時間更好。

把所有做醬汁的材料放進攪拌器裡（除了藏紅花絲，如果準備了的話），攪拌成糊狀。在一個燉鍋裡，把調料糊煮沸，然後慢燉4～5分鐘，期間經常攪拌一下。加入肉塊攪拌後，蓋鍋燜煮5分鐘；揭開蓋，加點鹽和椰奶或優酪乳。攪拌後繼續烹煮3～4分鐘；如果用的是優酪乳，不停攪拌的同時還要加入450毫升/2杯的水。然後慢燉30～35分鐘，經常攪拌一下；如果用的是椰奶，全部一次倒入，需要燉長一點時間，以使醬汁濃稠一點。

在煮肉的時候，拿另一個大燉鍋往做米飯的水裡先加1茶匙鹽然後加熱。煮沸後，把米從浸泡的水裡撈出來控淨，倒掉泡米水。往煮沸的鍋裡加稻米，一次加一點，讓水保持沸騰的狀態。將稻米沸煮6分鐘後，撈出控水。

肉煮好後，盛進深沙鍋裡。把米堆在羊肉上面（如果用藏紅花，先放進盛著3湯匙溫牛奶或水的碗裡攪拌一下，然後滴在米的表面）。沙鍋扣緊蓋，放進預熱到180℃/350℉的烤箱裡加熱35～40分鐘。

沙鍋在烤箱裡加熱的時候，就開始準備裝飾菜。在炸鍋裡加熱4湯匙油，將杏仁薄片炸1～2分鐘直至輕微變色。用漏勺撈出放在吸油紙上控油；再往油鍋裡放入葡萄乾或蘇丹葡萄炸1～2分鐘，然後撈出。最後來炸一下洋蔥片，要一直不停地翻動，炸8～10分鐘至變為棕色的焦糖狀為止。

米飯和羊肉都熟了以後，往其中拌入葡萄乾或蘇丹葡萄及洋蔥，再在表面撒上杏仁片。立即上桌。

米飯茄合　午晚餐料理，就是這麼簡單
Moussaka with Rice

我很愛吃那道由馬鈴薯和茄子加上奶油蛋黃沙司和瑞士乾酪，或硬酪做成的經典茄合。它非常美味，當然營養也很豐富，因為茄子和馬鈴薯都是炸過的，而奶油蛋黃沙司又是用很多黃油做成的。這個運用米的版本，是可以作為簡單的午餐或晚餐的。可以用四個雅致的盤子或一個大焙盤每次做4個。趁熱上桌，可搭配綠色沙拉。

準備：
40分鐘浸泡＋1個小時
供4人食用
烹飪：35 ～ 40分鐘

烹肉
◎ 2湯匙橄欖油
◎ 4棵蔥或1個大洋蔥（切片）
◎ 4瓣蒜（切片）
◎ 225 ～ 340克/1 ～ 1.5杯熟羊肉
  （烤過或煮過的，切成小塊）
◎ 0.25茶匙卡宴辣椒
◎ 2湯匙生抽醬油

米飯
◎ 112克/0.5杯長粒米
  （洗淨，冷水浸泡40分鐘，控水）
◎ 1.7升/3品脫/7.5杯水
◎ 0.5茶匙鹽

茄子
◎ 2個中等大小的茄子
  （整個在淡鹽水裡煮6分鐘）
◎ 4湯匙番茄塊

醬汁
◎ 1湯匙酥油或澄清黃油
◎ 1湯匙麵粉或中筋麵粉
◎ 2 ～ 4瓣蒜（搗碎）
◎ 1茶匙芫荽粉
◎ 140毫升/0.7杯原味優酪乳
  （最好是低脂的）
◎ 1個蛋黃
◎ 4湯匙乳酪末（僅供選擇）

將蔥蒜過油翻炒2分鐘。加入肉片攪拌1分鐘後，擱調料。再攪拌1分鐘後，把肉片分盛在4個碟子裡或簡單地都盛進焙盤裡。

在大燉鍋裡加水煮沸。放入鹽和稻米，攪拌後，將其再次煮沸。煮8分鐘後撈在篩網裡控水。水分控淨後，把米堆在肉片上。

茄子切成片，擺放在米上面。接著在茄子表面撒上番茄塊，再用鹽和胡椒粉調味。

將烤箱預熱到180℃/350 ℉，加熱澄清黃油。放入蒜和麵粉，用木勺快速攪拌。接著加入芫荽粉；然後開始倒入優酪乳，一次加1勺，並要不停地攪拌。如果醬汁裡還有很多塊團，用打蛋器攪至平滑。加入蛋黃，充分攪拌。如果用乳酪末，也放進去攪拌，然後澆在茄子上或者也可以先把醬汁倒在茄子上，最後再撒上乳酪末。

用蓋子或鋁箔紙蓋住焙盤或碟子，放進預熱好的烤箱裡加熱35 ～ 40分鐘。立即上桌。

米釀羊肉　入味的餡料飄送肉香
Lamb Stuffed with Rice

帶骨的羊肩或羊腿肉都很適合做這道菜。為達到更好的效果，可以選擇羊頸末端的肉。也許賣羊肉的會為你準備好，這種部位的肉很適合挖洞填入米餡料。而餡料也是相當美味，但其中所含的米可能不夠使6個成年人吃飽，可以再搭配些水煮馬鈴薯或蒸煮的白米飯，以及一些素菜和淡咖哩汁。如果是用帶骨的羊肩或羊腿肉，就把餡料捲在肉裡，然後用線繩繫住。

準備：45 ～ 50分鐘
供6人食用
烹飪：60 ～ 70分鐘

◎ 1塊重約2公斤/4.5磅的帶骨羊肩肉，或羊腿肉或者2塊羊頸肉（切成12 ～ 14片，整理成冠形）

餡料
◎ 112克/0.5杯巴斯馬蒂米或其他長粒米（洗淨，控水）
◎ 3湯匙橄欖油或花生油
◎ 2個大洋蔥（切碎）
◎ 6瓣蒜（切碎）
◎ 1茶匙薑末
◎ 0.5茶匙辣椒粉
◎ 2湯匙杏仁粉（僅供選擇）
◎ 2茶匙芫荽粉
◎ 2湯匙杏乾或葡萄乾（切碎）
◎ 2湯匙碎香芹，或芫荽，或芫荽葉
◎ 鹽和胡椒粉

用鹽和胡椒粉揉搓羊肉。把控乾的米放進淡鹽水裡沸煮8分鐘；撈出控水，放置冷卻。

在炒鍋或炸鍋裡將洋蔥翻炒5分鐘。加入剩餘的配料，除了米和香芹（芫荽或者芫荽葉）。繼續攪拌2 ～ 3分鐘；然後加入米，充分攪拌均勻。最後放入香芹或芫荽、鹽和胡椒粉，再次攪拌2分鐘。適當調味，放在一邊備用。

餡料冷卻後，放進冠狀羊肉的洞裡，或者用羊肩或羊腿肉把餡料捲在裡面，拿線繩繫三道。

填完餡料後裝在塗好油的烤盤裡，放進預熱過的烤箱用180℃/350℉的溫度烘烤50 ～ 60分鐘；把烤好的羊肉放10分鐘後切成片。趁熱上桌，搭配前面建議的佐餐或醬汁。

羊肉優酪乳飯　調理義大利友情的眞味
Rice with Lamb and Yogurt (Tah chin)

一個住在牛津的義大利朋友薩拉雅‧特里梅因 (Soraya Tremaine) 給了我這個食譜。它也可以用雞肉來做，但用小山羊肉會尤其美味。我會選擇山羊或羔羊脖頸末端，或者羔羊、或幼羊的整條羊腿的肉來做。羊腿肉需要在用優酪乳醃漬前就深劃幾道，然後放進烤箱用180℃ /350 ℉的溫度烘烤40～45分鐘，將烤好的羊肉切成片最後再與米一起烹飪。如果是用肉排，準備工作就簡單得多。

準備：醃漬一夜
供4～6人食用
烹飪：約1.5個小時

醃泡汁
◎ 3瓣蒜（切碎）
◎ 1大撮藏紅花絲
◎ 2棵蔥（切碎）
◎ 0.5茶匙豆蔻粉
◎ 1茶匙鹽
◎ 0.5茶匙卡宴辣椒或白胡椒粉
◎ 225毫升 /1杯原味優酪乳
◎ 1茶匙糖（僅供選擇）

其他配料
◎ 12條肉排，去掉一些肥肉
◎ 450克/1磅/2杯長粒米（最好是巴斯馬蒂米，冷鹽水裡浸泡4～8個小時，然後漂淨控水）
◎ 84毫升 /0.3杯橄欖油
◎ 56克黃油
◎ 1大撮藏紅花絲
◎ 3湯匙牛奶
◎ 洋蔥酥做妝點

◎ 用槌和研缽把蒜、藏紅花和蔥搗成黃色的糊狀。盛進玻璃碗裡，將其餘做醃泡汁的調料倒入，充分攪拌。把羊肉醃漬一夜。

控乾的米在鹽水裡沸煮6～8分鐘，要讓水一直保持沸騰的狀態。撈出米在篩網裡控水，然後用冷水沖洗，再次控乾水分。

準備好烹飪羊肉優酪乳飯時，羊肉從醃泡汁裡撈出來，過油每面煎2分鐘左右成棕色。放在一邊備用。

在平底鍋裡放入黃油。把230克煮過的米和醃肉的汁放在一個碗裡拌好。加熱黃油，鍋熱後把米和醃泡汁倒在鍋底。關小火，把肉片擺在稻米上面，再撒上剩餘的米蓋住肉片。用濕毛巾或碗布圍住鍋蓋，蓋上鍋；低火燜約20分鐘。

同時，在一個小鍋裡溫熱牛奶，將另一撮藏紅花放入並用木勺快速攪拌以使它溶解。把牛奶和藏紅花倒在米上面，拿掉濕毛巾，再蓋上鍋，放進預熱過的烤箱裡用180℃/350℉的溫度加熱45～60分鐘。

米和羊肉都烹熟後，把鍋從烤箱裡取出，放在一塊濕毛巾上或盛有冷水的盤子裡。放置5～8分鐘，之後將米和羊肉盛進加熱過的大淺盤裡。鍋底那層鍋巴，波斯語稱之為「tah-deeg」，可以擺在米飯的表層或者分成幾大塊，擺在碟子的周圍一圈。再撒點洋蔥酥做裝飾。

辣味蒜香芝麻牛肉　改編自著名韓式烤牛肉
Beef in Sesame Seeds, Chilli and Garlic

這是改編自著名韓國牛肉菜肴——「bulgogi」（韓式烤牛肉）的一道菜。韓式烤牛肉總是以米飯爲佐餐的，白米飯也好，拌飯也好。在很多地方都能買到烤製韓式烤牛肉的小器具，但我發現用平底鍋只放少許油把牛肉煎來吃更簡單，這樣的話，牛肉會很鮮美多汁。

準備：20分鐘＋浸泡一夜
供4～6人食用
烹飪：35～40分鐘

◎ 675克/1.5磅上腰肉或臀部的牛排
（沿牛肉紋理切成非常薄的片）
◎ 3～4湯匙橄欖油或花生油

醃泡汁
◎ 2湯匙白色或棕色芝麻
◎ 2棵蔥（切碎）
◎ 3瓣蒜
◎ 2～4個乾的小紅椒
◎ 1～2茶匙薑末
◎ 1湯匙米林酒
◎ 0.25茶匙鹽
◎ 1湯匙生抽醬油
◎ 2湯匙橄欖油或花生油
◎ 1茶匙芝麻油（僅供選擇）

將所有做醃泡汁的調料攪拌成糊狀。醃泡汁倒進一個玻璃碗裡，放入肉片拌勻。用保鮮膜或塑膠袋蒙住碗口，放進冰箱冷藏一夜。

在平底鍋裡加熱油，牛肉分兩批放入，每批只煎2分鐘就翻一下面。直接上桌，搭配白米飯和素菜或者拌飯。

牛肉包　　香氣包覆，打開時除徐飄散
A Parcel of Sirloin Steak with Rice, etc.

這是另一種簡餐，只夠2人食用。等你發現這種牛肉包做起來其實是很簡單的，你可能就會做很多來招待客人，給客人們留下深刻的印象。這個「等」是另一種挑戰。因此可以自己調配餡料，但我建議你先嘗試一下我的食譜。它包括了香菇、黑橄欖、辣椒和足量的蔥蒜。

要達到最好的效果，烹飪到最後一分鐘就行，不要重新加熱。當然準備工作可以先做；需要兩張不透油紙或鋁箔紙，每張25×38公分。每張紙沿寬邊從中間先折疊一下，再將其剪成半圓形，這樣再打開時它們就是一個整圓或橢圓了。在一面刷上黃油或油，放在一邊直到準備做牛肉包時再用。

準備：2 ～ 4個小時醃漬（或一夜）＋
25 ～ 30分鐘
供2人食用
烹飪：5 ～ 8分鐘

◎ 2塊牛上腰肉，
　　每塊重約140 ～ 170克
◎ 112 ～ 170克/0.5 ～ 0.75杯泰國香
　　米或巴斯馬蒂米（洗淨，控水）

醃泡汁
◎ 1湯匙生抽醬油
◎ 1湯匙米林酒或干型雪莉（僅供選擇）
◎ 1瓣蒜（搗碎）
◎ 1茶匙薑汁
◎ 1大撮辣椒粉

其他配料
◎ 3湯匙橄欖油或花生油
◎ 4棵蔥（切片）
◎ 2瓣蒜（切片）
◎ 1個甜青椒，或甜紅椒，或柿子椒
　　（去籽，去皮，切成方塊）
◎ 10 ～ 12黑橄欖（去核，切碎）
◎ 56克/0.5杯鮮香菇（去梗，切片）
◎ 2湯匙碎香芹葉或芫荽葉
◎ 鹽和胡椒粉
◎ 所有做醃泡汁的調料放在一個碗裡
　　拌好，將牛腰肉揉搓一遍。在陰涼
　　處放置2 ～ 4個小時，或放進冰箱
　　裡冷存一夜。
◎ 稻米在淡鹽水裡沸煮6 ～ 8分鐘。
　　（控水，放置冷卻）

當你打算完成牛肉包的烹飪時，先將烤箱開至190℃ /375 ℉的溫度。在一個炸鍋裡加熱油，將牛肉在熱油裡把兩面快速煎成棕色。牛肉盛進碟子裡；在同樣的油裡，將蔥、蒜煸炒2 ～ 3分鐘。加入辣椒、橄欖和蘑菇及剩餘的醃泡汁；再翻炒2分鐘，用鹽和胡椒粉進行適當的調味。

紙平鋪在桌上，刷油的那一面朝上，每張紙的半邊放一半的米；牛肉再放在米上面。把辣椒、蘑菇的混合物分成兩等份，然後分別放在牛肉上面。再撒上點香芹末或芫荽末；把紙捲起來，折疊邊緣部分來封口。

做好的牛肉包放進烤盤裡，在烤箱中烤5 ～ 8分鐘。立即上桌，不要打開紙包；吃這道菜的一個極大的享受就是當你打開它時，能聞到那徐徐冒出的香氣。

如果你不想連紙或鋁箔紙也吃掉，就小心地撕開紙包，用一個大叉子把其中的食物盛進碟子裡，將剩餘的也刮出來。你可能會願意在廚房裡做這些事，因為這樣有機會把每碟的外觀整理好。

仁當　印尼菜最傑出的代表
Rendang

這道蘇門答臘西部的經典菜式，據說是印尼菜最傑出、也是最原始的代表。我所有的書裡都收錄了這個食譜，因此我就不爲在這裡又介紹它而向讀者致歉了。仁當（Rendang）總是和米飯一起吃，因爲那是這道豐富而又鮮美多汁的肉菜的最佳搭配，米飯可以是泰國香米，或其他長粒米飯以及糯米飯。

在西方國家裡，仁當有時會被描述成咖哩，這很不準確。儘管這個名稱在馬來西亞適用於咖哩味的肉菜，可是正宗的仁當和咖哩沒有一點相似之處。它做好後，肉呈深棕色，幾乎接近黑色，塊大而且無湯汁，這是因爲在幾個小時的烹飪過程中，肉把其餘的湯汁全都吸收了。

素食主義者也可以做很好吃的仁當，像蘇門答臘人就經常用菠蘿蜜果代替肉來做。如果烹飪完成後，鍋裡仍有一些湯汁，那就變成另外一種菜肴了，傳統上稱爲「kalio」。

另外一個很好的方案是在最後1個小時加入大紅豆。這是我們過去在困難時期常用的增補方法，但味道極好。如果用乾的大紅豆，先浸泡一夜，再用水沒過煮30 ～ 45分鐘，然後控水，在仁當起鍋前1個小時加進去（要準確把握時間只能簡單依靠經驗了，前提是你喜歡豆子外脆裡軟）。

在家裡自己做的時候，我會放更多的辣椒，所有的香料最好是新鮮的。

準備：25 ～ 30分鐘
供6 ～ 8人食用
烹飪：3個小時

◎ 1.35公斤/3磅/6杯水牛肉或小牛肉：胸部的肉更好，要麼內側後腿肉或最好的牛腿肉也行（切成約2公分的方塊）
◎ 6棵蔥
◎ 4瓣蒜
◎ 3公分長的薑段（去皮）
◎ 1茶匙薑黃根粉
◎ 6個紅辣椒，去籽或3茶匙辣椒粉

◎ 0.5茶匙香根莎草粉
◎ 2.3升/4品脫/10杯椰奶
◎ 1片月桂葉
◎ 1片新鮮薑黃葉（僅供選擇）
◎ 2茶匙鹽

蔥剝皮切片，辣椒和薑大致切碎。放進攪拌器裡，加4湯匙椰奶，攪拌成糊。然後把這些倒進大炒鍋或燉鍋裡（開始用淺鍋，然後倒進炒鍋，這樣一般會比較方便）。肉也放在淺鍋裡，椰奶要沒過它。

　　攪拌好鍋中的食物，開始用中火敞蓋烹煮。讓鍋裡泛起小泡，煮1.5個小時，期間不時攪拌一下；椰奶會變得很濃，當然量會減少。

　　如果你是從一個大燉鍋開始烹飪的，把鍋裡的東西倒進一個炒鍋裡，繼續用同樣的方式烹煮30分鐘，但要不時地攪拌。到那時椰奶會熬成椰油，而一直燉煮的肉不久要開始被油炸了。自那時起，仁當需要被頻繁地攪動。嚐一下味道，如果需要就加點鹽。當椰油變濃且呈棕色時，繼續攪拌約15分鐘，直到椰油被肉完全吸收了。趁熱搭配米飯食用。

什錦肉糜　著名的墨西哥菜簡單做
Picadillo

這是一道著名的墨西哥菜，烹飪非常簡單。它是我特別喜歡吃的菜，部分是因為這是我在爪哇剛結婚時試驗的第一道「外國」菜——一個美國朋友給我的這個食譜。如果當時這道菜做出來不好吃，天知道我現在還會不會是以廚師為職業。事實上，它非常美味，30年來我只加過自己的兩種配料：薑和熟雞蛋塊作為裝飾。真正的什錦肉糜，正如伊莉莎白·蘭伯特·奧爾蒂斯在《墨西哥完全烹飪手冊》書中描述的那樣，是用炸杏仁做裝飾，用蘋果塊代替小黃瓜，當然也沒有薑，但我喜歡薑。

準備：30分鐘

供4～6人食用

烹飪：25～30分鐘

- ◎ 450克/1磅/2杯長粒米
  （洗淨，控水）
- ◎ 3湯匙橄欖油
- ◎ 4棵蔥或1個大洋蔥（切碎）
- ◎ 3瓣蒜（切碎）
- ◎ 1茶匙薑末或牛至（僅供選擇）
- ◎ 2或3個青椒或墨西哥辣椒
  （去籽，切碎）
- ◎ 450克/1磅/2杯瘦牛肉（切碎）
- ◎ 1個甜青椒或柿子椒（去籽
  切成小塊）
- ◎ 450克/1磅熟番茄（去皮，去籽，切
  碎；或390克的碎番茄罐頭）
- ◎ 鹽和胡椒粉
- ◎ 56克/0.3杯葡萄乾
- ◎ 56克/0.5杯黑橄欖或綠橄欖
  （去核，切為2半或夾心辣椒橄欖，
  切為2半）
- ◎ 2湯匙小黃瓜塊
- ◎ 2個煮老的雞蛋（切碎，僅供選擇）
- ◎ 2湯匙香芹末
- ◎ 依照本書所述的任一方法做熟米
  飯，算好時間，讓其和肉糜同時
  做好。

在鍋裡加熱油。將蔥（或洋蔥）、蒜、薑（如果用的話）和辣椒翻炒3分鐘。加入碎牛肉，充分翻炒3～4分鐘，使它和其餘配料混合均匀。接著加入甜椒或柿子椒和番茄。再次攪拌後，慢燉15分鐘，期間還須不時地攪動。

適當調味，加入除了雞蛋塊和香芹末以外的所有配料。充分攪拌後繼續慢燉2分鐘。

最好的裝盤方式是先拿一個大碗盛上熱米飯，倒上1/3的肉糜；然後整碗扣在大淺盤裡。再把剩餘的肉糜堆在表面，最後用雞蛋塊和香芹裝點一下。趁熱吃，搭配上綠色沙拉，做午餐或晚餐皆可。

牛肉米餅　甚至能吸引不愛牛肉的人
Hamburger Steak with Rice

自製的牛肉餅對家人以及客人來說總會有些特別。撇開口味不談，對任何一個並不喜歡，或不擅於一口咬那麼厚的牛肉的人來說，它還是有一種特別的吸引力。

我發現最適於切來做牛肉餅的是臀部的牛肉，可以在家自己用絞肉機攪碎，或用尖刀或切肉刀切碎。食物調理機會很節省時間，但肉還是用刀切出來的口感比較好；然而，如果你喜歡買已經切碎的牛肉，那就選瘦些的。

米飯在這個食譜裡是用來做夾片的。如果也用米飯來做夾層的話，它因為能吸進肉汁，所以也是很美味的。因此這道牛肉餅只需搭配蒸蔬菜或綠色沙拉，就能作為一頓很好的午餐或晚餐了。

不要忘記先炸洋蔥或蔥。即使牛肉餅本身做出的味道很淡，熟洋蔥還是會帶甜香味，而生洋蔥就沒有。

準備：40分鐘
供4人食用
烹飪：6 ～ 8分鐘或18 ～ 20分鐘

◎ 112克/0.5杯米，糯米或泰國香米，冷水浸泡1個小時（控水）
◎ 450 ～ 675克/1 ～ 1.5磅/3杯臀部的牛肉（切碎）
◎ 3湯匙橄欖油或花生油
◎ 8棵蔥或1個大洋蔥（切片）
◎ 2瓣蒜（切片）
◎ 0.5茶匙卡宴辣椒或辣椒粉，或新磨的黑胡椒粉
◎ 1茶匙芫荽粉
◎ 0.5茶匙鹽
◎ 2茶匙生抽醬油
◎ 0.5茶匙薑汁
◎ 2湯匙青蔥末或細香蔥或蒔蘿
◎ 糯米蒸15分鐘，如果用泰國香米，就用吸收法烹飪。

將蔥或洋蔥及蒜在油裡翻炒5～6分鐘。放至冷卻，在一個碗裡拌入所有配料，除了米飯留一半，最好用手和勻。不要用力揉搓，只需輕輕拌好就行。

剩餘的米飯分成8份；把肉餡也分成8份。每份肉餡在手掌間滾成一個球，用拇指在上面按出一個洞，填入一份米飯。然後根據個人喜好把它做成喜歡的形狀，注意要讓填入的米飯保持在中間的位置。將這些牛肉餅壓平一點，如果不打算立即吃，就冷藏在冰箱裡。

牛肉餅可以在平底鍋裡放少許油用旺火烙或煎；每面煎2～3分鐘變成棕色即可。如果你喜歡吃熟透的牛肉，就放進預熱到180℃/350℉的烤箱裡烤5～8分鐘，趁熱吃。

或者，如果喜歡醬汁牛肉餅，就把選定的醬汁在炸鍋裡加熱，放入牛肉餅，蓋鍋慢燉5～8分鐘。

燉牛肉配米糕　東南亞受歡迎的家庭菜式
Long-Cooked Beef with Compressed Rice（Gulai daging）

經得住長時間烹飪的，就是風味十足的牛肉了。這個食譜需要在牛胸肉，或無骨牛肉條和牛裡脊及牛尾當中選擇一種，或者都選。它們的價格都不高，但都要花時間去準備。要剔掉牛胸肉上的脂肪，及無骨牛肉條和牛裡脊上的肌腱，還有牛尾上的骨頭。向賣肉的人要牛胸骨，加上牛尾骨，就可以熬一鍋好湯了。

　　咖哩牛肉在馬來西亞和印尼是很受歡迎的家庭菜式。它常以白米飯佐餐，但在宴會上卻常和郎當（米糕）搭配。它本身不僅很美味，而且便於儲存保質，所以主人還可以提前一天就做好，在宴會時與客人一起享用。

準備：1個小時
供10 ～ 12人食用
烹飪：1個小時50分鐘

◎ 1公斤/2磅帶骨胸肉
◎ 1公斤/2磅里肌肉，
　　或從牛胸肉上切下的無骨牛肉條
◎ 1根牛尾

醬汁
◎ 1個大洋蔥，切碎
◎ 2瓣蒜，切碎
◎ 1 ～ 3個紅辣椒（去籽，切碎）
◎ 2茶匙芫荽粉
◎ 1茶匙孜然粉
◎ 1茶匙薑黃根粉
◎ 8個油桐子或12個去皮杏仁
◎ 2湯匙花生油
◎ 2湯匙水
◎ 0.5茶匙鹽

其他配料
◎ 2片酸橙葉或月桂葉
◎ 1根檸檬草（洗淨，切為2 ～ 3段）
◎ 1.7升/3品脫/7.5杯牛肉湯
◎ 570毫升/1品脫/2.5杯濃椰漿
◎ 鹽（根據口味添加）
◎ 450克/1磅新鮮小馬鈴薯
　　（刮皮，洗淨）
◎ 450克/1磅法國菜豆
　　（摘好，切成2半）
◎ 如上所述將牛肉處理好，切成約2.5
　　公分的方塊。

將所有做醬汁的調料攪拌成糊狀。倒入燉鍋裡，煮沸後慢燉5～6分鐘。加入所有的肉，攪拌2～3分鐘；蓋鍋慢燉5～8分鐘。揭蓋，加入酸橙葉或月桂葉和高湯。再次煮沸後，慢燉1個小時。不時攪動，如果必要再多加點高湯或熱水。湯水應該一直保持沒過肉塊。

加入椰奶和馬鈴薯。再次煮沸後，繼續燉25分鐘，要不停地攪拌。這時肉應該燉得相當軟了，馬鈴薯也快熟了。如果想一煮好就上桌的話，就繼續加入豆子再煮10分鐘。然後適當調味，立即上桌。

或者，如果是提前24個小時準備，在放入豆子之前就停止烹飪，將其放至冷卻後，放進冰箱冷藏。次日，取出慢慢加熱，直至煮沸。放入豆子，再煮10分鐘或稍長時間直到豆子變軟，適當調味，立即上桌。

牛肉和米糕要分開盛，客人自己取用米糕，然後把牛肉澆在上面。

紅燜牛肉　值得費時烹調的美味燉菜
Red Stew of Beef（Rogan josh）

簡單的白米飯至今都是美味燉菜的最佳佐餐。我總是用牛胸肉來做這道紅燜牛肉的，但牛腿肉或牛後腹肉也不錯。你當然也可以用羔羊肉或山羊肉來做。我是用羔羊肉或山羊肉來做的，但就不都叫羊肉咖哩了，即使做法和配料都相同。

因為這種燉菜要花很長的時間，因此我經常一次做很多，可以用於招待參加自助餐宴會的客人；如果有剩餘，也可以冷凍起來，至少能保質3個月。

準備：1個小時，包括爐上的烹飪
供8～10人食用，
作為自助餐的一道菜就可供更多人食用
烹飪：烤箱2～2.5個小時

◎ 2～2.5公斤/4～5磅/8～10杯
牛胸肉，最好的牛腿肉或牛後腹肉
（切成2.5公分的方塊）
◎ 1茶匙鹽
◎ 1湯匙麵粉或中筋麵粉
◎ 112毫升/0.5杯花生油或玉米油
◎ 2個大洋蔥（切碎）

醬汁
◎ 4瓣蒜
◎ 1.5茶匙薑末
◎ 4～6個大紅椒（去籽，切碎）
◎ 4個綠豆蔻的籽
◎ 3顆丁香
◎ 2茶匙芫荽粉
◎ 2茶匙孜然粉
◎ 1茶匙辣椒粉
◎ 0.5茶匙鹽
◎ 4湯匙熱水
◎ 2湯匙花生油

其他配料
◎ 2片咖哩葉或月桂葉
◎ 5公分長的桂皮
◎ 112毫升/0.5杯原味優酪乳
◎ 鹽（根據口味添加）
◎ 850毫升/1.5品脫/3.75杯熱水
◎ 用鹽和米粉揉搓牛肉，放在一邊備
用，然後準備其他配料。將所有做
醬汁的調料攪拌成糊狀

在炒鍋裡加熱油，肉分批油炸，每次炸3分鐘。用漏勺撈出放在篩網裡控油。在同樣的油裡，將洋蔥煸炒至輕微變色。洋蔥盛進碗裡，醬汁倒進鍋裡，不停攪動著慢燉4～5分鐘。

加入肉塊，充分攪拌，醬汁要沒過肉塊。蓋鍋繼續慢燉3分鐘。揭蓋，放入炸洋蔥、咖哩葉或月桂葉及桂皮。拌入優酪乳，一次加一點。所有優酪乳加完後，繼續慢燉2分鐘，然後倒入熱水。再次攪拌後，燜煮5分鐘。

將燉菜盛進帶蓋的大烤盤或焙盤裡輕輕地蓋好，放入預熱160℃/320℉的烤箱裡加熱1個小時。然後溫度調低至120℃/250℉，取出烤盤，攪拌一下。適當調味，再放回烤箱內，繼續加熱1～1.5個小時。趁熱上桌。

牛肉蓋飯　米飯與牛肉燒汁邂逅
Donburi with Beef

日式大碗是日本一種盛食物的帶蓋瓷碗，半徑大約為15公分。
做米飯的同時，準備做牛肉澆汁的配料。

準備：10分鐘
供4～6人食用
烹飪：15分鐘

◎ 450克/1磅/2杯日本米或泰國香米
（用煮或蒸或電鍋的方式來烹飪）

牛肉澆汁
◎ 2湯匙花生油或玉米油
◎ 285～340克臀部的牛肉或嫩腰肉
或上腰肉（切成小細條）
◎ 4根青蔥（切成圓段）
◎ 2瓣蒜（搗碎）
◎ 2公分洗淨去皮的鮮薑段或
1湯匙薑汁
◎ 225毫升/1杯熱水
◎ 2湯匙米林酒
◎ 2湯匙老抽醬油
◎ 鹽和胡椒粉或卡宴辣椒
（根據口味添加）

在炒鍋或炸鍋裡加熱油，將牛肉翻炒
3分鐘；加入洋蔥、蒜和薑。翻炒1分
鐘後，再加入除了鹽和胡椒粉以外的
其餘配料。開大火，煮至完全沸騰，
讓其沸煮1分鐘。嚐一下味道，如果
必要就加點鹽，如果喜歡就加點黑胡
椒粉或卡宴辣椒。

米飯分別盛在碗裡，牛肉和澆汁分
成相同的份數，分別澆在米飯上面。
立即上桌或在微波爐裡重新加熱，趁
熱食用。

大馬士革式什錦肉焗飯　16世紀古食譜改編的新口味

Rice Dish in the Manner of Damascus with Various Meats
（Una minestra di riso alla damaschina con diverse carni）

這是我的朋友吉利恩・賴利（Gillian Riley）爲我翻譯的一個義大利舊式食譜，它來自巴特羅密歐・斯伽皮（Bartolomeo Scappi）在1570年出版的作品，我又把它改編成了現在的版本。某種程度上我是想把它改成一種適合今天口味的菜肴，所以只用了原作者鍾愛的黃油的1/12的量。不要厭煩這過長的準備和烹飪過程；它做出來是很美味的。在宴會前一天就應該準備好肉和高湯了，這是爲了方便的緣故。乾栗子和雞豆需要浸泡一整夜。

在我看來，這道菜需要清淡的澆汁，最好是用濾過的清湯。只需將湯加熱，撒上2～3湯匙的香芹，如果喜歡的話再滴幾滴檸檬汁。但是如果你拿這湯做澆汁的話，雞豆和栗子就要用水煮了。

準備：
12個小時煮肉和剔骨＋整夜的浸泡
供12～16人食用
烹飪：2個小時

米飯
◎ 1公斤/2磅/4.5杯阿伯里奧米，
　 或其他義大利短粒米
◎ 112克/0.5杯乾雞豆（浸泡一夜）
◎ 112克乾栗子（浸泡一夜）
◎ 56克黃油
◎ 鹽和胡椒粉
◎ 1茶匙肉桂粉
◎ 2茶匙糖（僅供選擇）

烹肉
◎ 半條羊腿
◎ 1.35公斤/3磅小牛的牛脖肉
◎ 15隻食用肉公雞或土雞（切成4半）
◎ 450克/1磅義大利小香腸或
　 燻豬肉香腸

◎ 3升/5.25品脫/13杯或更多水
　（要足夠沒過肉）
◎ 1茶匙鹽
◎ 2個洋蔥（不要去皮，但要洗淨
　 ，切成4半）
◎ 5瓣蒜
◎ 10顆完整黑胡椒粒
◎ 2片月桂葉
◎ 把除了香腸以外所有烹肉的配料都放進一個非常大的燉鍋裡。煮沸後慢燉1個小時，不時地撇去表面的浮渣。1個小時後，撈出所有的肉；待其冷卻後，將肉和骨頭分離，都放在一邊備用。把雞皮和肥肉都丟掉。
◎ 肉骨放回燉鍋裡繼續再慢燉30分鐘，接著加入香腸，再燉15分鐘。撈出香腸，放在一邊備用。將湯濾出，丟棄湯中的固體物。湯冷後，冷藏進冰箱，以便次日可以把表面凝固的脂肪撇去。

在宴會當天，把湯表面的脂肪撇掉，加熱至快沸騰。在三個不同的燉鍋裡分別放入雞豆、栗子和米。用量杯來計量米，加入的湯只比米多一杯就行。剩餘的湯倒在雞豆和栗子上，要沒過它們，如果你不打算把它做澆汁的話，也可以用水，將它們同時進行烹飪。煮15分鐘後，米飯就會將湯汁完全吸收；米飯盛進大碗裡。雞豆和栗子需要煮35～40分鐘。煮好後，將其控水，放至冷卻，去掉雞豆和栗子的薄皮。栗子切為4半。先往米飯裡拌入黃油，接著是雞豆和栗子，最後用鹽和胡椒粉調味。

現在把肉和香腸切成厚片，將兩個耐熱焙盤塗好黃油。把一半的米飯分在這兩個焙盤裡，用勺壓平。再把肉均勻放在米飯上，在表面撒上肉桂粉和糖（如果有使用的話）；然後均勻鋪上剩餘的米飯覆蓋住肉。用鋁箔紙蒙住焙盤，放進預熱到160℃/320 ℉的烤箱裡烘烤1個小時。趁燙時上桌，搭配沙拉或清淡的素炒菠菜。

豬肉焗飯　巴西米飯菜肴色香味俱全

Rice Casserole with Pork（Arrog com porco）

為這個食譜和其他幾道拉丁美洲米飯菜肴，我必須感謝伊莉莎白‧蘭伯特‧奧爾蒂斯。這是來自巴西的食譜。

準備：
10 ～ 15分鐘做醃泡汁＋整夜的醃漬
供 4 ～ 6人食用
烹飪：75分鐘

◎ 1公斤/2磅/4.5杯豬肉：前腿或後腿肉（切成2.5公分的方塊）
◎ 700毫升/1.25品脱/3杯水
◎ 0.5茶匙鹽

醃泡汁
◎ 112毫升/0.5杯干白葡萄酒
◎ 112毫升/0.5杯白醋
◎ 2瓣蒜（搗碎）
◎ 1個中等大小的洋蔥（切碎）
◎ 鹽和鮮胡椒粉
◎ 1湯匙碎芫荽
◎ 1個紅辣椒（去籽，切碎或0.5茶匙塔巴斯哥辣醬油）

其他配料
◎ 340克/1.5杯長粒米
◎ 2湯匙蔬菜油或橄欖油
◎ 1個中等大小的洋蔥（切碎）
◎ 1個甜青椒或柿子椒（去籽，切好）
◎ 1瓣蒜（切碎）
◎ 1湯匙碎芫荽
◎ 鹽和鮮胡椒粉
◎ 112克/0.5杯煮熟的火腿（切片）

◎ 112克新鮮硬酪末（留2湯匙做裝點用）
◎ 15克黃油
◎ 把所有做醃泡汁的調料都放在玻璃碗裡拌好。放進肉塊，充分翻動一下，以使豬肉均勻裹上醃泡汁。蓋上碗放進冰箱冷藏8個小時或一整夜，期間將肉塊翻動一兩次。

取出肉塊後用廚房紙巾拍乾。醃泡汁過濾後留著備用，丟掉其中的固體物。在焙盤或燉鍋裡加熱油，將豬肉煎至淡棕色。加入洋蔥、青椒、蒜和芫荽，再炒3～4分鐘。倒入濾好的醃泡汁，蓋鍋慢燉35～40分鐘，到那時豬肉應該燉軟了。

在燉肉的同時，將米洗淨、控水放入燉鍋裡，倒入700毫升/1.25品脫/3杯水，加0.5茶匙鹽。蓋上鍋，用小火慢燉至水分全部被吸收，大約需20分鐘。關火，但不要揭蓋，直到做好其他最後階段的烹飪準備時，再放進烤箱。

給肉湯適當調味，加入火腿和112克的乳酪末，充分攪拌。在烤盤裡塗上黃油，放入一半的米，用叉子壓平。燉肉均勻撒在米的表層，然後再將剩餘的米擺在肉上面。接著在米表面撒上剩餘的2湯匙切碎的乳酪和黃油，烤盤放進預熱過的烤箱裡，用190℃/375℉的溫度加熱10分鐘，直至表面變為淡棕色。趁熱上桌，配上番茄醬或紅辣椒番茄醬。

蔬菜釀蒸肉　韓國菜中看也中吃
Steamed Pork Stuffed with Vegetables

這個食譜取自韓國菜的做法，其中蔬菜是根據顏色來選的，切成絲後，外觀很好看。在韓國，這道菜總是和一碗白米飯、一碗湯、一些泡菜及一小碗調料搭配的。在蒸之前就把正宗的醬汁倒在肉上，這醬汁是由乾蝦、薑和辣椒做成的。對我而言，它非常美味，但如果你買不到乾蝦和鮮薑，或者也不喜歡辣椒，那可以參考下列給出的另一種醬汁或者就用大蒜來代替。

　　如果是用乾香菇，在熱水裡浸泡10～20分鐘。控乾後，留著泡菇水和蘑菇稈可以做湯用。

準備：
10～15分鐘做醃泡汁＋整夜的醃漬
供4人食用
烹飪：10～12分鐘

- ◎ 450～570克/1～1.25磅
  豬里肌肉（切成4份）
- ◎ 2湯匙花生油

蒜汁（可供選擇）
- ◎ 2～3瓣蒜
- ◎ 2湯匙新鮮麵包屑
- ◎ 2湯匙橄欖油
- ◎ 1茶匙芝麻油（僅供選擇）
- ◎ 8～10顆完整黑胡椒粒
- ◎ 170毫升/0.75杯高湯或水
- ◎ 0.25茶匙鹽

醃泡汁
- ◎ 2湯匙生抽醬油
- ◎ 0.25茶匙辣椒粉
- ◎ 1湯匙米醋或白葡萄酒醋
- ◎ 1湯匙米林酒或干型雪莉酒

烹飪蔬菜
- ◎ 2個中等大小的胡蘿蔔
  （去皮，切成絲）
- ◎ 2個中等大小的節瓜（切成絲）
- ◎ 4～6個新鮮香菇（切片）或乾香菇
  （熱水浸泡10～20分鐘，切片）
- ◎ 8顆青蔥（摘好洗淨，切絲）
- ◎ 半個重約112～170克的白蘿蔔或
  蕪菁（去皮切絲）
- ◎ 2湯匙花生油
- ◎ 鹽和胡椒粉

蝦薑醬汁
- ◎ 2湯匙乾蝦，熱水浸泡5～10分鐘
  （控水）
- ◎ 1茶匙薑末
- ◎ 1個乾的小紅椒（切碎）
- ◎ 1湯匙生抽醬油
- ◎ 170毫升/0.75杯高湯或水
- ◎ 把所有做醃泡汁的調料在玻璃碗裡
  拌好，將肉放入，醃漬2個小時或
  更長時間。

在醃肉的時候，準備蔬菜和醬汁。如果你喜歡吃熟蔬菜，就把每一種菜都在少許油裡炒2分鐘，用鹽和胡椒粉調味。用同一個鍋就行，然後放在一邊備用；或者省略這個步驟，直接用生蔬菜來填肉。

把所有做蝦薑醬汁的配料放進攪拌器裡攪拌成糊，然後用篩子篩進小燉鍋裡。稍微加熱，在把它澆在肉上之前適當調味。

做蒜汁，也是同樣的方法——除了不需要用篩子。直接從攪拌器倒進鍋裡，稍微加熱久一點——約4分鐘，讓蒜減少一點刺激性味道。

預備開飯前再蒸肉，先在每片肉上平行割5道，但注意不要切斷。肉放在耐熱盤裡，盤子要足夠地深，否則蒸肉時出來的汁會溢出來。把蔬菜填進肉的切痕裡，每道都填入不同的蔬菜。這樣就會剩下很多菜，可以把它們擺在肉上面，與填料的顏色互為襯托。

把醬汁及鍋裡其他湯汁均勻倒在填好的豬肉上面，高火蒸12～15分鐘，與米飯搭配食用。

香辣咖哩肉　印度西部風味菜辣得過癮
Pork in a Hot Spicy Sauce（Pork vindaloo）

我並不經常吃豬肉，但這道咖哩肉是我最愛吃的豬肉菜肴，其中的辣椒簡直讓我上了癮（如果你不太愛吃辣，可以少放點辣椒）。米飯可以幫助吸收辣汁，所以我總是要多多添米飯。

這是來自印度西部果阿地區的風味菜式，而我從未去過那個地方。這個食譜來自最近出版的一本叫《世界家庭廚師：稻米和以稻米佐餐的菜式食譜》（*Home Chefs of the World：Rice and Rice-Based Recipes*）。那本書是由國際稻米協會與洛斯·巴諾斯（Los Banos）的一個婦女福利組織「Suhay」聯合出版的。國際稻米協會已經出版了不計其數的、關於稻米各方面的書本和冊子，並證明已是時候出些稻米烹飪方面的書籍了。我經此書的編輯——同時也是一位國際稻米協會高級研究員的太太——伊恩德傑特·沃瑪妮（Inderjeet Virmani）夫人的允許，可以引用其中一兩個食譜，而這就是其中之一。

準備：
20 ～ 25分鐘＋2 ～ 3個小時醃漬
供4 ～ 6人食用
烹飪：35 ～ 55分鐘

◎ 450 ～ 560克/1 ～ 1.25磅/2 ～ 2.5
　杯豬里肌肉（切成2.5公分的方塊）
◎ 4湯匙花生油或橄欖油

醃泡汁
◎ 2湯匙米醋或檸檬汁
◎ 0.5茶匙辣椒粉
◎ 0.5茶匙孜然粉
◎ 0.25茶匙鹽

醬汁
◎ 1個小洋蔥（切碎）
◎ 3瓣蒜（切碎）
◎ 2 ～ 4個大紅椒（切碎）
◎ 1茶匙薑末
◎ 1茶匙芫荽粉
◎ 2顆丁香
◎ 0.5茶匙孜然粉
◎ 0.25茶匙薑黃根粉
◎ 0.5茶匙肉桂粉
◎ 0.5茶匙糖
◎ 1湯匙米醋或白醋
◎ 2湯匙水

其他配料
◎ 1個大洋蔥（切碎）
◎ 2個熟番茄（去皮去籽，切碎，僅供
　選擇）
◎ 112毫升/0.5杯熱水
◎ 1湯匙白醋或米醋
◎ 把做醃泡汁的調料放在一個玻璃碗裡
　拌勻，然後將肉醃漬2 ～ 3個小時。
　把所有做醬汁的配料攪拌成糊狀。

豬肉過油翻炒5分鐘，用漏勺撈出控油。在剩下的油裡，將洋蔥煸炒2 ～ 3分鐘；接著加入醬汁，攪拌後慢燉3 ～ 4分鐘，要不時地攪拌。加入豬肉和番茄（如果有使用的話）及醋。再次攪拌後蓋上鍋，再慢燉3分鐘。適當調味，倒入熱水，繼續敞蓋燉12 ～ 15分鐘。趁熱上桌，搭配足量白米飯。

另一種做法。豬里肌肉或豬排的價格不低，但因其肉質嫩軟，所以烹飪時間會很短。然而做咖哩肉就比較適合長時間的烹飪了，你可以一次多做點，所以應選用整個帶骨的豬腿，或約2公斤/4.5磅的嫩腰肉。這個量可供10 ～ 12人食用。

在做咖哩肉的前一天，水裡放少許鹽、1個洋蔥、1個胡蘿蔔和1個馬鈴薯，分別切成兩半和肉一起煮2個小時。待肉冷卻後，去掉所有肥肉和軟骨，把肉切好，放進醃泡汁裡存進冰箱醃漬一夜。把煮肉的湯也存進冰箱；可以在次日再撇掉肉湯表面的油塊，這樣就只剩下清湯了。

剩餘加工過程同以上步驟，不過醬汁和其他配料都需雙倍的量。在烹飪的最後幾分鐘，把肉湯加熱，用它來代替熱水加進去。而且烹飪時間要久一些，比如說30 ～ 40分鐘，以便湯汁減少而更濃稠。

川式肉絲飯　台灣提味菜＋泰國香米
Sichuan Shredded Pork on Rice

在爲了此書進行遊訪的旅行中我曾到過台灣的台北市，那是在香港特別行政區待了幾天後去的，在那兒吃到了幾道極好的粵菜。和那些粵菜一樣好吃的，還有我在台北的一家川菜館裡發現的這種香辣肉絲──它是擺在圓桌中間讓客人自助取用的提味菜肴。有它佐餐，我們每個人都吃了一碗亮晶晶的白米飯。在家裡，我就把肉絲直接堆在泰國香米做的白米飯上，其他什麼都不配，把它作爲一道完整的主菜。或許之後會上一道沙拉，而開胃菜則有可能是來自世界其他完全不同的地方。

準備：25～30分鐘（包括做米飯）
＋浸泡時間
供4人食用
烹飪：10分鐘

◎ 450～675克/1～1.5磅/3杯
　豬里肌肉（切絲）

醃泡汁
◎ 1茶匙花生油
◎ 1茶匙芝麻油
◎ 0.25茶匙辣椒粉
◎ 1茶匙玉米粉（用1湯匙水溶解）
◎ 1茶匙生抽醬油

辣醬
◎ 4～5瓣蒜（切碎）
◎ 1茶匙薑末
◎ 2～5個乾的小紅椒（熱水浸泡10分
　鐘，控水）
◎ 2湯匙黃豆醬
◎ 1湯匙紹興酒或干型雪莉酒
◎ 1湯匙米醋
◎ 2湯匙水

其他配料
◎ 450克/1磅/2杯泰國香米或其他長
　粒米
◎ 2湯匙花生油
◎ 56克/0.5杯乾香菇（熱水浸泡30分
　鐘，切片）
◎ 112克/0.7杯竹筍罐頭（控水後沖洗一
　下，切成火柴桿似的細條）
◎ 6～8荸薺罐頭（漂淨，切片）
◎ 112克/1杯青蔥（摘好洗淨，切成圓段）
◎ 56毫升/0.25杯高湯或水
◎ 1茶匙糖
◎ 1湯匙生抽醬油
◎ 把所有做醃泡汁的調料放在玻璃碗
　裡拌好，將豬肉條醃漬30分鐘。將
　稻米烹熟。

將所有做醬汁的配料攪拌成糊狀；在炒鍋或大炸鍋裡把調料糊翻炒2分鐘。加入豬肉，再翻炒3分鐘。接著加蘑菇、竹筍和荸薺，繼續翻炒2～3分鐘；再加入剩餘其他配料。攪拌均勻後再慢燉3分鐘，適當調味。

米飯盛進加熱過的大淺盤裡，豬肉擺在米飯上面，立即上桌。

阿卡迪亞式豬肉辣腸　什錦飯的基本成分
Cajun Hot Pork Sausage

在阿卡迪亞和克里奧爾菜式的家鄉，這種腸叫做辣燻腸，是什錦飯的基本組成成分。你或許會發現它跟很多種西班牙肉菜飯的基本成分——「chorizo」的辣腸很類似，這也毫不奇怪。事實上，這兩種腸是可以互換的，所以你如果不想自己製作，可以在商店裡購買其中任何一種。

準備：20分鐘
做8～10根小香腸
烹飪：20～25分鐘

◎ 450克/1磅/2杯豬腿肉（剁碎）
◎ 170克/0.75杯豬油（剁碎）
◎ 3湯匙米粉或麵包屑
◎ 1茶匙黑胡椒粗粒
◎ 2湯匙橄欖油
◎ 5棵蔥或2個洋蔥（切碎）
◎ 2瓣蒜（切碎）
◎ 2個紅辣椒（去籽，切碎或1茶匙辣椒粉）
◎ 0.25茶匙多香果粉
◎ 1茶匙碎百里香
◎ 2湯匙碎香芹
◎ 1片月桂葉（切碎或撕碎）
◎ 1茶匙鹽或據口味添加

蔥或洋蔥在橄欖油裡翻炒3分鐘，然後加入其他調料粉和切碎的配料。繼續翻炒1～2分鐘。把鍋子從火上移開，盛在一個碗裡，放至冷卻。冷卻後，加入豬肉、豬油及米粉或麵包屑。充分攪拌均勻後，用手揉搓幾分鐘或者用攪拌器攪至糊狀。

取1茶匙料炸或煮熟，試嚐味道，看是否需要再調味。如果需要可加入鹽和胡椒粉。至少冷藏30分鐘，時間長點更好，以便其變得緊實而易於處理。

按照本書加工其他香腸的做法，用保鮮膜或塑膠袋包裹住揉搓成形。將做好的香腸在沸水裡煮15分鐘，然後控水，放置冷卻。解開包裹的膜，儲存起來，待需要時再取用，在冰箱冷存（至少可存48個小時）或冰凍（至少1個月）。

〔第七節〕
素食者和嚴格素食者的米飯食譜

亞洲很多稻米種植國都有一個堅定的傳統，就是尊重所有的生命並不得對其使用暴力。不管是因為歷史還是其他什麼原因，我對此不想討論，反正其結果是產生了很多素菜傳統，尤其是在印度和幾個信奉佛教的國家——儘管很多佛教徒並不真正地被禁止吃肉。

如今，從我接觸的資料來判斷，西方國家的素食者數量增長得很快。他們中的一些人，尤其是那些嚴格的奉行者們毫無疑問地變成了素食者或嚴格素食者；也有人因為反對不人道地對待動物，或者因為懷疑屠宰場衛生狀況未達標準，而拒絕吃肉。但也有很多人只是出於想要健康飲食，以及為了降低膽固醇含量的簡單願望，而決定吃素。這樣就出現了很多被稱為臨時素食者的人，而我自己其實也算其中的一個。

之所以寫這一節一部分是由於這個原因，還有一部分是因為我總是很享受為那些對食物很挑剔的人進行的烹飪挑戰，我對於本書這節的考慮和喜愛不在其他章節之下。這一節所包含的菜肴也都是主菜，但沒有一道是可以單獨作為一餐的。它們都需要搭配些食物或者它們之間互為搭配。

關於這點，我想談談米糕或郎當。西方人並不大喜歡吃這個或許因為它是冷食，他們實在不習慣吃和石頭一樣冷的米糕；但我在這裡介紹它，是因為它很方便使用微波爐來加熱。

比如說，印尼沙律，如果把它和花生醬及米糕片混在一起，可用微波爐簡單加熱，而成為一道美味的、令人滿意的速食，適合素食者或（如果省略雞蛋）嚴格素食者。事實上，印尼沙律總是作為沙拉冷食，並不像用微波加熱其他食物那樣加熱，儘管也許那種方式更能誘惑你去嘗試；如果沒有微波爐，每份用單獨的碟子盛好，放進蒸鍋裡蒸2～3分鐘也可以。

天貝——最好的全大豆製品

稻米和大豆的天然配對關係已經提過，因為它們各自含有的氨基酸成分可以形成極富營養的組合，能很好地為那些不吃肉而缺乏蛋白質的人補充蛋白質。大豆真是一種奇妙的植物，它能把空氣中的氮氣轉化為自身的養料，還能提高種植土壤的肥力，但大豆很難被人類的消化系統有效地吸收，所以大

部分要依靠發酵，先幫人類預先進行消化。

　　大豆和豆腐現在是享譽全世界的美食，在本書很多食譜中也發揮非常重要的作用。天貝（Tampeh）是印尼式的，更準確地說是爪哇人發明的（在那裡，被拼作「tempe」）。它在荷蘭和北美也相當知名，在英國一些健康食品店裡也有出售。很多知道它的人，把它當作最好的全大豆製品（順便提一下，儘管它也可以用其他豆類或堅果來做）。天貝的外觀是約2公分厚的大塊狀，它是透過黴菌使熟大豆發酵而成的；有好幾種適合的發酵菌類，但西方的天貝加工者經常用寡孢根黴菌（Rhizopus oligosporus）。

　　新鮮天貝的外觀與卡門貝乾酪相比較，它的表面則很像白色新網球，它的口感和味道則和那兩種物質毫不相干了。把它切開後還能看見中間的豆子仍然是完整的。所以它很緊實，還略微帶著豆子的嚼勁，比豆腐的口感更讓人感興趣當然它還富含纖維。

　　天貝需要烹飪，如果只是簡單煮一下就食用的話，它吃起來有一種淡淡的堅果味道，不會讓人不愉快但也不會讓人覺得有趣。像稻米一樣，它會吸收烹汁——它在西方很多菜肴甚至是漢堡裡能代替肉；它也可以經過榨汁後做醬汁、湯、澆汁和調味汁。當然也可以搭配馬鈴薯、麵條、麵包以及米飯，但因為和稻米搭配很好，因而以此更為出名，我在這裡介紹一下製作天貝的簡單方法，和一些我自己很喜歡的天貝食譜。它不是和稻米一起烹飪，但是要和稻米搭配，這裡註明了最合適的搭配方法。

　　在英國、荷蘭和美國大城市的很多健康食品店裡，都有非常優質的天貝出售；它們大部分都是由小型的、經常是當地的工廠或作坊製作的，而且常是冰凍的。天貝在冷凍狀態下能保質3個月，冷藏狀態下只能保質1個星期左右。含有天貝的烹製菜肴可完全冷藏或冰凍。天貝儲存太久，表面會長黑斑；其實如果只長一點並沒有危害，如果不喜歡黑斑，就切掉它。天貝直至腐爛也不會帶有毒性，只不過那時它會散發出氮氣的味道，因此就沒有人願意食用了。

　　如果你對天貝很感興趣，那可以看看威廉·舒特萊夫（William Shurtleff）及阿克奧·奧亞吉（Akiko Aoyagi）合著的《天貝之書》（The Book of Tempeh），在家自製天貝。

　　首先，就是找到「發酵菌」。和做麵包及釀酒一樣，要先有一些天貝才能接著做，但空氣傳播的黴菌會污染你的培養菌而致使天貝中毒。商業化的實驗

室培植出寡孢根黴菌的純粹人工品種，有向家庭自製天貝者出售的、小包裝的、呈粉狀的發酵菌。一些健康食品店裡也有販賣或者提供郵購服務。

做8塊天貝，每塊重約400克，就是說，共重約3.2公斤/7磅。

準備：2個小時
烹飪：36個小時

◎ 2公斤/4磅包裝的乾大豆
◎ 3湯匙白麥芽醋
◎ 1茶匙發酵
◎ 1個大鍋，容量不少於10升/2英國加侖/2.5美國加侖
◎ 8個可封口的聚乙烯袋或塑膠袋，23×15公分，要刺穿幾個約0.5公分的小洞；乾淨的打眼釘就是合適的工具。

保溫的地方（溫度在27℃/80℉～35℃/95℉之間）可以讓天貝醞釀24～36個小時。

你當然可以改變天貝的數量和大小，但在家發酵要得到最佳效果就需盡可能多做一些。如果早上把大豆煮熟（約需30分鐘），晚上製作天貝（至少2個小時，包括煮豆的那1個小時），那麼到第三天的清晨就好了——就是說整個過程需要48個小時。醞釀的溫度會造成很大的差別，溫度低需要的時間就長，你可以自己掌握。

理想的醞釀場所是一個空氣可以自由流通的小櫃子。櫃子用1～2個100瓦的燈泡進行加熱，並連接上自動調溫器（大部分電子供應商都有）。我把我的自動調溫器設置為28℃/84℉，在這樣的溫度下天貝需30個小時完成發酵。

豆子倒在一個大燉鍋裡，徹底洗淨，控水。倒入充足的冷水沒過——至少3倍於豆子本身的體積，煮沸。水一旦沸騰後，關火，放置8～16個小時。豆子會泡發至原來體積的2倍。

控出水分。用手使勁揉搓和擠壓豆子，弄散它的外皮，並使它們裂為兩半。不必使每顆豆子都裂開，大部分裂開就行。

現在用冷水沖去脫落的大豆皮，不停攪動使其浮至水面。倒掉水和浮起的豆皮，多沖幾次盡量將皮去淨；不必那麼精確地去除乾淨，但脫皮的豆子做出的天貝更好吃。我承認這種方法很浪費水，你可以用小濾網濾去水面浮著的大豆皮，或者把水倒進篩網漏到桶裡，這個水可以澆花園，而豆皮則堆成

小堆。

水面沒有豆皮而變得清澈時，再往鍋裡注入水，冷熱都行，要至少沒過豆子表面5公分。加3湯匙（接近）醋。煮沸後，敞蓋慢燉1個小時。

控水。把豆子撒在舊被單或桌布上，讓其乾燥並慢慢冷卻至室溫；不必讓它乾透，只要不乏濕氣就行。吹風機可以讓它們乾得快一點；不停地翻動一下，使之均勻地冷卻並乾燥。

現在把鍋子擦乾，然後放入所有的豆子（或者，敞口大碗更好）。撒入1湯匙發酵粉，用木勺或手充分攪拌使發酵粉分布均勻。

把豆子均勻分裝在聚乙烯袋中，並封口，然後拍平，每袋應該約2公分厚，這樣天貝變得緊實而且中間的黴菌又能接觸到空氣。袋子都擺放在鐵架上，然後放進櫃子裡；周圍必須確保空氣能流通。

讓其發酵24個小時，就能看見一些黴菌的痕跡了。不要打開袋子；發酵本身也會產生熱量，黴菌會迅速繁殖，所以只要發酵一開始，就不要再把天貝放在很熱的地方了。當白色的黴菌幾乎覆蓋了黃色的大豆，而每塊天貝明顯變成固體時，放置它的最佳場所就應該是廚房裡的桌子，那樣你可以時時關注它（令人驚訝的是，它現在變得溫熱，聞起來就像麵包剛出爐時的味道）。

有一兩塊黑斑出現時，不要擔心：這些是充分發酵的跡象。把整塊冷凍或冷藏起來直至完全凍住，它們才會彼此分離開來，不然「熱點」會繼續發酵。

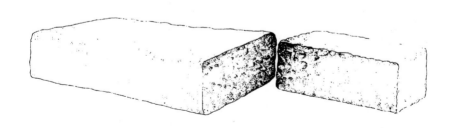

熱拌蔬菜沙拉 　從菜園到餐桌的營養輕食
Hot Mixed Vegetable Salad

儘管這道沙拉的調味汁是東方式的，但也不是麻辣的。蔬菜是直接從蒸鍋裡拿出來的，所以還是熱的。我會把這道沙拉盛在熱熱的糙米飯或白米飯上面，或者搭配簡單的義式調味飯上桌。

你可以根據你的菜園，或當地市場來任意選擇合適的蔬菜組合。在英國，全年都可以購買到以下列出來自泰國的嫩細筍。

準備：15 ～ 20分鐘
供4 ～ 6人食用
烹飪：8 ～ 10分鐘

◎ 340 克嫩細筍，摘好洗淨
◎ 225 克嫩豌豆或糖莢豌豆
　（摘好）
◎ 225 克嫩節瓜（摘好洗淨）
◎ 112 克嫩的甜玉米

調味汁
◎ 2湯匙酥油或澄清黃油
◎ 2茶匙糖
◎ 2湯匙切碎的香芹葉
◎ 1瓣蒜（搗碎）
◎ 0.25茶匙辣椒粉
◎ 2個綠豆蔻的種子
　（在研缽裡搗碎）
◎ 1茶匙薑汁
◎ 4湯匙熱水
◎ 3湯匙米醋或萊姆檸檬汁
◎ 鹽和胡椒粉

先在蒸鍋裡加熱水，同時準備調味汁。在炒鍋或敞口淺鍋裡加熱黃油。放糖，攪拌2分鐘，然後加入除了水、醋或萊姆檸檬汁及鹽和胡椒粉以外的調味汁配料。

再攪拌1分鐘，然後加水和醋或萊姆檸檬汁。煮沸後，用鹽和胡椒粉調味。在用小火煨調味汁的同時，把所有的蔬菜蒸3分鐘。

蔬菜盛進燉調味汁的鍋裡。攪拌後蓋鍋，關火燜1 ～ 2分鐘。立即上桌。

蔬菜什錦配米糕　速配的印尼冷食與郎當
Gado-Gado with Compressed Rice

印尼沙律是用印尼式加花生醬做的熟蔬菜沙拉，它經常作為簡單午餐並常搭配我們稱作郎當的米糕。蔬菜和米糕都是在常溫時食用的；然而並不是說就一定不能加熱，尤其是你有微波爐的話。把蔬菜什錦盛在大淺盤裡或分別盛在小碟子裡，澆上花生醬，切好的米糕擺在邊上，放進微波爐用高溫加熱，單小碟需1～2分鐘，整大盤需2～3分鐘。把裝飾菜撒在溫熱的蔬菜表面。

準備：30分鐘
供4～6人食用
烹飪：15分鐘

蔬菜
◎ 各112克/1杯
◎ 白菜或嫩圓白菜葉、法國菜豆，切成1公分長；胡蘿蔔，（去皮切成薄片）；花菜、豆芽（洗淨）

醬汁
◎ 285毫升/0.5品脫/1.25杯花生醬

裝飾菜
◎ 一些生菜葉和豆瓣菜
◎ 1或2個熟雞蛋（切為4半）
◎ 用225～340克/1～1.5杯米做成的米糕
◎ 0.25根黃瓜（切成薄片）
◎ 1湯匙炸洋蔥

在淡鹽水裡將每種蔬菜分別焯3～4分鐘，豆芽僅需焯2分鐘。分別在篩網裡控水。

如以上所述上桌。即使這道蔬菜什錦是冷食，花生醬在倒下去之前還是應該先放在鍋裡加熱一兩分鐘；如果醬太濃，摻些溫水進去。

椰香玉米飯　復古流行而變成時尚飲食

Rice with Sweet Corn and Coconut

1942～1945年戰爭期間，印尼大部分人都只有很少的東西可以吃。稻米的供應尤其嚴重短缺；而我們是以稻米爲主食的人，如果哪頓沒吃稻米，就會有什麼也沒吃的感覺。

　　在這個食譜裡，最早的時候，玉米和椰子只是簡單切成大塊的。戰爭結束後，稻米的供應充足起來，這道菜就不常做，因爲沒有人願意再想起那段艱難的時期了。

　　如今，它在印尼又重新流行起來——至少是對於那些關心時尚的階層來說——可以少吃稻米。它是以自身的價值成就了今天的流行，其實即使時尚改變了，它仍值得受人歡迎。我最喜歡的是用糙米做的椰香玉米飯。

準備：30分鐘

供 4～6 人食用

烹飪：25分鐘

◎ 225毫升/1杯水或椰漿

◎ 0.5茶匙鹽

◎ 112克/0.5杯棕色長粒米或白米

◎ 112克/0.5杯甜玉米仁，新鮮、冷凍、罐頭裝的均可

◎ 4湯匙新鮮碎椰子或椰蓉

如果是用新鮮或冰凍的玉米仁，先在水或高湯裡放1大撮糖，煮8～10分鐘。罐裝的甜玉米僅需控水漂淨即可。不管是用哪種玉米仁，都要在研缽裡輕輕搗碎或在碗裡用勺背壓碎。

　　換幾遍水將稻米洗淨。放進燉鍋裡，倒入水或椰漿，攔0.5茶匙鹽；煮沸後慢燉至稻米吸收進所有的液體。加入部分搗爛的玉米仁，攪拌均勻；然後把混合物放進蒸鍋裡（如果用的是椰蓉，現在就拌入稻米裡），蒸15分鐘。關火，放置5分鐘。

　　（如果用的是新鮮椰子，先撒1大撮鹽拌好）玉米飯盛進溫熱的碗裡，（在上桌前再拌入鮮椰子）趁熱食用，非素食者可搭配一道魚或肉類葷菜，及素菜或沙拉。

菠菜飯釀白菜　　滿意百分百的希臘菜飯
Cabbage Stuffed with Spinach Rice

白菜葉在很多不同烹調風格裡是可以包裹各種餡料的可食用材料。這種理念的一個簡單延伸就是在整棵白菜裡填上料，用蔬菜和堅果來填，這樣能做出令素食者非常滿意的主菜。我使用的菠菜飯就是著名的希臘菠菜飯。我建議的搭配是用馬鈴薯或麵糊，或之前提到的任何一種米飯菜肴和你喜歡的一種醬汁。

準備：50分鐘
供4～6人食用
烹飪：45～50分鐘

◎ 450克/1磅嫩菠菜（去梗，將葉徹底洗淨）
◎ 2湯匙橄欖油
◎ 1束青蔥（摘好，洗淨，切成薄圓片）
◎ 140克/0.7杯調味飯米或其他短粒米
◎ 285毫升/1.25杯水
◎ 1大撮肉豆蔻粉
◎ 鹽和胡椒粉
◎ 1棵白菜

菠菜葉大致切碎。熱油，加入青蔥翻炒，接著加入米，攪拌至所有米粒均勻地裹上油色；然後放入菠菜、肉豆蔻及一些鹽和胡椒粉。攪拌，倒入水；再攪拌，將水煮沸。蓋上鍋，慢燉14～15分鐘；然後把鍋子從火上移開，放在一塊濕毛巾上，放至冷卻。

剝下白菜的外葉，摘去每片葉子上的硬梗（白菜心還有其他用處）。白菜葉在淡鹽水裡煮6～8分鐘。放進篩網裡控水。

用一些白菜葉鋪在一個圓形耐熱碗裡，碗的尺寸大約與白菜的相同，要顛倒著放，以便包好料做熟後，可以扣在盤子裡上桌。

往鋪好的白菜葉上放煮過的菠菜和米飯，用勺輕輕壓平。再蓋上白菜葉，以便把菠菜飯包住後又能重塑成白菜的原型，顛倒著放在碗裡。用鋁箔紙蒙住碗口，放進大燉鍋裡。往鍋裡倒入熱水，水沒過碗的一半即可。將水煮沸，蓋鍋燜煮30分鐘，確保水不要溢出，也不能煮至鍋乾。

上桌時，揭掉鋁箔紙，扣一個盤子在碗上，再整個翻轉過來，把釀白菜倒扣在盤子裡。在桌上可把它分切成幾份，趁熱吃。

豆腐香菇蓋飯　　蔬菜蓋飯清香又可口
Donburi with Tofu and Shiitake Mushrooms

這是一道蔬菜蓋飯，可以照之前所講的雞肉蘑菇蓋飯那樣準備，只是雞肉和雞湯用豆腐和蔬菜汁來代替。如果用乾香菇，不要忘了把香菇稈和泡菇水也放進做湯汁的鍋裡。

準備：30 ～ 35分鐘
（包括做米飯的時間，
但不包括做蔬菜汁的時間）
供4人食用
烹飪：10分鐘

◎ 340 ～ 450克/3 ～ 4杯
　 新鮮緊實的豆腐
◎ 其他配料同雞肉蘑菇蓋飯，
　 只要省略雞肉，並用蔬菜汁
　 代替雞湯

醃泡汁
◎ 2湯匙生抽醬油
◎ 1湯匙米林酒
◎ 0.25茶匙白胡椒粉
◎ 0.5茶匙薑汁

豆腐塊放在玻璃碗裡，倒入開水沒過它。放置10分鐘後，盛進篩網裡控水。將一個碟子壓在豆腐表面，再在碟子上放一些約1 ～ 2公斤/2 ～ 4磅的重物。這樣壓25分鐘，以便盡可能地把豆腐裡的水壓出來。

豆腐切成4半，每半再切成4半。在黃油裡將豆腐每面煎至棕色。可能需要分兩三批來煎。

把做醃泡汁的配料放進碗裡拌好，豆腐至少醃漬10分鐘，要確保豆腐每面都均勻裹上醃泡汁；然後就可以烹飪蓋飯了。

蒸白蘿蔔米糕夾香濃扁豆　收服美食愛好者的心
Mooli/White Radish Steamed Cakes with Spiced Lentils

我推薦這道菜給素食主義者或嚴格素食主義者（及所有人），可作為一道午餐或晚餐菜肴。可以搭配綠色沙拉，也可在飯前搭配飲料做開胃小吃，儘管它單吃就很有飽足感。白蘿蔔的塊頭通常很大，但也應該可以買到小一點的，比如說重1磅或0.5公斤的。白蘿蔔偶爾也可以做沙拉生吃。

準備：1個小時
**供4人作為午餐或晚餐食用，
作為飲料點心可供6～8人食用**
烹飪：約40分鐘

米糕
◎ 1個白蘿蔔，約重450克/1磅
　/4杯（去皮切片）
◎ 84克/0.5杯米粉
◎ 1湯匙麵粉或中筋麵粉
◎ 1湯匙水或更多

香濃扁豆
◎ 1湯匙花生油
◎ 1湯匙芝麻油
◎ 1個洋蔥（切碎）
◎ 1茶匙芫荽粉
◎ 0.25茶匙辣椒粉或
　白胡椒粉
◎ 0.5茶匙鹽
◎ 112克/0.5杯紅扁豆，
　用水浸泡30分鐘（控水）
◎ 70毫升/0.3杯冷水

白蘿蔔片放進攪拌器裡攪成糊狀。將兩種粉也篩進攪拌器裡，加水和鹽，再次攪拌，攪成濃稠均勻的麵糊。在幾個塗好油的小模子裡分別倒入一半的麵糊，蒸20分鐘（可以分批做）；或者，把麵糊放進蛋糕器裡蒸30分鐘。用金屬棒或竹籤插一下來測試熟度；如果竹籤抽出來是乾淨的，米糕就熟了。用一把小刀繞米糕器周圍鏟一圈，倒出米糕。放在一邊冷卻。

把花生油和芝麻油一起放進小燉鍋裡燒熱，洋蔥煸炒2～3分鐘。加入除了水以外的其他配料；再翻炒2分鐘，加水。慢燉3～4分鐘直至水分被扁豆吸乾。適當調味。

如果做的是一個米糕，而又真正想做三明治的話，就把它從中間切開。扁豆夾在上下兩層米糕中間；再切成幾小份。

如果是用小模子做的米糕，同樣切片做成三明治；如果打算搭配飲料做開胃小吃，就把每個三明治再切為4半。

溫熱或冷食皆可。也可於上桌前再蒸3～4分鐘來重新加熱。

烤紅椒、茄子和白蘿蔔米糕串　醬汁搭配烤味更佳
Red Pepper, Aubergine/Eggplant and Mooli/White Radish Cake Kebab

這種烤串可以用烤箱、烤架木炭爐、燃氣烤爐或電烤爐來烤；可以糙米飯或米糕來佐餐並搭配任一醬汁。

蘿蔔可以事先做好。按每人2個烤串來算，需用8～12支金屬棒或竹籤。

準備：15分鐘
供4～6人食用
烹飪：30分鐘

◎ 1個白蘿蔔蒸米糕（切成約2.5公分的方塊）
◎ 4個紅辣椒或柿子椒（去籽，切成4半）
◎ 2個中等大小的茄子（每個切為6塊）
◎ 2～4湯匙橄欖油或花生油
◎ 鹽和胡椒粉

烤箱預熱到180℃/350℉，或點燃木炭爐，或打開電烤爐，具體情況依據所用器具而定。把蔬菜塊和蘿蔔糕塊串在烤地上，放在烤盤裡，往上面均勻刷一層油；撒上鹽和胡椒粉調味。

在烤箱裡烤20分鐘，翻一次面。如果是用木炭火烤，共烤15分鐘左右，期間要翻轉幾次。烤好後立即上桌。

模製蔬菜飯　用小模具來做，看上去更誘人
Rice and Vegetable Mould

用單獨的小模具來做，會使這道菜看上去更誘人。香芹和奶油──或嚴格素食主義者用的濃椰漿──就可以調成充足的醬汁了。如果喜歡要更多的醬汁，也可以在每個餐碟裡先倒上紅辣椒番茄醬或咖哩汁，再扣上蔬菜飯，或者簡單地將醬汁澆在飯上。以下的量需用4個直徑約10公分、6～7公分深的模子，最好是小模子或做布丁的容器。

準備：40分鐘
供4人食用
烹飪：35～40分鐘

◎ 450克/1磅/4束香芹
　（洗淨，去稈）
◎ 112克/0.5杯濃的鮮奶油
　或濃椰漿
◎ 170克/0.75杯短粒米
　（洗淨控水）
◎ 2湯匙橄欖油或黃油；
◎ 2棵蔥（切碎）
◎ 2瓣蒜（切碎）
◎ 0.5茶匙辣椒粉
　（僅供選擇）
◎ 12克/1杯未張開的蘑菇
　（擦淨切片）
◎ 3個中等大小的歐洲蘿蔔
　（去皮切片）
◎ 鹽和胡椒粉
◎ 340毫升/1.5杯水

在淡鹽水裡將香芹焯2～3分鐘。控水後放置冷卻；盡可能將其擠乾水分，放在一邊備用。在小燉鍋裡將奶油或椰漿燒熱。燒熱後，加入香芹攪拌至所有的奶油或椰漿都被吸乾為止。

在中等大小的燉鍋裡燒熱油，煸炒蔥蒜。加入辣椒粉（如果用的話）、蘑菇和歐洲蘿蔔。繼續翻炒2分鐘；加入米攪拌至米粒均勻地裹上油色。撒鹽和胡椒粉調味，加水。再次攪拌，將其煮沸。水沸後，關小火，蓋緊鍋，慢燉18～20分鐘。

煮米的同時，把不透油紙剪成合適的圓形鋪在模子底部；模子內抹上黃油。把奶油香芹分裝進4個模子裡，用勺輕輕壓平。然後同樣放入米飯混合物。

到此為止的步驟可以提前幾個小時準備好。為了上桌時菜還是熱的，用鋁箔紙蒙住模子，並排放在敞口鍋裡。倒入熱水，水深沒過模子的一半。將水再次煮沸，蓋鍋慢煮5～8分鐘（或者揭去鋁箔紙，用保鮮膜、塑膠袋或廚房紙巾裹住，在微波爐裡高溫加熱2～3分鐘）。用小刀繞模子內壁鏟一圈，分別倒出蔬菜飯盛在餐碟裡。立即上桌，根據喜好搭配醬汁。

蔬菜米卷　調味醬伴食，清爽不油膩
Rice and Vegetable Roulade

你需要先把米煮至變軟；用棉布、粗棉布或香蕉葉將其捲成米卷。米卷稍微冷卻後會便於切開，所以趁其溫熱時上桌，搭配紅辣椒醬或番茄醬。

準備：45 ～ 50分鐘，包括煮米
作為開胃菜可供6 ～ 8人食用
烹飪：20 ～ 25分鐘

◎ 112克/0.5杯短粒米
（放420毫升/0.75品脫/2杯的水煮至水乾）
◎ 1個中等大小的皺皮椰菜
◎ 84克黃油
◎ 鹽和胡椒粉
◎ 4 ～ 6根胡蘿蔔，去皮，豎切為2半，煮熟
◎ 225克/2杯未張開的蘑菇（切片）
◎ 450克/1磅/4杯菠菜（開水焯過，切碎，擠出水分）
◎ 2湯匙香芹末

米飯放至冷卻。白菜葉用開水焯一下，將白菜心切碎。在黃油裡將白菜心炒軟，放鹽和胡椒粉調味。放在一邊冷卻。

在一個盤子裡鋪上一大塊棉布或粗棉布（如果用香蕉葉，就需鋪雙層）。再擺上白菜葉，先撒一層炒菜心、接著是米飯、然後是菠菜、蘑菇，最後是胡蘿蔔。拾起布邊將其捲成香腸的形狀。將兩頭擰起用線繩繫緊，或用香蕉葉裹好，拿牙籤或竹片固定封住。

蒸20 ～ 25分鐘；讓其稍稍冷卻後再解開包裹，切成厚片。

稻米蘆筍沙拉　滿足蘆筍愛好者的需求
Rice Salad with Asparagus

如果你和我一樣是個愛好蘆筍的人，而且你也總覺得它只作為精緻的開胃菜，是不足以完全展示其特色的，那麼這道沙拉能夠很好地滿足你對蘆筍的需求。它也可以與主菜很好地搭配，比如烤魚或就把它當作簡餐的主菜，配上一系列的乳酪就行。

準備：20分鐘
供4 ～ 6人食用
烹飪：25 ～ 30分鐘

◎ 1.7升/3品脫/7.5杯水
◎ 450克/1磅綠色或白色
　的新鮮蘆筍
◎ 225克/1杯長粒米或糙
　米（冷水浸泡30分鐘，然後
　洗淨控水）
◎ 0.5茶匙鹽
◎ 3湯匙橄欖油或花生油
◎ 56克/0.3杯新鮮
　麵包屑
◎ 2瓣蒜（切碎）
◎ 1大撮辣椒粉或
　黑胡椒粉
◎ 0.25茶匙鹽
◎ 2個煮熟的雞蛋（切碎）
◎ 1湯匙青蔥末或
　細香蔥末
◎ 1湯匙香芹末或薄荷
◎ 2湯匙檸檬汁

在燉鍋裡把水煮沸；同時摘好蘆筍，去皮去梗，切成3 ～ 4段。洗淨；筍尖分開放。

水開後，加0.5茶匙鹽，放入蘆筍，不要放筍尖。煮4分鐘後加入筍尖；繼續用中火煮3分鐘。用漏勺撈出蘆筍，放在篩網裡，再用冷水沖洗。留340毫升/1.5杯煮蘆筍的水來煮米飯。

將控過水的米放進燉鍋裡，倒入煮蘆筍的水，再加1湯匙油；煮沸後，用木勺攪動稻米，然後蓋緊鍋蓋。關小火，慢燉20分鐘；把鍋子從火上移開，放在一塊濕毛巾上，放置5分鐘，仍不要揭蓋。

現在把米飯盛在碗裡，用叉子攪鬆，放至稍冷；同時在炒鍋或炸鍋裡將剩餘的油燒熱，放入麵包屑和蒜翻炒至輕微變色。加調味料、碎蛋塊、青蔥或細香蔥及香芹、薄荷。攪拌後，加入檸檬汁和蘆筍；再次攪拌，然後整個包括油都倒在米飯上。充分拌勻，適當調味，待其冷卻到常溫狀態時再上桌。

注意，這道沙拉不要冷藏——因為那會失掉麵包屑的脆性。

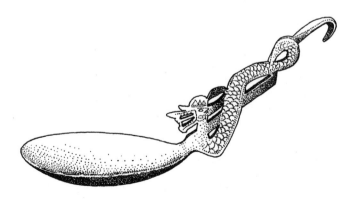

豆腐胡蘿蔔糯米飯　　寮國人烹飪不用椰漿
Glutinous Rice Filled with Tofu and Carrots

可以把糯米如之前所述的爪哇式填料米卷一樣用椰漿來煮；然而寮國人是把糯米作為主食來吃的，所以這裡介紹的是他們的一種烹飪方法。這種方法不用椰漿。

　　因為豆腐要搗成糊，所以不需要先壓出水分；你可以簡單地用棉布把它包起來擠壓。

準備：4個小時（或整夜）浸泡＋30 ～ 35分鐘準備
作為簡單午餐或野餐食物
可供 4 ～ 6 人食用
烹飪：40 ～ 45分鐘

◎ 450克/1磅/2杯糯米（冷水浸泡4個小時或整夜，然後控水）
◎ 450克/1磅/4杯豆腐
◎ 450克/1磅去皮的胡蘿蔔
◎ 0.5茶匙鹽
◎ 0.25茶匙肉豆蔻
◎ 0.5茶匙辣椒粉
◎ 3湯匙米粉或麵粉或中筋麵粉
◎ 3個雞蛋（打散）
◎ 112克/0.7杯新鮮麵包屑
◎ 2 ～ 3湯匙橄欖油或花生油

糯米先蒸20 ～ 25分鐘；然後分成2份。用保鮮膜、塑膠袋或鋁箔紙墊在瑞士卷器皿裡，填入1份糯米，壓成一塊薄米餅。取出後，再同樣把剩下那份糯米做成米餅，這樣就有兩塊餅，可以把豆腐和胡蘿蔔夾在當中做三明治了。

　　將烤箱加熱到200℃ /400 ℉；預熱烤箱時，把胡蘿蔔煮至變軟，這大概要8 ～ 10分鐘。大致將胡蘿蔔切一下放進攪拌器裡攪拌成糊；豆腐同樣攪拌成糊，然後和胡蘿蔔汁混在一個碗裡。放鹽、肉豆蔻粉和辣椒粉調味；加入麵粉和蛋液攪勻。適當調味。

　　在瑞士卷器皿裡放油並撒入一半的麵包屑，要均勻；倒入豆腐胡蘿蔔糊，用刀鋪勻。再撒入剩餘的麵包屑，再滴些油，盡量均勻。將其放入烤箱烘烤15 ～ 20分鐘。

　　待其稍微冷卻後，從器皿中取出夾在米餅中間做成「三明治」。把它切成4 ～ 6塊上桌，冷熱食均可，依據個人喜好搭配醬汁。

塔博勒沙拉式的稻米沙拉　來一道黎巴嫩的夏天美味
Rice Salad, Tabbouleh Style

塔博勒（Tabbouleh）沙拉，是黎巴嫩一種搗碎的小麥沙拉，在英國流行了很多年。它是夏天的一道美味沙拉，尤其是如果你自己的花園裡有充足的薄荷或芫荽的話。

　　我做的這道沙拉用的是短粒糙米，而且放的香料也比我要做真正的黎巴嫩式綠色塔博勒沙拉所需的香料要少得多。正如之前的馬來西亞香草飯一樣，這道菜裡的稻米如果不被其他配料過分地搶味，一定會更令人滿意的。

準備：30 ～ 60 分鐘浸泡
作為午餐的一道菜可供 4 ～ 6 人食用，作為開胃菜或自助餐可供 8 ～ 10 人食用
烹飪：30 ～ 35 分鐘

◎ 1.7 ～ 2.3 升 /3 ～ 4 品脫 /7.5 ～ 10 杯水
◎ 1 茶匙鹽
◎ 1 湯匙橄欖油

調料汁
◎ 3 湯匙青蔥末
◎ 3 湯匙芫荽末
◎ 3 湯匙薄荷末
◎ 2 ～ 3 湯匙萊姆檸檬汁
◎ 1 湯匙橄欖油
◎ 鹽和胡椒粉
◎ 1 根黃瓜（先豎切為 4 半，去籽，切成薄片）

裝飾菜
◎ 4 個紅番茄（去皮去籽，切片或切碎）

在大燉鍋裡加熱水，煮沸後加鹽和油；一次加進一點米，以保證水一直沸騰。火開大一點，將米煮 10 ～ 12 分鐘，期間攪動一兩次。米放進篩網裡，一旦水濾乾後就盛進淺盤裡，鋪好，用叉子將結塊攪散。

　　把調味汁拌勻，和黃瓜片一起放入碗裡。在米飯還熱的時候不要澆汁，因為香草遇熱會枯萎。米飯冷卻後，在大碗裡將其和調味汁充分混勻，再盛進大淺盤裡。番茄片擺在盤子周圍或者堆在米飯上面；冷藏直至需要時再取出，恢復到常溫時再上桌。

香濃茄子飯　剩米飯變身南亞有趣的熱撈飯
Spicy Rice with Aubergine/Eggplant

這是南亞的一種很有趣的熱撈飯（pulao），可以用剩米飯來做。嫩紫茄可以用大茄子代替，油炸之前切成塊。

準備：做米飯30分鐘＋10分鐘
供2人食用
烹飪：8分鐘

◎ 8個嫩茄子（在熱油裡炸
　 3～4分鐘）
◎ 2湯匙油
◎ 0.5茶匙芥菜籽
◎ 0.5茶匙鮮薑末
◎ 0.14茶匙薑黃根粉
◎ 0.5茶匙檸檬汁
◎ 310克/3杯熟米飯
　（巴斯馬蒂米更好）
◎ 2湯匙「火藥」
◎ 鹽和胡椒粉

在炒鍋或大炸鍋裡加熱油。加入芥菜籽翻炒1分鐘，然後加薑末和薑黃根粉。繼續翻炒1分鐘；再放入茄子和米飯不停地翻炒至米飯熱透。然後加檸檬汁、「火藥」、鹽和胡椒粉調味。繼續翻炒1分鐘，趁熱上桌。

辣味天貝　很下飯的油炸料理
Chilli con Tempeh

天貝可以代替肉類做菜；要做出最好的效果，就需要先把它在蒜鹽水裡醃漬後再油炸。然而這個步驟也可以省略，尤其是如果你趕時間或者不想增加菜的卡路里含量時。天貝和稻米搭配得非常好，原因在之前的章節已經解釋得很清楚，所以幾乎沒有必要提到這道辣味天貝要以糙米飯或白米飯佐餐。

準備：1個小時（包括醃漬的時間）
供4 ～ 6人食用
烹飪：45 ～ 50分鐘

◎ 450克/1磅/4杯天貝（切成
　方塊）
◎ 醃漬或深炸（僅供選擇）
◎ 112毫升/0.5杯熱水
◎ 0.5茶匙鹽
◎ 0.5茶匙辣椒粉（僅供選擇）
◎ 2瓣蒜（搗碎）
◎ 深炸用的蔬菜油

【其他配料】
◎ 3湯匙橄欖油或花生油
◎ 1個洋蔥（切碎）
◎ 1瓣蒜（切碎）
◎ 1茶匙薑末
◎ 3 ～ 4個新鮮大紅椒（去籽切
　碎）或1 ～ 2茶匙辣椒粉
◎ 1茶匙芫荽粉（僅供選擇）
◎ 675克/1.5磅鮮番茄（去皮，
　切碎）或450克/1磅
　/2杯番茄罐頭
◎ 鹽和胡椒粉
◎ 0.5茶匙乾牛至葉
　（僅供選擇）

選擇醃漬或深炸。把所有做醃泡汁的配料放在碗裡攪勻，將天貝放入，醃漬至少30 ～ 60分鐘。控水後，分兩批在蔬菜油裡深炸，每批炸4 ～ 5分鐘，需不時翻動；控油後放置冷卻。

不進行醃漬或深炸。在炒鍋或燉鍋裡加熱油，將洋蔥、蒜、薑和辣椒不停翻炒3 ～ 4分鐘。加入芫荽粉，炒20秒，接著加入天貝；繼續翻炒30秒，加入番茄。

慢燉45分鐘，不時攪動一下。放鹽、胡椒粉調味及牛至葉（如果願意加的話）；再次攪拌，試嚐味道。適當調味，趁著熱配食米飯。

釀羊肚菌焗飯　高貴的印度比爾亞尼菜
Biryani with Stuffed Morels

這是我最喜歡的一道印度比爾亞尼菜。我曾在新德里的孔雀王朝「謝拉頓酒店」的廚房裡看過主廚穆罕默德·萊斯（Mohammed Rais）準備和烹飪過這道菜，並非常精確地記錄了下來。不幸的是我負擔不起經常做這道菜的費用，因爲羊肚菌是最貴的菌類之一。但如果遇到特別的場合，這道菜會是一道非常出色的開胃菜，緊隨其後的是（我建議）烤肉或烤魚和沙拉。它作爲主菜也是一樣的出色，但我認爲這種情況下它應該是主菜的結尾曲。事實上，它單獨作爲完整的一餐也未嘗不可，那樣就不會顯得很浪費了。

選個大一點的羊肚菌，這樣可以填入更多的餡料。

在開始烹飪前，把稻米用冷水浸泡30分鐘或更久。如果用的是新鮮羊肚菌，漂洗乾淨，徹底去除縫隙裡的灰塵和沙子，切去菌稈。乾羊肚菌先用熱水浸泡40～45分鐘，再做同樣處理。保留菌稈和泡菌水做湯。

準備：30分鐘浸泡＋30分鐘
作為單碟飯供2人食用；
其他選擇供4人食用
烹飪：30分鐘

米飯
◎ 225克/1杯巴斯馬蒂米、
　得克斯瑪提米（Taxmati）
　或其他優質長粒米
◎ 0.25茶匙鹽
◎ 1.4升/2.5品脫/6.25杯水

餡
◎ 12～16個大羊肚菌，
　新鮮的或乾的都行
◎ 112～170克硬乳酪（切碎）；或印度
　鄉村乳酪、義大利鄉村軟酪或其他
　軟乳酪

將泡過的羊肚菌控水，然後拿廚房紙巾拍乾。把所有做餡料的配料拌勻，填進羊肚菌裡；會有一些餡料剩下，如果這樣，就在最後撒進醬汁裡。

把做米飯的水煮沸，放0.25茶匙的鹽；加入控過水的米，沸騰後再煮6分鐘。將米放進篩網裡控水。

烤箱預熱到180℃/350 ℉。把所有做醬汁的調料粉在碗裡拌勻。

在燉鍋裡加熱酥油或澄清黃油或橄欖油。蔥、薑、蒜煸炒1分鐘，然後加丁香和肉豆蔻。再次攪拌後放入所有的調料粉；再攪拌後加水。煮沸後慢燉4分鐘。放鹽和胡

◎ 2個青椒（去籽，切碎）

◎ 2湯匙碎芫荽或薄荷

◎ 0.5茶匙孜然粉

◎ 1撮鹽

◎ 0.5茶匙糖（僅供選擇）

醬汁

◎ 2湯匙酥油，或澄清黃油，
　或橄欖油

◎ 2棵蔥（切片）

◎ 2瓣蒜（切片）

◎ 1茶匙薑末

◎ 1茶匙芫荽粉

◎ 2～1茶匙孜然粉

◎ 2湯匙杏仁粉

◎ 2顆丁香

◎ 2個綠豆蔻

◎ 0.25茶匙肉桂粉

◎ 0.25～0.5茶匙黃色或
　紅色辣椒粉

◎ 0.25茶匙藏紅花粉或薑黃根粉

◎ 170毫升/0.75杯水

◎ 鹽和胡椒粉

◎ 8湯匙（不是平的）原味優酪乳

椒粉，接著是優酪乳，一次加1湯匙，需不停地攪動。然後將填料羊肚菌小心地放入平底鍋裡，蓋鍋慢燉3～4分鐘。

　適當調味；將羊肚菌盛進帶蓋的耐高溫碟子裡。在醬汁表面撒上剩餘的餡料——如果有剩餘的話。再鋪入米。蓋上蓋子，放進預熱好的烤箱烘烤30～35分鐘，如果必要的話可以烤更長時間，但不要超過1個小時。烤35分鐘後將烤箱溫度調低至120℃/250℉。趁熱上桌。

石鍋拌飯　韓國國民素餐簡單做
Bibimbab

這道韓國米飯菜肴其實很簡單：米飯摻上什錦蔬菜，搭配得很有藝術性。韓國餐館經常還會佐以一些烤牛肉和一碗湯，但即使不搭配這些，它也是一道令人十分滿意的菜肴。韓式石鍋拌飯最好用類似於日本「kama」的鐵鍋來烹飪。最好趁熱時上桌，然後打入一個生雞蛋。可以用筷子來吃，並把雞蛋戳破摻進熱米飯裡，以便使它熟得快些。

應該放7種不同的蔬菜，其中必須有菠菜和泡菜，即韓國醃漬的辣白菜。如果買不到韓國泡菜，可以用任意一種泡菜替代或者用切片的醃小黃瓜代替。每種蔬菜先分別烹熟，味道要淡，保持住其原有的香味。我會搭配一碗醃青椒讓客人自助取用，它可以在熟食店裡購買到。

我在韓國的很多地方都吃過石鍋拌飯，但我得說僅在新牌希爾頓酒店（the brand-new Hilton hotel）裡吃的是最好的一次：在一個木盤上，鐵碗裡的拌飯熱氣騰騰，旁邊鐵盤裡的牛肉還在嘶嘶作響，一個漂亮的玉色碗盛著清湯。

不管怎樣，以下介紹的是我在家裡烹飪拌飯的方法，並把它作為一道菜的素餐。

準備：50分鐘
供4～6人食用
烹飪：30～35分鐘

◎ 450克/1磅/2杯日本短粒米、韓國米、美國加州玫瑰米或Kokuho 玫瑰米，用電鍋或吸收法烹熟
◎ 4或6個雞蛋

蔬菜
◎ 450克/1磅菠菜，去梗，徹底洗淨
◎ 225克/2杯去皮的白蘿蔔，切成絲
◎ 112克/1杯新鮮香菇，或56克/0.5杯乾香菇（熱水浸泡20分鐘，切片）；225克/2杯節瓜（切絲）

醬汁或醃泡汁
◎ 1湯匙花生油
◎ 1湯匙芝麻油
◎ 4湯匙青蔥末
◎ 2瓣蒜，切碎
◎ 1湯匙芝麻（在研缽裡搗碎）
◎ 2湯匙生抽醬油
◎ 新磨的黑胡椒或半茶匙辣椒粉

蔬菜分別用開水焯1～2分鐘，控水，堆在大淺盤裡。不需再用冷水沖洗，但要把菠菜的多餘水分擠出，然後大致切碎。

在小燉鍋裡把兩種油混在一起加熱。將洋蔥和蒜煸炒1分鐘左右，加入搗碎的芝麻、醬油和胡椒粉或辣椒粉。慢燉1分鐘，然後加高湯或水。再慢燉2分鐘。適當調味後倒在所有蔬菜上；讓其浸漬10～15分鐘。

要想拌飯上桌時還很燙，最簡單的辦法是米飯熟後立即分別盛進加熱過的大湯碗裡。蔬菜堆在其表面，每種蔬菜自成一堆，在米飯表面圍成一個圓圈。把生雞蛋打在中間。醃泡汁均勻分在幾個碗裡，然後每碗都放進微波爐裡（或用蒸鍋蒸）加熱1～2分鐘。

從微波爐或蒸鍋裡取出後直接上

◎ 56毫升／0.25杯蔬菜汁或水

裝飾菜

◎ 一些醃漬小黃瓜（切碎或其他泡菜）
◎ 泡青椒（僅供選擇）

桌，中間僅會因為撒入裝飾菜而暫停一會兒。每位客人可以把半熟的雞蛋拌進熱米飯裡，讓雞蛋進一步變熟。至於醃青椒，就放在一個小碗或調料瓶裡讓客人自助取用。

野生米、馬鈴薯、茄子和乳酪沙拉
與烤味的完美組合簡單做
Wild Rice Salad with Potatoes, Aubergines/Eggplants and Cheese

這是一道很令人滿意的美味午餐菜肴，非常適合與烤肉或烤魚搭配。野生米常帶有堅果的風味，很耐嚼，而這道沙拉的其他三種成分口感都很柔軟。調味汁由綠色香草和優酪乳調製而成。至於乳酪，我建議用羊乳酪或義大利白乾酪，任意味淡的乳酪都可以，只要能切成塊而不碎就行。

準備：1個小時
供4人食用
烹飪：約1.5個小時

◎ 112克/0.5杯野生米
◎ 112克/0.5杯棕色長粒米（洗淨控水）
◎ 850毫升/1.5品脱/3.75杯水
◎ 0.5茶匙鹽
◎ 450克/1磅新鮮小馬鈴薯或蠟質馬鈴薯，去皮（或洗擦淨，然後切成2半或切成4半）
◎ 2個中等大小的茄子（切成塊）
◎ 170克淡乳酪（切成塊）
◎ 140毫升/0.73杯深炸用的油

調味汁
◎ 6～8湯匙原味（或「天然」)優酪乳
◎ 1湯匙細香蔥末
◎ 1湯匙碎薄荷
◎ 1湯匙碎芫荽
◎ 1茶匙糖（僅供選擇）
◎ 1瓣蒜（搗碎）
◎ 鹽和胡椒粉

茄子塊放進篩網裡；撒1湯匙鹽，放置30～60分鐘。把鹽分沖洗掉，拿廚房紙巾拍乾；然後分3批油炸，每批炸3～4分鐘。

把放了0.5茶匙鹽的水煮沸，放入野生米，低火煮40分鐘。然後加入糙米，蓋緊鍋，繼續慢燉30分鐘或煮至水乾即可。把鍋子從火上移開，不要揭蓋，放置5分鐘，再盛入碗裡。煮米的同時，在另一個鍋裡把馬鈴薯煮軟。

把所有做調味汁的配料放在一個大碗裡拌勻，加入米、馬鈴薯和茄子，要趁它們還是溫熱的時候。充分攪拌，適當調味。冷藏至需要時取出。常溫時上桌。

野生米白米雜錦飯　令人垂涎的色香辣味兒
Wild and White Rice Pilaf

野生米會使這道菜的顏色更誘人，而辣椒則足夠刺激人們的食欲。

準備：1個小時浸泡
供 4 ～ 6 人食用
烹飪：約1.25個小時

◎ 84克/1.3 ～ 1.5 杯野生米
◎ 225克/1杯白色長粒米
◎ 兩種米分別用冷水浸泡1個小時，
　然後控水

其他配料
◎ 2湯匙花生油或橄欖油
◎ 3棵蔥（切片）
◎ 1瓣蒜，切碎（僅供選擇）
◎ 570毫升/1品脫/2.5杯冷水
◎ 0.5茶匙鹽
◎ 1大撮辣椒粉
◎ 2湯匙碎芫荽或芫荽葉（僅供選擇）
◎ 0.5茶匙芫荽粉
◎ 3湯匙椰蓉
◎ 285毫升/1.25杯熱水

在燉鍋裡，將蔥蒜過油煸炒1分鐘，然後加入野生米繼續翻炒1分鐘。倒入冷水，加鹽；煮沸後敞蓋慢燉30分鐘。

加入白米和所有其他配料，包括熱水。再次煮沸，攪拌一下，蓋上鍋。低火燜煮15 ～ 20分鐘或放入中溫（150 ～ 160℃ /300 ～ 320 ℉）的烤箱裡加熱30分鐘。趁熱上桌。

天貝餅　大豆香氣令人精神愉快
Tempeh Hamburger Steak

天貝比豆腐的味道更濃，有一種大豆的香味會令人精神愉快。無論是切成片還是切成塊來烹飪，都能在吸收烹汁之後還保持住本身的風味。它做成的餅也非常的美味，只要你不加什麼額外奇怪的調料進去，或者你很習慣它的味道。我在這個食譜裡用的香料是印尼式的，所以如果對你來說還不太熟悉的話，可以選用自己知道的和容易買到的香料。

我當然會以簡單烹飪的糙米飯或白米飯佐餐，但它其實可以搭配本書中任意一款米飯菜肴，或者你也可以把它夾在麵包裡做漢堡來吃。

準備：30分鐘
供4～6人食用
烹飪：12～16分鐘

◎ 3湯匙花生油
◎ 4～5棵蔥或2個洋蔥（切片）
◎ 3瓣蒜（切片）
◎ 1個或2個紅辣椒（去籽，切碎）
◎ 1茶匙薑末
◎ 1茶匙芫荽粉
◎ 0.5茶匙孜然粉
◎ 450克/1磅/4杯天貝
　　（切碎或攪碎）
◎ 鹽和胡椒粉
◎ 2湯匙碎香芹葉
◎ 1～2個雞蛋
◎ 4～5湯匙花生油

蔥或洋蔥煸炒至輕微變色。加入蒜、辣椒（如果使用的話）、薑和調料粉；再翻炒1分鐘後加入天貝。攪拌後用鹽和胡椒粉調味；後盛進一個玻璃碗裡，放置稍稍冷卻下。

待其冷卻後，混入香芹和蛋液。充分攪拌，做成4～6個小餡餅。在不粘炸鍋或長柄淺鍋裡用油將每面淺炸6～8分鐘，翻一次面。我喜歡把它趁熱時擺上桌，配以花生醬、米飯和素菜進行食用。

天貝豆腐熟沙拉　搭配米糕冷食尤其美味
Tempeh and Tofu Cooked Salad

這是另一道適合素食者或嚴格素食者的菜肴，如果搭配米飯可以作爲令人滿意的主菜。趁熱配上野生米、白米雜錦飯，或搭配米糕冷食就尤其美味。

準備：10分鐘
供4 ～ 6人食用
烹飪：15 ～ 20分鐘

◎ 390克/3.5杯天貝
◎ 340克/3杯豆腐
◎ 112克/1杯豆芽
◎ 2個青椒（去籽，切片）
◎ 3棵蔥（切片）
◎ 1茶匙非常細的薑末
◎ 1瓣蒜（搗碎）
◎ 2湯匙溫和的醋
◎ 1湯匙生抽醬油
◎ 0.5茶匙芥末
◎ 1茶匙糖
◎ 6湯匙水
◎ 鹽
◎ 112克/0.5杯深炸用的葵花籽油
◎ 豆腐和天貝均切成約2.5公分的小塊。豆芽洗淨後放進篩網裡控水。

在不粘炸鍋裡，將天貝分幾批炸至金黃色，豆腐也一樣，都放在吸油紙上備用。把油倒出，只留約2滿湯匙的量。將蔥、辣椒、薑和蒜煸炒1分鐘左右，然後加醋、醬油、芥末和糖。再次攪拌後加水。

煮沸後慢燉2分鐘，試味，如果需要，再加點鹽。放入炸好的天貝和豆腐，整個攪拌均勻，接著加入豆芽。再次攪拌後僅慢燉2分鐘。冷熱食皆可。

豆腐餅　日本或爪哇式配料各有風味
Tofu Hamburger Steak

這道菜的很多配料都是日本式的。然而如果你喜歡香味濃的，可以用爪哇式調料；烹飪方法是一樣的。豆腐最好選用緊實點、新鮮的中國式豆腐，可以在中國商店裡購買，或者用所謂的「原始豆腐」，在大型超市和健康食品店裡都有賣的。

這道豆腐餅可以搭配糙米飯或小豆飯。

準備：15分鐘
供4～6人食用
烹飪：10～12分鐘

◎ 675～900克/1.5～2磅/6～8杯緊實的豆腐
◎ 56克/0.5杯新鮮香菇或未張開的蘑菇
◎ 2湯匙青蔥末
◎ 1湯匙不甜的日本豆麵醬或黃豆醬
◎ 1湯匙生抽醬油
◎ 1個雞蛋
◎ 2湯匙米粉或麵粉或中筋麵粉
◎ 油炸用的蔬菜油

豆腐放在碗裡，倒入沸水沒過；讓其浸泡10分鐘。控水，用一塊棉布包裹住擠壓出水分。

除了米粉或麵粉及油，把豆腐和其他配料都放進攪拌器裡；僅攪拌幾秒鐘即可。把混合物倒進一個碗裡，用木勺再攪拌一下（或者，把豆腐放在碗裡用木勺搗碎，然後混入其他配料）。

適當調味——如果喜歡可加一些胡椒粉。將其做成4～6個小餡餅，再輕輕裹上麵粉，放入鍋（最好是不粘鍋）裡過油每面炸5～6分鐘，翻轉一次。

如以上所述擺上桌，搭配沙拉或素菜及番茄醬或紅辣椒醬。

香炸天貝　特殊烹飪改變天貝的口感
Fried Spiced Tempeh

這種方法烹飪的天貝吃起來口感很像是肉，也很美味。我建議搭配椰子飯或未加肉的炒飯。它的最佳蔬菜搭檔是豆類，再配上淡咖哩汁──如果你是嚴格素食者，可用椰漿代替優酪乳來做。這道菜在炸好後切成小塊，也可以作為飯前飲料小點心。

準備：約1.5個小時
供4 ～ 6人食用
烹飪：70分鐘

◎ 約700克/1.5 ～ 2磅/8杯天貝
◎ 1個小洋蔥
◎ 2瓣蒜
◎ 1茶匙芫荽粉
◎ 1茶匙薑末
◎ 1片月桂葉
◎ 0.25茶匙香根莎草粉
◎ 2滿湯匙棕糖
◎ 0.5茶匙辣椒粉
◎ 450克/2杯羅望子汁
◎ 鹽
◎ 450克/2杯水
◎ 蔬菜油

天貝切成厚片，洋蔥則切成薄片。把除了油以外的所有配料都放進燉鍋裡，蓋鍋烹煮50 ～ 60分鐘或煮至汁乾。注意不要燒糊。煮好後將其冷卻幾分鐘，再放入熱油裡炸，翻轉一次，以便將天貝片兩面都煎至棕色。冷熱食皆可。

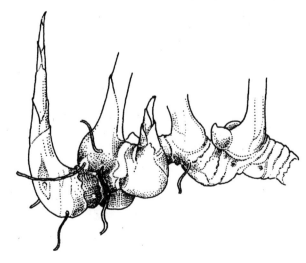

醬香菜豆飯　　百搭的簡餐
Rice and Beans in Sambal Goreng Sauce

這是爲素食者和嚴格素食者準備的一道簡餐。可搭配豆腐、天貝或任一素菜。

準備：
10 ～ 15分鐘，不包括做醬的時間
供4 ～ 6人食用
烹飪：20 ～ 25分鐘

◎ 450克/1磅/2杯長粒米（洗淨控水）
◎ 570毫升/1品脱/2.5杯水
◎ 0.25茶匙鹽
◎ 1湯匙橄欖油（僅供選擇）
◎ 450克/1磅/4杯法國菜豆（摘好，切成2半）
◎ 570毫升/1品脱/2.5杯魚醬

在小鍋裡將魚醬稍微加熱。在一個大燉鍋裡放入稻米和水，加鹽和油（如果用的話），將水煮沸。水沸後，將稻米攪動一下，然後敞蓋慢燉10分鐘。放入菜豆，撒上一點鹽，倒入1/3的魚醬。蓋緊鍋，把火關至盡量小，再慢燉10 ～ 12分鐘。

把鍋子從火上移開，放在濕毛巾上，不要揭蓋，放置5 ～ 8分鐘。然後立即上桌，剩餘醬汁盛在一個碗或調料瓶裡讓客人自助取用。

風味玉米菠菜米布丁　非常出色的主菜
Spinach, Sweet Corn and Rice Savoury Pudding

這對一般素食者來說是一道非常出色的主菜，而對於嚴格素食者來說，你可以用椰漿、麵粉、中筋麵粉代替雞蛋。理想的甜玉米應該是從嫩玉米穗軸上掰下來的，但罐裝或冰凍的也很好。

　需用1升/2品脫/5杯的布丁盆，或類似模具的容器。

準備：50分鐘
供 4 人食用
烹飪：50 ～ 55分鐘

◎ 450克/1磅/4杯菠菜（去梗，徹底洗淨）
◎ 4個雞蛋（或者，為嚴格素食主義者，112毫升/0.5杯椰漿和56克/0.25杯麵粉或中筋麵粉）
◎ 225克/2杯甜玉米（攪拌成糊）
◎ 170克/1.5杯熟米飯
◎ 鹽和胡椒粉
◎ 2湯匙橄欖油或花生油
◎ 2個洋蔥（切碎）
◎ 2瓣蒜（切碎）
◎ 1茶匙芫荽粉
◎ 0.5茶匙辣椒粉
◎ 56 ～ 84克/碎乳酪──硬酪，切達乾酪或荷蘭乾酪（僅供選擇）

菠菜用熱水焯1分鐘，放進篩網裡控水，再用冷水沖洗一下。盡量擠出菠菜中的水分，然後切碎。放在碗裡備用。

　在一個炸鍋裡，將洋蔥和蒜翻炒至變軟，然後加入芫荽粉和辣椒粉攪拌（如果是做嚴格素食的版本，在這裡就拌入麵粉和椰漿，一直攪成濃稠的醬汁）。

　加入甜玉米漿和熟米飯；充分攪拌，用鹽調味。把這混合物倒進菠菜碗裡；充分拌匀。如果你做的不是嚴格素食版本，現在加入蛋液，充分攪拌。

　在模具裡塗上黃油或油，然後放入米飯和菠菜的混合物。用勺壓平，用鋁箔紙蒙住口，把模具放在燉鍋裡。往鍋裡倒入熱水，水深沒過模具的一半。蓋鍋，將水煮沸，關小火，慢燉40 ～ 50分鐘。

　待布丁稍稍冷卻，用小刀沿模具內壁鏟一圈，將一個盤子扣在模具上，然後整個翻轉過來，把布丁扣在盤子裡。切成厚片趁溫熱時上桌，撒點乳酪末（如果願意的話），並搭配番茄醬或選你喜歡的醬汁。

{第八節}

滿足另一個胃──甜米糕和布丁

　　這一節寫完後與我預想的一點也不相同；我常常念及那些由大量米粉和椰漿製成，並常用露兜葉（pandanus）的汁染成亮綠色的甜米糕。在許多亞洲國家裡，如果花一個下午去拜訪朋友，那麼很可能就會被招待吃這種米糕。這樣的米糕可以作為完美的甜點，儘管我們並沒有把它們當作甜點。

　　這些米糕和布丁中只有一兩種收進了這個章節，而大部分也都在最後被那些更西式的甜點擠了出去。在它們的配料和香料中，有些是很現代的，其餘則要追溯到西方用牛奶、杏仁和香料烹飪米飯的傳統方式了。它們很多都是在米飯布丁主題上變體了，儘管還有少數可以辨認出原形，但是在兩年的食譜嘗試和友人公正的品鑒過程中，那些在英國失傳已久的布丁又重新變得火熱了起來，我的另一本書裡收集了更多東方傳統的甜品食譜。

大黃米粥　來自芬蘭的大黃醬拌水果
Rice and Rhubarb Porridge

儘管這個食譜是經由芬蘭的加科‧羅哈拉（Jaakko Rahola）傳到我的手上，本節還有幾個類似的、來自世界其他地方的食譜。米粥可以用很多種不同的器具來做。你也可以把這道甜點稱爲大黃醬拌水果。

如果有充足的時間，你可以做東方式的米粥；如果趕時間，就照這個芬蘭人的食譜做。芬蘭果醬極其美味，可以用來做上好的霜淇淋或者米粥。匆忙中的廚師無疑會很感激這種果醬。

爲了讓米粥黏稠，你需要將稻米放在至少4倍於它的液體中烹煮。熬粥也通常要花1個多小時，讓米粒充分吸收水分後變得黏軟。因爲這個食譜是快捷型的，所以需要用到食物調理機。

當然也可以用任意新鮮水果濃湯來做。把大黃醬或其他水果放糖煮2～3分鐘，然後和其他配料一起放入食物調理機裡（有些水果或漿果需用篩子篩進來，這樣效果會更好）。

準備：10分鐘
供4～6人食用
烹飪：7～10分鐘

◎ 170克/0.75杯短粒米或泰國香米（洗淨，控水）
◎ 450克/1磅/1.5杯最易買到的大黃醬
◎ 糖（如果需要的話）
◎ 2～4湯匙濃的鮮奶油（僅供選擇）

米在足量的水裡沸煮10～12分鐘。控水；和其他配料一起倒進食物調理機裡攪拌成糊。調味，如果必要就加點糖；冷藏大約2個小時。上桌，冷食或常溫時食用均可。

蒸夾餡糯米糕　香蕉葉裏香的印尼米糕
Stuffed Glutinous Rice Steamed Cakes（Kue Bugis）

這些印尼牛奶雞蛋麵糊糕是用加糖的椰子碎塊填料的，經常在烹飪時還裏上香蕉葉。至於香蕉葉，無論新鮮的還是冰凍的，在西方很多亞洲商店裡都可以買得到，可以用它來代替小模子。它會使米糕帶有奇妙的香味，並且還省去了清洗小模子的麻煩。

香蕉葉洗淨。用剪刀剪成20～25公分的正方形。然後用熱水浸泡10分鐘使之更有柔韌性。想像著把每片正方形葉子再分為9個小方格——3行，每行3個。在中間的方格裡放一層特濃椰漿、米粉等，按下列描述的次序，然後做成扁平的米糕。先沿著葉子的紋理折疊，將兩邊都捲過來覆蓋住米糕。然後沿對角折疊，將兩端上下重疊在一起，這樣米糕就被完整地封起來了，再拿去蒸。

準備：
15～20分鐘
做8～10塊
烹飪：15～20分鐘

◎ 225克/1杯糯米粉
◎ 340毫升/1.5杯椰漿
◎ 1撮鹽

填料
◎ 112克/1杯碎椰子，
　新鮮椰子或椰蓉
◎ 84克/0.5杯棕糖
◎ 1湯匙糯米粉
◎ 225毫升/1杯水

奶油
◎ 225毫升/1杯特濃椰漿
◎ 1撮鹽

米粉放進燉鍋裡，小心地倒入椰漿，不時地攪拌。加一撮鹽。烹煮過程中先是偶爾攪動一下，當它變得濃稠時，就需不斷地攪拌。它會開始變得像粥；繼續再煮5分鐘。

現在做餡料。在水裡放糖加熱至糖完全溶化，然後拌入椰子，慢燉至水分完全被椰子塊吸收。放1湯匙糯米粉，充分攪拌，繼續再煮2分鐘，中間要一直攪動。

在另一個燉鍋裡，將特濃椰漿放一撮鹽煮沸。煮沸後，再不停地攪拌3分鐘。

在印尼，蒸糯米糕是用以上所述方法製作的，但用耐高溫的小碗或小模子做也是一樣的好。往每個小模子裡倒入2茶匙特濃椰漿，加1湯匙濃稠的米粥。用勺將其壓平，然後放入1湯匙餡料，再加1湯匙米粥，最後加2湯匙特濃椰漿。蒸10～15分鐘。就用小模子直接擺上桌，溫熱或冷食皆可。

雞肉米粉甜點　另類組合封藏著絕佳口味
Rice Flour and Chicken Dessert

在1986年，土耳其科尼亞市（Konya）文化旅遊協會組織了第一屆兩年一次的國際食品烹飪大會。這是一次盛大的集會，主辦方熱情好客。在眾多美食中，我第一次品嚐到了這道絕佳的甜點。你可能從未想到過會在甜點中發現雞肉，我也是，當我被告知事實真相時簡直驚呆了。但它確實好吃。

我在這兒介紹的版本是綜合了兩個食譜：一個來自內文・哈里切（Nevin Halici）的土耳其食譜，另一個是14世紀後期義大利做「bramagere」（近似於牛奶凍的詞語）的食譜。你最好用新磨製的米粉，不過袋裝的也不錯。

準備：8個小時（或一整夜）
＋40分鐘
供8 ～ 12人食用
烹飪：35分鐘

- 112克/0.5杯茉莉米或巴斯馬蒂米（洗淨，然後在225毫升/1杯水裡浸泡至少8個小時或一整夜；或112克/0.5杯米粉，摻入225毫升/1杯水或牛奶）
- 1升/1.75品脫/4.5杯牛奶
- 170克/0.75杯糖
- 1塊去皮雞胸肉（約100克/3.5 ～ 4盎司）
- 56克/0.5杯杏仁粉
- 0.5茶匙玫瑰水（僅供選擇）

在燉鍋裡放入雞胸肉，倒入剛好沒過它的水，煮15 ～ 20分鐘。如果你用的是米粒，把它和泡米的水一起倒進食物調理機裡，攪拌成米糊。

撈出雞胸肉再用冷水沖幾秒鐘。把它放進一個盤子裡，蓋上一塊毛巾或碗布，用擀麵杖擀一下，就像 餡餅那樣；這樣用手就能很容易地把雞肉撕碎。

在不粘鍋裡，慢慢燒熱牛奶。快要煮沸時，倒入米糊，不停攪拌著，慢燉15分鐘；然後加糖，繼續攪拌10分鐘。最後加入撕碎的雞肉和杏仁粉，再攪拌10分鐘。在快出鍋時倒入玫瑰水（如果使用的話）。

可以把米糊混合物分在8 ～ 10個或12個小杯或小模子裡，趁溫熱時食用或冷時用勺來吃；或者在不粘鍋裡塗好黃油並加熱。鍋熱後，倒入米糊。晃動鍋將其攤平，低火烙7 ～ 8分鐘，無須翻動；這樣會把米糊底部烙成可愛的金棕色。待其完全冷卻後再從鍋裡拿出來；盛在平盤裡，像蛋糕那樣切成幾份。

椰香奶油米粉甜點　涼夏裡的東方甜品
Coconut Cream Rice Dessert

這是很多用米粉製作的東方甜點之一。可搭配夏日水果沙拉（那些多汁的紅色漿果）或我自己最喜歡的百香果汁與芒果組合，相當美味。

　　這裡用的米粉需新磨製的；如果你有食物調理機，那就很容易了。

準備：8個小時或一整夜浸泡
＋40 ～ 50分鐘
供8 ～ 10人食用
烹飪：35 ～ 40分鐘

◎ 112克/0.5杯米，
泰國香米或巴斯馬蒂米，
（洗淨，在225毫升/1杯水裡
浸泡至少8個小時或一整夜）
◎ 570毫升/1品脫/2.5杯
特濃牛奶
◎ 420毫升/0.75品脫/2
杯鮮奶油（如果你不想用奶
油，就用1升/1.75品脫/4.5
杯椰漿）
◎ 170克糖
◎ 56克/0.5杯杏仁粉
◎ 1茶匙柑橘花水
（僅供選擇）
◎ 西番蓮果汁及芒果組合
（如果需要的話）
◎ 2 ～ 3個熟芒果
（去皮並切塊）
◎ 1個萊檬的汁
◎ 2茶匙糖
◎ 10 ～ 12個西番蓮果
◎ 2湯匙黑朗姆酒
（僅供選擇）

把稻米及泡米的水倒入食物調理機裡，攪拌成糊狀。

　　在不粘鍋裡加熱椰漿及奶油（如果用的話）。在其達到沸點時，倒入米糊，不停地攪拌著慢燉15分鐘。然後加糖繼續攪拌10分鐘。最後加杏仁粉和柑橘花水（如果用的話）。繼續再攪拌10分鐘。

　　把米糊混合物分盛到8 ～ 10個甜點碗裡，而碗要足夠大到只被奶油米糊占去一半的空間才行。在上桌前至少冷藏4個小時，撒上水果沙拉或下列所述的西番蓮果汁與芒果組合。

　　芒果塊放在一個玻璃碗裡，混入萊姆檸檬汁和糖。將西番蓮果切成兩半，榨出果汁，放在另一個碗裡。將果汁用篩子濾進芒果碗裡。丟掉濾出的種子。加入朗姆酒（如果用的話）後，調味。你可能會覺得需要再加一點糖。

　　這也可以事先準備好，放進冰箱裡冷藏，但上桌時要恢復到常溫狀態。

香蕉米糕　和著椰香的印尼香蕉布丁
Rice Batter Cake with Bananas

這道印尼牛奶雞蛋麵糊糕傳統上是用椰漿來做的，但用牛奶或羊奶也都不錯。布丁會呈白色或棕色，這取決於所用糖的顏色。

準備：20 ～ 25分鐘
供4 ～ 6人食用
烹飪：30分鐘

◎ 170克/0.75杯米粉
◎ 56克/0.25杯
　玉米粉或玉米澱粉
◎ 3個香蕉
◎ 1大撮鹽
◎ 700毫升/1.25品脫
　/3杯椰漿或牛奶或羊奶
◎ 98克/0.5杯椰糖或棕糖
　或白砂糖

將米粉和麵粉篩進碗裡，加鹽。香蕉切成1公分厚的圓片。

米粉混入約112毫升/0.5杯的冷牛奶放在攪拌器裡攪拌成糊。

把剩餘的牛奶放在燉鍋裡加熱；快要沸騰時，加糖攪拌至完全溶解。然後倒入米糊，一次倒一點，用木勺不停地攪拌，直至攪得濃稠平滑、沒有結塊為止。

舀進小模子裡，要留出放入香蕉的空間。每個模子裡放2 ～ 3片香蕉，然後把小模子放進蒸鍋裡蒸25 ～ 30分鐘。或者把它們都放進大燉鍋裡，倒入沒過模子一半的水，蓋鍋煮至米糊凝固，這要花大概25 ～ 30分鐘。

趁溫熱食用或冷食皆可。

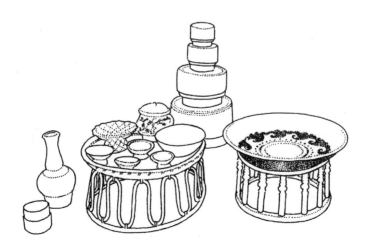

什錦漿果焦糖粥　把白米粥變成精緻甜品
Caramelized Congee with Berries

粥或許只是簡單的白米粥，可以當早餐吃，也許可以變成某種精緻的食品。當我還是小女孩的時候，我的祖母在我胃痛時就只給我吃粥，這樣會使我很快恢復健康。也許是因為我厭煩了老是吃粥，又或是因為它真的對人很有益處，從那以後，我會經常試著把粥做得更具吸引力一點，而這道食譜算是相當成功的。我希望它也能受到嚴格素食者的歡迎。你可以任意加進各種不同的漿果，也可以只用一兩種。

準備：2～4個小時浸泡
＋25分鐘
供6～8人食用
烹飪：1.25個小時

粥
◎ 112克/0.5杯泰國香米
　或任一短粒米
　（浸泡2～4個小時或更長時間，
　然後洗淨控水）
◎ 850毫升/1.5品脫/3.75杯
　椰漿
◎ 3湯匙砂糖
◎ 1撮鹽
◎ 幾滴香草精（僅供選擇）

水果
◎ 225克羅甘莓
◎ 225克覆盆子
◎ 225克草莓
◎ 225克黑莓或任一
　可買到的漿果

最後加
◎ 每份加1湯匙紅糖或軟棕糖

仔細把漿果洗淨，控水後放在一邊備用。把所有做粥的配料放進燉鍋裡，煮沸後開始慢燉，偶爾攪拌一下，直至熬成濃稠的米粥。這要花大概1個小時的時間；再來可以直接用這個米粥或稀釋一下使其更平滑。

把一半的米粥分盛進6～8個耐熱碟裡；漿果均勻分好，撒在米粥表面。再把剩下那半米粥分別倒在漿果上面。每份撒點棕糖，在上桌前把碟子烘烤加熱2分鐘或者加熱至焦糖狀即可。立即上桌。

果仁水果米布丁　冷藏滋味更加，也好上桌
Rice Flour Pudding with Nuts and Fruit

可以用牛奶或椰漿來做這道布丁。堅果最好用開心果，否則用杏仁、胡桃核或「kenari」堅果（印尼式）也行。不管用哪一種，都需要用開水熱燙或烤炙一下，以便能輕易地去除堅果的果皮。水果應該用杏子和桃子，或芒果和菠蘿蜜果。用食物調理果汁機製作新鮮的米粉是最理想的，袋裝的也行。

我建議先把布丁盛在碗裡冷藏，開飯時直接端上桌就行，因為當著大家的面從模子裡取布丁會很尷尬——除非先在模子裡墊上保鮮膜。

準備：8個小時或整夜的
浸泡＋40分鐘
供8～12人食用
烹飪：30分鐘

◎ 1升/1.75品脫/4.5杯牛奶或椰漿
◎ 2湯匙玉米粉或玉米澱粉，摻入3
　湯匙水或牛奶
◎ 112克/0.5杯稻米，泰國香米或巴
　斯馬蒂米（洗淨，用225毫升/1杯水
　或牛奶浸泡至少8個小時或整夜；
　或者等量米粉，摻入與以上同量的水或
　牛奶）
◎ 170克/0.75杯砂糖
◎ 170克/1.5杯去皮的水果
　（參見以上，切成小塊）
◎ 56克/0.5杯去皮果仁
　（參見以上，大致搗碎）
◎ 做水果醬（如果需要）
◎ 340～450克/1磅/3～4杯
　去皮水果（和做布丁的水果
　相同，切碎）
◎ 1湯匙檸檬汁
◎ 1～2湯匙糖粉或砂糖，
　（用4湯匙溫水溶解）

把米和泡米水一起放進食物調理果汁機裡攪拌成糊；在不粘鍋裡慢慢加熱牛奶。快至沸點時，倒入米糊，接著加入玉米粉或玉米澱粉糊，不停攪拌著慢燉15分鐘；然後加糖繼續攪拌10分鐘。最後加水果和堅果，再攪2分鐘。

布丁如上所述分盛在8～10個或12個小碗裡。冷藏，然後上桌，可單獨冷食，或搭配其中所用水果的果醬。

把所有要做果醬的配料攪拌成糊。冷食或常溫時食用。

覆盆子米糕　在傳統組合上加料
Sweet Rice Cake with Raspberries

這道布丁做起來簡單快捷，但卻保留了米、牛奶和杏仁的傳統組合。水果澆汁可以多樣化一點：夏天的草莓或紅色無核小葡萄乾；秋天的無花果或黑莓，或者你自己最喜歡的熱帶水果——菠蘿蜜果或榴槤。

準備：45分鐘
供6～8人食用
烹飪：35～40分鐘

甜米糕
◎ 112克/0.5杯短粒米或布丁米
◎ 340毫升/1.5杯牛奶
◎ 112克/1杯杏仁粉
◎ 1撮肉豆蔻粉
◎ 4湯匙砂糖
◎ 2個雞蛋

澆汁
◎ 450克/1磅/4杯樹莓
◎ 1湯匙糖粉或砂糖
◎ 濃的鮮奶油或低脂奶油（僅供選擇）

在23公分的蛋奶酥碟或耐熱玻璃製的餡餅碟裡塗上黃油，並墊一層烘烤用紙或蠟紙。烤箱開至180℃/350℉。

換幾遍水將米清洗乾淨，放進燉鍋裡。加入牛奶，充分攪拌，將其煮沸。慢燉30分鐘，或煮至水乾。稻米放至冷卻。

烹飪：35～40分鐘

雞蛋打散，加糖後打至起泡（手工打散要花大約4分鐘，用電子打蛋器只需2分鐘）。加入杏仁粉，再快速攪幾秒鐘。

把蛋液拌入米裡，然後整個倒在墊好紙的碟子裡。放進烤箱烘烤35～40分鐘；然後取出，拿一個盤子倒扣在布丁上，將碟子反扣過來倒出布丁。剝去烘烤紙，放置冷卻。

在上桌前撒上鮮奶油（如果用的話），再在奶油上撒樹莓或其他水果（或者直接把水果放在布丁上，奶油盛在壺裡一起上桌；或者乾脆不要奶油）。撒點糖粉或砂糖在水果上。將蛋糕切成6～8份上桌。

義式米糕　非布丁的典型義大利甜點
Italians Rice Cake（Torta di riso）

經安娜‧德爾‧康特允許，從她的《義大利美食鑑賞》（Entertaining all Italiana）一書中引用了這個食譜，據書中說，米糕在義大利正如布丁在英國那樣典型，有很多種不同的製作版本。然而，這是一種軟質蛋糕，不是牛奶布丁。至少要在食用前24個小時做好，包上鋁箔紙放進冰箱裡冷藏。可以放2～3天。取出後，在上桌前至少放置2個小時，待其恢復到常溫。

準備：45分鐘
供8 ～ 10人食用
烹飪：45分鐘

- ◎ 700毫升/1.25品脫/3杯
  全脂牛奶
- ◎ 170克粉或砂糖
- ◎ 1條檸檬皮（僅需其黃色部分）
- ◎ 2.5公分長的香子蘭果（切為2半）
- ◎ 5公分的肉桂枝
- ◎ 鹽
- ◎ 140克阿伯里奧米
- ◎ 112克/0.75杯杏
  （用沸水輕燙去皮）
- ◎ 56克/0.5杯松子
- ◎ 4個雞蛋，蛋清蛋黃分開
- ◎ 28克柑橘、檸檬、
  香草和肉桂（切碎）
- ◎ 0.5個檸檬的外皮（切碎）

- ◎ 3湯匙朗姆酒
- ◎ 黃油和乾麵包屑
- ◎ 裝飾用的糖霜

牛奶倒進燉鍋裡，加28克/0.15杯的糖、檸檬皮、香草、肉桂和1撮鹽，將其煮沸。用木勺拌入米，繼續敞蓋烹煮，不時地攪動一下，用非常小的火慢燉至米粒完全吸收進牛奶，這時米粒會變得柔軟並呈奶油色。這個過程要花40分鐘；然後把鍋放在一邊冷卻。

煮米的同時，將烤箱加熱到180℃/350℉。

在焙盤裡撒入杏仁和松子，放進預熱好的烤箱裡烤10分鐘。每隔幾分鐘晃動一下焙盤，防止烤糊。待其稍稍冷卻後，用刀大致切碎或放進攪拌器裡攪拌；不要攪成粉狀。

把米粒中的檸檬皮、香草和肉桂枝揀出來，然後將米倒進調拌碗裡。往米裡加入蛋黃，一次加一個，充分攪勻；同時拌入剩餘的糖、果仁、蜜餞、碎檸檬皮和朗姆酒，確保其混合均勻。蛋清攪至發硬，也摻進來。

在口徑約25公分的活底圓形蛋糕罐裡塗一層黃油。墊一層不透油紙，紙上也塗上黃油；底部和各邊都撒上麵包屑。

把混合物舀進罐子裡。烘烤大約45分鐘；用一根牙籤插入蛋糕中間，抽出來如果只有一點潮濕就證明已經烤好了。在烹飪過程中，蛋糕會縮小一點。讓其在容器裡慢慢冷卻，然後倒扣在碟子裡。拿掉罐底和紙，扣一個圓盤在蛋糕上，再整個翻轉過來，讓蛋糕正面朝上。

用鋁箔紙蓋住蛋糕和碟子，如上所述放進冰箱冷藏。在上桌前再撒上糖霜。

黑米布丁　東西合璧黑糯米粥的變體
Black Rice Pudding

這是一道東西合璧式的黑糯米粥的變體。你也可以用野生米來做，但要在用牛奶煮之前，先把它用340毫升/1.5杯的水煮30分鐘。

準備：2～4個小時浸泡＋20分鐘
供6～8人食用
烹飪：40～45分鐘

◎ 1170克/0.75杯黑糯米或野生米，浸泡2～4個小時（然後控水）
◎ 570毫升/1品脫/2.5杯牛奶或椰漿
◎ 1大撮鹽
◎ 84克軟質黃油
◎ 84克/0.5杯糖
◎ 3個雞蛋
◎ 3湯匙紅糖

將米加牛奶和鹽在燉鍋裡煮沸，然後慢燉25～30分鐘，不時地攪拌一下。放置冷卻。

將黃油加糖一起攪3～4分鐘，打入蛋液；繼續快速攪5～6分鐘。然後將其摻進米粒裡。

把一個做蛋奶酥的圓碟塗上黃油，倒入米粒混合物；在上面撒點棕糖。放進預熱到180℃/350°F的烤箱裡烘烤40～45分鐘。

趁熱或溫熱時食用，如果喜歡可配上鮮奶油。

開心果米餅　食譜書上沒有的土耳其米餅
Rice Flour and Pistachio Blini

很多年前，我在土耳其南部加濟安泰普（Gaziantep）時，那裡有一個開心果種植中心。也是在那裡，我首次遇到了這些好吃的米餅——而所有的美味當然是源於剛從樹上摘下來的開心果。我找遍了土耳其的烹飪書籍也沒有發現這個食譜；所以本著一點實驗的精神，我開始自己試著做，我認為已經接近以前吃過的那些美味米餅了。

　　可以在半徑為18公分的淺鍋裡把它們做成米餅，或是在鑄鐵的小煎餅鍋裡把它們做成小米餅。我更喜歡什麼也不加，直接食用，因為它自身的甜味已經夠了。它們用來做早餐很不錯，如果你喜歡可以搭配蜂蜜，並在一天的任何時候都可以吃。如果用來做午前茶點或晚飯後搭配咖啡的小點心，可以把小米餅撒在果醬裡或把果醬撒在大煎餅上，然後折疊兩次，做成扇形狀。水果湯或新鮮水果和奶油應該也是很好的搭配。

準備：約30分鐘＋
30 ～ 40鐘放置
製作50 ～ 60個小餅或
8 ～ 10個大餅
烹飪：30 ～ 35分鐘

◎ 112克/0.5杯米粉
◎ 112克/0.5杯麵粉
◎ 1茶匙烘焙粉或城或蘇打
◎ 1大撮鹽
◎ 5湯匙糖粉或紅糖
◎ 56克人造奶油（將其融化）
◎ 1個雞蛋
◎ 285毫升1.25杯牛奶

◎ 2湯匙花生油或葵花籽油
◎ 112克/1杯去殼的開心果果仁（煮
　 2分鐘，去皮，切碎或用攪拌器攪碎）

　　將米粉和麵粉及烘焙粉或鹼摻在一起；然後篩進碗裡，加糖，用木勺攪拌均勻。把蛋打散後加進來，接著加入融化的奶油；繼續用木勺攪拌幾分鐘，攪成稀麵糰。然後加入牛奶，一次加一點，不時地攪拌，攪成平滑濃稠但能傾倒的麵糊。加入油，繼續用力攪拌使之充分混勻。如果你打算做米餅，就再加56毫升/0.25杯的牛奶將麵糊稀釋一下。將麵糊放置醒30～40分鐘。

　　在要開始烹飪米餅時，才加入切碎的開心果充分攪拌。

　　在鍋裡刷黃油或油，開始舀入麵糊。如果是做小米餅，把煎餅鍋的每個格子裡都注入麵糊，但不要溢出來。用小火烹至麵糊結成固體，表面已開始鼓泡；然後把小煎餅翻一下個兒，將另一面再烹製1分鐘。若做米餅的話，在鍋裡均勻倒入薄薄一層麵糊，烹飪方法同上。如上所述，趁熱或溫熱時食用。如果需要，可以在溫熱的烤箱裡將煎餅快速重新加熱一下。

克利奧爾式油炸什錦米糊　廉價而且速成的早餐
Creole Rice Fritters（Calas）

幾乎所有的炸米糊或炸丸子都是大量製作的，並且十分廉價，這道菜也不例外。它們配上果醬做早餐很是美味，或者在喝茶時間，像烤餅那樣搭配果醬和奶油上桌。如果用鹽和胡椒粉代替糖來做，那麼在早餐時就可以搭配豬肉和雞蛋了。

　　這道食譜做起來非常快捷。我用烘焙粉代替發酵粉，所以可以只醒30分鐘就直接進行油炸，而不用等其發酵一整夜。也可以把麵糊放在冰箱冷藏至多48個小時，按照這個時間，一批麵糊可以做三次早餐。

準備：10分鐘
製作大約30個
烹飪：50分鐘

◎ 225克/1杯長粒米（冷水浸泡
　40分鐘，控水）
◎ 570毫升/1品脫/2.5杯水
◎ 1茶匙鹽
◎ 4湯匙白糖
◎ 112克/0.5杯麵粉或中筋麵
　粉或米粉
◎ 1湯匙烘焙粉
◎ 1茶匙肉桂粉
◎ 0.5茶匙肉豆蔻粉
◎ 4個雞蛋
◎ 深炸用的葵花籽油或
　玉米油
◎ 糖粉，用於撒在糕上
　（僅供選擇）

將米加水和鹽放進燉鍋裡，煮沸。攪拌後，把火關小，讓其慢燉15～20分鐘或煮至水乾。把鍋子從火上移開，加糖。攪拌至糖完全溶解，將米放置冷卻。

　　米飯冷卻後，篩入麵粉、烘焙粉、肉桂粉和豆蔻粉。充分攪勻，都倒入榨汁機或食物調理機裡；再打入蛋液，然後攪成濃稠的麵糊。盛進碗裡，讓其醒30分鐘。

　　深炸時，先在炒鍋或深炸鍋裡把油燒熱到160℃/320℉，這個溫度可使一小片麵包在幾秒鐘內炸至棕色。每1湯匙麵糊做一個，每次舀入5～6湯匙，炸2～3分鐘或炸至金黃色即可，須經常翻動。放在吸油紙上控油，如果喜歡可撒上點糖霜，趁熱或溫熱時上桌。

黑米冰糕 改編自舊式家庭米粥
Black Rice Sorbet

這是我改編的食譜，它源自一道我們過去常常做早餐或喝茶時吃的舊式家庭米粥。黑米粥和冰糕實際上是深紫色的，風味和顏色一樣的動人心弦。這個用椰漿來烹製的版本，是不含任何動物產品的霜淇淋，因此很適合嚴格素食者食用。

準備：4 ～ 8個小時
（或整夜）浸泡＋15分鐘
供6人食用
烹飪：50 ～ 60分鐘＋冰凍的時間

◎ 84克/0.5杯黑糯米（冷水浸泡4 ～ 8個小時或一整夜，控水）
◎ 1.7升/3品脫/7.5杯椰漿，由285克/5杯壓縮包裝的椰蓉製成
◎ 0.5茶匙鹽
◎ 1小根肉桂枝
◎ 3湯匙棕糖
◎ 2湯匙葡萄糖
◎ 3湯匙紅糖

將椰漿和控過水的米放在燉鍋裡，加鹽和肉桂枝，煮沸。慢燉10分鐘後加糖。繼續慢燉，不時攪動，直至變成濃稠的米粥（這大概要花50 ～ 60分鐘）。

揀出肉桂枝扔掉，然後把米粥倒進榨汁機裡。放置冷卻10分鐘，加入葡萄糖，榨成稀糊狀。倒進冰糕或霜淇淋製作容器裡，根據其使用說明進行操作。

如果沒有這種機器，就把榨好的米糊在冷卻後倒進塑膠盒裡。將其冷凍1個小時；它會變成雪泥狀，但還沒完全冰凍住。再用榨汁機榨一遍，倒回塑膠盒裡，然後繼續冰凍1個小時。再將這個過程重複一次，一共是三次。

將冰糕凍至食用時再取出。可以先放進冰箱的冷藏室冷藏1個小時，讓其稍稍軟化。

米霜淇淋　使用流傳歐洲150年的製法
Rice Ice-Cream

經卡洛琳‧利戴爾（Caroline Liddell）和羅賓‧韋爾（Robin Weir）允許，引用其合著的《冰凍食品：權威指南》（*Ices：The Definitive Guide*）中的一個食譜。它和我的黑米冰糕形成了非常有趣的對比。在用米來做霜淇淋方面，它並無新意，這種方法在歐洲已經有150年的歷史了，儘管其作者說如今只有在義大利才能找到米霜淇淋的規範製法。

這道簡單的霜淇淋配上冷凍的果醬，十分好吃。

準備：10分鐘
**製作大約1.25升/2品脱/
5杯的霜淇淋**
烹飪：1個小時＋
約12個小時的冷凍時間

◎ 112克/0.5杯布丁米（洗淨
　控水）
◎ 505毫升/2.25杯牛奶
◎ 170克/0.75杯香草糖
◎ 505毫升/2.25杯冷凍的
　濃鮮奶油或打泡奶油

如果在雙層蒸鍋裡烹飪米粒，會很容易做出合適的口感，但如果沒有那種鍋，用普通的燉鍋也行。

將米、牛奶和香草糖放在雙層蒸鍋的頂層，然後置於火上。在蒸鍋的底層加熱蒸製需用的水。將牛奶煮沸，要不停地攪拌。把盛著牛奶和米的鍋放在蒸鍋裡將要煮沸的水上；蓋鍋，繼續烹飪40分鐘直至米粒完全變軟。然後把鍋子從火上移開，讓其冷卻至室溫，不要揭蓋。然後把米的混合物放進冰箱裡冷藏。

充分冷凍後，拌入凍奶油，放進霜淇淋機裡（如果沒有霜淇淋機，就按照之前所述加工黑米冰糕那樣操作）。攪拌15分鐘，或攪至稠奶油狀；然後倒進塑膠容器裡，用蠟紙蒙住，蓋上蓋放進冰箱冷凍。需冷凍12個小時。

在食用前1個小時，將其放進冷藏室裡。它含有大量的澱粉，所以如果想盡量把它解凍至室溫狀態，是很困難的，它只會表面稍稍融化，而中間還是冰凍的。

烤米布丁　絲毫拘謹不得的英倫風味
Baked Rice Pudding

這是一個來自簡‧格里格森（Jane Grigson）的《英國食品》（English Food）中的食譜。我禁不住還想引用她在那個食譜中最後的話語：三個結論──米布丁必須加入香草和肉桂的香味；必須用足夠長的時間慢慢烹製；必須配上足夠的鮮濃奶油食用。像其他很多英國食品那樣，它會因為吝嗇和缺乏想法而變得不夠美味。

準備：5分鐘
供4～6人食用
烹飪：3個小時或稍長時間

◎ 70克/0.3杯短粒米（布丁米）
◎ 855毫升/1.5品脫/3.75杯
　全脂牛奶，或者稍多點
◎ 28克黃油
◎ 2湯匙糖
◎ 1根肉桂枝

將米570毫升/1品脫/2.5杯牛奶和其他配料都放進耐熱碟裡。放進135℃/275℉的低溫烤箱裡加熱3個小時。在加熱1個小時後，攪拌一下布丁，並再加一些牛奶。2個小時後，重複之前的做法，如果喜歡還可以加點奶油。

將烤箱溫度調低至120℃/250℉，可以延長烹飪時間，甚至用雙倍的時間。偶爾再多加點牛奶；簡‧格里格森建議總共至多加入1.7升/3品脫/7.5杯的量。這種長時間烹飪的優勢在於做出的布丁會很具有奶油的質感，而米粒則呈輕微的焦糖狀。

佛蘭芒式覆盆子米布丁　彌漫時尚味的現代食譜
Flemish Rice Pudding with Frambozen

這是一道徹頭徹尾的現代食譜，爲此我要感謝我的朋友西爾維婭・大衛森（Silvija Davidson）。她告訴我說懸鉤子啤酒是一種果味小麥啤酒——是不添加任何發酵粉而自然發酵的——在布魯塞爾附近釀造的帶有懸鉤子果味的啤酒。在倫敦購買它並不是難事，或許其他大城鎮也有出售；但如果你買不到它或其他類似產品（假定有類似的產品）的話，用任意一種貯藏啤酒混入56毫升/0.25杯的覆盆子汁來代替，這種果汁需用覆盆子果實濾出，並加入2湯匙的糖霜來增添甜味。在貯藏啤酒和果汁裡還要加入285毫升/0.5品脫/1.25杯的牛奶；這是因爲貯藏啤酒會比覆盆子啤酒苦得多，牛奶剛好能彌補這點。

準備：30分鐘
供6 ～ 8人食用
烹飪：3 ～ 4個小時

- ◎ 125克/滿滿0.5杯義大利布丁米或其他短粒米
- ◎ 1升/1.75品脫/4.5杯覆盆子啤酒，或貯藏啤酒和覆盆子汁（參見以上）和285毫升/1.25杯牛奶
- ◎ 1大撮鹽（僅供選擇）
- ◎ 100克/0.5杯果糖或糖粉或砂糖
- ◎ 4個土雞蛋（2個打散，另2個將蛋清蛋黃分開）
- ◎ 56克/0.3杯蛋白杏仁甜餅乾或杏仁餅乾（搗碎）

把米、懸鉤子啤酒（或貯藏啤酒和懸鉤子果汁──這時還不加牛奶）、鹽（如果用的話）和2/3的糖放進耐火的焙盤裡。把啤酒煮沸，攪動稻米，再將焙盤放入預熱到150℃ /300 ℉的烤箱裡。蓋上蓋烘烤2 ～ 3個小時，偶爾攪拌一下，然後取出。如果是用懸鉤子啤酒，允許其冷卻至室溫狀態。

如果是用貯藏啤酒加懸鉤子果汁，在這時要摻入牛奶，將焙盤置於小火上。慢慢燜煮，不時攪動，直至牛奶全部被吸收；這大概要花15 ～ 20分鐘。把蛋黃打在一個碗裡，拌入冷卻的米飯裡。蛋清攪至發硬，加入剩餘的糖再快速攪至發硬。先舀1滿湯匙的蛋清與糖的混合物拌入米裡攪至鬆散，然後輕輕地將剩餘的都倒在米裡。再舀進塗過油的烤盤裡：1個大盤（23×28公分）2個小盤（直徑18公分）。撒上搗碎的蛋白杏仁甜餅乾。在190℃ /375 ℉的中溫烤箱裡烘烤40 ～ 60分鐘，或烤至中間變硬。

趁熱或溫熱時上桌，冷食也可。配上新鮮的懸鉤子果汁會很好吃，如果喜歡的話還可以倒上奶油，但不加奶油也已經相當美味了。

阿富汗式牛奶米布丁　冷食吃法更道地
Afghan Milky Rice Pudding（Sheer birinj）

在《*Noshe Djan*》裡，海倫・薩蓓瑞把這道布丁描述成類似英國的牛奶米布丁；而對我而言，它的口味是很獨特的，因為加了豆蔻籽和玫瑰水。

準備：25分鐘
供4～6人食用
烹飪：1個小時

◎ 112克/0.5杯短粒米
　（洗淨，控水）
◎ 570毫升/1品脫/
　2.5杯水
◎ 505毫升/2.25杯牛奶
◎ 112克/0.5杯糖
◎ 2茶匙玫瑰水
◎ 0.25茶匙綠豆蔻籽粉或白
　豆蔻籽粉
◎ 28克/0.25杯開心果果或
　杏（切碎）
◎ 稻米和水放進鍋裡

把米和水放進燉鍋裡，煮沸。關小火，慢燉，不時攪拌，直至米煮熟並變軟，所有的水已經蒸發乾淨了或是完全被米粒吸收了。

加入牛奶，再次煮沸，關小火，慢燉至黏稠狀。加糖，繼續慢燉，不時攪拌防止粘鍋，直到糖完全溶解，而混合物變得更濃稠，儘管這時它還應該可以流動。加入豆蔻粉和玫瑰水再煮1～2分鐘。

把布丁盛在大平盤裡，用碎開心果或杏仁裝點。阿富汗人喜歡冷食這道布丁，但它也可以在溫熱時食用。

印式牛奶米藏紅花布丁　酒店主廚也愛的傳統風味
An Indian Milk Pudding with Rice and Saffron（Kesari Kheer）

我認為這個食譜是非常傳統的，是主廚阿文德·薩拉沃特（Arvind Saraswat）提供給我的，他在新德里的泰姬陵酒店（Taj Palace Hotel）的廚房裡曾為我演示了製作過程。

準備：25分鐘
供4～6人食用
烹飪：1個小時

◎ 1.5升／2.5品脫／6.5杯牛奶
◎ 84克／0.3杯巴斯馬蒂米，
　（洗淨，浸泡30分鐘或稍長時間，然後控水）
◎ 15克酥油或澄清黃油
◎ 112克／0.5杯糖
　（如果是冷食的話可稍加多點）
◎ 0.25茶匙綠豆蔻籽粉
◎ 28克／0.25杯杏仁
◎ 21克／0.15杯葡萄乾
◎ 1克／1小撮藏紅花（用牛奶溶解）

把牛奶煮沸。同時在另一個燉鍋裡，加熱酥油或澄清黃油，並將米粒翻炒2～3分鐘，攪拌至每粒米都均勻地裹上黃油。加入煮沸的牛奶，將其再次煮沸。關小火，慢燉至米飯烹熟。加糖後繼續慢燉，直到煮至想要的濃度；加入剩餘配料，充分攪拌。如果打算冷食，再多加點糖。

用高腳的玻璃器皿來盛裝，冷熱食用皆可。

黑莓蘋果冷布丁　英倫之最就是要「新鮮」
Blackberry and Apple Cold Rice Pudding

這裡介紹的冷布丁沒有一點傳統元素，它只是一道很有吸引力的，用新鮮原料簡單製成的甜品。它有著絕佳的口味，我覺得是英國最好的風味。它應該盛在單獨的高腳玻璃器皿裡冷凍，食用時搭配一些奶油。

準備：約20分鐘
供6～8人食用
烹飪：70分鐘

◎ 84克/0.5杯短粒米或布丁米（洗淨控水）
◎ 56克/0.25杯糖
◎ 28克無鹽黃油
◎ 700毫升/1.25品脫/3杯牛奶
◎ 225克/2杯黑莓（洗淨，控水）
◎ 1個蘋果，去皮去核後約重170克（橘蘋更好）
◎ 2湯匙檸檬汁
◎ 84克/0.3杯糖
◎ 285毫升/0.5品脫/1.25杯鮮濃奶油（輕輕打至發泡）
◎ 1茶匙白明膠（用1湯匙水將其軟化）
◎ 6～8個高腳玻璃杯

往一個巨型燉鍋裡注入半鍋水，然後煮沸。加入米粒，沸煮4分鐘。放進篩網裡控水；將燉鍋洗淨，再把米放回鍋裡。加糖、黃油和牛奶，低火烹煮，不時攪拌，直至牛奶被米粒全部吸收。這要花50～60分鐘；如果這個過程花的時間過短，那證明火太大了。放至冷卻。

將蘋果去皮去核切片和黑莓及檸檬汁一起放進小鍋裡。加入糖，蓋上鍋，低火燜煮4分鐘。把鍋子從火上移開。在水果還熱的時候，加入軟化的白明膠，攪拌至完全溶解。將水果混合物倒進榨汁機裡榨1分鐘左右，用細篩濾進碗裡。放至冷卻。

待其冷卻後，用木勺拌入冷米飯裡，充分攪勻。在倒入發泡奶油前讓其進一步冷卻。

將布丁分盛進高腳玻璃杯裡，冷藏至其凝固。食用時澆上奶油。

甜糯米飯配芒果　水果百搭普及大東南亞
Sweet Glutinous Rice with Mango

這種甜糯米飯在整個東南亞地區都很受歡迎。它可以搭配不同的水果——最典型的就是芒果、菠蘿蜜果或榴槤——也可以搭配棕櫚糖漿或加1撮鹽的濃椰漿或「sankhaya」的椰漿凍。做的時候，可以替換掉對你來說是舶來品的配料，可以試試加甜奶油或無糖奶油，甚至是一點英式花奶。

準備：10分鐘
供6～8人食用
烹飪：35～40分鐘

◎ 450克/1磅/2杯糯米，冷水浸泡
　30分鐘，控水
◎ 570毫升/1品脫/2.5杯椰漿
◎ 1撮鹽
◎ 2～3湯匙糖霜
◎ 4個小的或2個大的芒果
　（去皮，切片或切塊）

椰漿凍
◎ 4個雞蛋，打散2個
◎ 6湯匙碎椰糖或紅糖
◎ 1撮鹽
◎ 170毫升/0.75杯特濃椰漿

把米放入燉鍋裡，加入椰漿、鹽和糖。煮沸後慢燉，偶爾用木勺攪拌一下，直至稻米吸收進所有的液體並變得非常軟。再放進蒸鍋裡蒸15分鐘。

在蒸米飯的同時，開始做椰漿凍——如果你打算搭配它的話。烤箱預熱到180℃/350℉。將雞蛋輕輕打散，加糖、鹽和椰漿，攪拌至糖完全溶解。將其倒在做蛋奶酥的碟裡，放進烤箱中的雙層蒸鍋裡，加熱20～25分鐘。趁熱或溫熱或冷食皆可。

讓米飯冷卻一會兒，然後將其用模具塑型。一種方法是用單獨的小模具，最好在模具裡墊上保鮮膜或塑膠袋或鋁箔紙。填滿每個模具，用勺背壓緊壓平，然後扣在甜點碟中，擺一些芒果片在周圍。

或者，在盤子裡先墊上鋁箔紙，撒入米飯，然後用蘸過水的擀麵杖將其擀平，再用蘸過水的尖刀將其切成菱形塊。擺盤上桌。

{第九節}
基本配料不失色──高湯、醬汁和調味品

這一節提供了米飯菜肴所需的基本調配料。有肉湯、蔬菜汁和魚湯⋯⋯涵蓋了很多種醬汁，從最淡的咖哩汁到最熱辣的印尼魚醬，和摩洛哥哈里沙辛辣醬以及乾調味品，比如酥炸花生鯷魚或「火藥」（Gunpowder）。

有一些令人很感興趣的醬汁在烹飪中間就用於調味了，像印尼人的（或馬來人的）「gule」或「gulai」，又或如波斯人的「khoreshta」。克勞迪婭‧羅登在《中東食物新書》中將「khoreshta」描述成：「以英國的標準來說，與其說它是醬汁還不如說它是燉菜⋯⋯它由無數種原料製成。」而我也曾把一種印尼式羊肉（或山羊肉）菜肴「gule kambing」描述成：「稀稠的羊肉燉菜──或者你可以把它當作肉湯。」本節中的「khoreshta」，和之前介紹的醬牛肉在伊朗和印尼一般都是白米飯的搭配。如果是要招待客人，就得做幾種不同的、或更精緻的米飯菜肴以及葷菜──通常是羔羊肉或山羊肉──同樣用醬汁烹製，區別在於其中的肉塊需更大一點的。

雞牛肉湯 　簡簡單單就能煮出的甜美滋味
Beef and Chicken Stock

這是一道相當簡單、但十分美味的湯，很適合本書中那些需用肉湯、高湯的食譜。

如果用整隻雞和帶骨的牛胸肉來燉，味道會更佳。不要把牛胸肉所有的脂肪都去掉——儘管做好的湯冷藏過後也要撇去表面的浮脂。其中的雞肉和牛肉還可以拿去做燉煮式的葷菜。

以下的製作方法及除了肉以外的其他配料，同樣適用於做純粹的牛肉湯或雞肉湯。

準備：20分鐘
**做1.1～1.7升/2～3品脫/
5～7.5杯濃湯**
烹飪：大約2.5～3小時

◎ 41隻雞，最好是自由放養的雞
◎ 1公斤/2磅帶骨牛胸肉
◎ 2～2.5升/4～5品脫/10～
　12.5杯水（要足夠沒過鍋裡的肉）
◎ 1個大洋蔥（不去皮，切成4半）
◎ 2個胡蘿蔔（去皮）
◎ 1根芹菜（留些葉子）
◎ 蘑菇稈（尤其是香菇稈）
◎ 浸泡乾香菇的水（僅供選擇）
◎ 1茶匙鹽
◎ 10顆完整黑胡椒粒（僅供選擇）

雞切成2半或4半。徹底清洗乾淨。切去牛胸肉上一半的脂肪，丟棄不用。雞塊和牛肉都放在一個大燉鍋裡，並放入其他配料。煮沸後，把火關小一點，繼續慢燉50分鐘。撇去表面的浮渣。

熬50分鐘後，撈出雞塊，牛肉還需繼續燉煮1個小時。雞塊冷卻到可進行處理時，將雞骨去除，雞肉冷藏進冰箱，可做其他用途。雞骨再放回鍋裡和牛肉一起繼續熬燉。

牛肉煮過1個小時零50分鐘後，從鍋中撈出，將火關小，肉骨則繼續再煮30分鐘。

把湯汁濾進碗裡，放置冷卻，冷藏起來。次日，湯中的脂肪會凝結在表面，將其撇去幾塊。

湯中濾出的骨頭和其他配料還可用於二次熬製，味道會很淡，但還不至於滋味全失。可再加一些新鮮蔬菜根或鹽。

蔬菜原湯　就愛那淡淡的香菇味兒
Vegetable Stock

你可能會注意到，我總是特別提醒要保留香菇稈和泡乾香菇的水，以便用於熱湯；當然也可用於做這道我最愛的蔬菜汁。

　　蔬菜無須太多不同種類，因為一旦把蔬菜汁拿去做烹飪使用後，剩餘的湯汁再加些蔬菜可做成蔬菜湯。

準備：20分鐘
做1.1 ～ 1.7升/2 ～ 3品脫
/5 ～ 7.5杯湯
烹飪：40分鐘

◎ 2湯匙花生油
◎ 1個洋蔥（切片）
◎ 2根胡蘿蔔（去皮切碎）
◎ 2個歐洲蘿蔔（去皮切碎）
◎ 1個大馬鈴薯（去皮切碎）
◎ 1個大番茄（不要切）
◎ 285毫升/1.25杯泡香菇
　 的水（僅供選擇）
◎ 1束香芹
◎ 2升/3.5品脫/少於9杯
　 的水
◎ 鹽和胡椒粉

在燉鍋裡加熱油，將洋蔥煸炒至淡棕色，然後加入剩餘配料。煮沸後，讓其慢燉30分鐘。濾出湯汁，放在一邊備用。

　　香芹去梗；然後在蔬菜裡加入熱水及未用完的蔬菜汁，適當調味和稀釋。如果只想要清湯，就用篩子將湯過濾一下。重新加熱，食用時加一塊奶油（如果喜歡的話）。

魚湯　就是要新鮮
Fish Stock

我做過或用過的最好的魚湯，是由大比目魚的頭、骨及其他附屬部位熬製的，那是我為了極其特殊的場合才從康沃爾郡碼頭快遞買來的魚。我們在晚餐時吃了生魚片，而魚湯則是在之後的美味佳肴的製作了。當然你不必非要買大比目魚，所有種類的白魚——歐鰈、檬鰈、左口魚等，其骨頭和附屬部位都能做出極好的魚湯，就像鮭魚的頭和骨一樣。要想得到更佳的效果，如果可以的話，放一點魚肉或者一小條比目魚，或是像鱈魚及黑線鱈那樣大一點的魚一起熬湯即可。

準備：約 20 分鐘
做 850 毫升～ 1100 毫升 /
1.5 ～ 2 品脫 /4 ～ 5 杯湯
烹飪：30 分鐘

◎ 白魚的魚頭、魚骨及其附屬部位
　　共重約 1 公斤 /2 磅
◎ 1.4 升 /2.5 品脫 /8 杯水
◎ 1 個洋蔥（切片）
◎ 1 公分的薑段（去皮）
　　（僅供選擇）
◎ 1 根芹菜（大致切碎）
◎ 一點鹽和胡椒粉

所有材料都放進燉鍋裡，煮沸後，讓其咕嘟著慢燉 20 ～ 25 分鐘。濾出湯汁冷卻，冷藏進冰箱，需要時再取用。

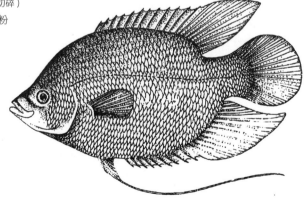

金槍魚湯　很好做的基本日式高湯
Bonito Stock（Dashi）

在一本關於稻米的書裡，會發現很多日本食譜，所以我收錄了這道基本的日式高湯。它是真正的魚湯，你可以自己在家裡製作，方法很簡單。大多數日本烹飪書會告訴你現在有很多速食魚湯，也會明白地告訴你這些產品含有很多味精；所以對我而言，我更願意回到廚房自己做。

準備：3 ～ 5分鐘
做1.1升/2品脫/5杯湯
烹飪：15分鐘

◎ 約25公分的海藻
◎ 1.1升/2品脫/5杯冷水
◎ 112毫升/0.5杯冷水
◎ 60 ～ 70克金槍魚片

海藻應該是不用洗的——如果清洗，會失去原味；只用乾淨的濕布擦淨即可。放進燉鍋裡，加1.1升/2品脫/5杯的水。低火加熱；最理想的火候是用10 ～ 12分鐘即可煮至快要沸騰。海藻還在鍋裡的時候，不能將水煮沸，必須等海藻取出後才將其煮沸。一旦水沸，就立即再加入112毫升/0.5杯的冷水和金槍魚片。再次煮沸撇去浮渣，把鍋子從火上移開。

放置50 ～ 60秒鐘；以便讓魚片沉到鍋底。用墊棉布的篩子濾出魚湯；不要擠壓魚片。直接食用清湯或冷藏進冰箱做其他用途。裝在密閉的容器裡可於冰箱儲存保質1週左右。

番茄醬　好味道都藏在細節裡
Tomato Sauce

這種醬是很基本的常用調料，可以由新鮮番茄或罐裝番茄來做。你可以根據喜好用提純或加香料的方法來製作，也可以改良成自己喜歡的調味番茄醬。

我認為以下列出的用量中，最少也夠做一次的數量了。它可於冰箱冷藏保質至少10天。

準備：約20分鐘
做570毫升/1品脫/2.5杯醬
烹飪：1.25個小時

◎ 900克/2磅新鮮熟番茄，
　去皮，或3～4罐/340克/
　1.5杯的碎番茄
◎ 6棵蔥或2個洋蔥（切碎）
◎ 2瓣蒜（切碎）
◎ 2.5公分薑根（去皮）
◎ 0.5茶匙鹽
◎ 做調味番茄醬
◎ 2湯匙生抽醬油
◎ 1～2茶匙糖
◎ 2茶匙玉米粉或玉米澱粉或
　馬鈴薯粉
◎ 1湯匙淡醋或米醋

把所有配料都放進燉鍋裡煮沸。低火慢燉50～60分鐘，偶爾攪拌一下，確保不要糊鍋底。有時加2湯匙水。最後燉出的效果應是相當濃稠的，取出薑段。現在就已經是最基礎的番茄醬了，可以做以下用途：

1 保持原狀，取所需的量放進小燉鍋裡加熱。加入胡椒粉或辣椒粉，並調味。如果想加一點油在裡面，就用能買到的最好的橄欖油或花生油，加1～2湯匙的量。油熱後拌入番茄醬，煮5～8分鐘，偶爾攪拌一下。

2 要做非常稀薄的醬汁，如「1」中所述加入調味料，並用細網濾出湯汁；還可加入喜歡的香料：香芹、芫荽或芫荽葉及蒔蘿都不錯。這些固體物被濾出後，可以丟棄，也可以熬湯。

你或許會說，把所有配料都放進攪拌器裡不是更簡便嗎？但那樣做出的醬汁就不是鮮紅色的，而是橙色的，並且會帶有濃烈的洋蔥味。口感也沒有那麼的嫩滑。

3 要做調味番茄醬，需要額外加一些調料。把原料混合放進攪拌器裡攪拌成糊。倒進一個瓷盤（不易起反應）裡；低火加熱，需不停攪拌。一旦變得濃稠，就加點「2」中描述的稀醬汁，但不要加香料。慢燉2～3分鐘，仍需不時攪拌；適當調味。可直接使用，或存進罐子裡冷藏起來（可至多保質10天），直到需要時取用。

紅辣椒醬　自家廚房不可缺的一味
Red Pepper Sauce

你可根據自己喜好來決定其濃度，可以像之前所述的稀番茄醬那樣稀薄。如
果用等量的番茄和紅辣椒來做，從邏輯上來說就會變成「紅辣椒番茄醬」了。

準備：15分鐘
做570毫升/1品脫/2.5杯
烹飪：50分鐘

◎ 做570毫升/1品脫/
　2.5杯
◎ 3湯匙橄欖油或花生油
◎ 4個大甜椒（去籽，切碎）
◎ 4棵蔥（切片）
◎ 1個番茄
　（去皮，去籽，剁碎）
◎ 1茶匙芫荽粉（僅供選擇）
◎ 鹽和胡椒粉
◎ 570毫升/1品脫/
　2.5杯水

辣椒在油裡用旺火爆炒2分鐘。加入蔥，繼續
煸炒3分鐘。然後加入其他配料，敞蓋慢燉
45分鐘。那時醬汁會非常濃，攪拌，適當調
味，準備食用。可以提前幾個小時就做好，
重新加熱即可。

　做稀醬汁，要用濾網將其過濾一下。可以
選擇喜歡的香料在上桌前加進去。

辣醬油　給不吃花生醬和愛嚐鮮的饕客
Soy Sauce with Chilli

這種調料搭配沙爹烤肉非常棒，可以特別推薦給那些不喜歡花生醬或想尋求
新鮮變化的人們。另外，也可以推薦它用來搭配脆春捲、生蔬菜和麵條。

準備：10分鐘
做大約 3 湯匙

◎ 2 ～ 4 個小辣椒（去籽，切碎）
◎ 2 棵蔥（切片）
◎ 1 瓣蒜（切碎）（僅供選擇）
◎ 1 個小萊檬或檸檬的汁
◎ 1 茶匙橄欖油（僅供選擇）

◎ 1 湯匙生抽醬油
◎ 1 湯匙老抽醬油
◎ 把所有配料在碗裡拌勻，
　即可食用。

三種辣醬　1. 鹹紅辣醬
Crushed Red Chillies with Salt（Sambal ulek）

這是所有印尼式的咖哩飯調味品中最基本的成分，可做調味料或烹飪底料，同時它也是哈里沙辛辣醬和霹靂醬（piri-piri souce）的基礎配料。可以買荷蘭製造、標示「Sambal Oelek」的罐裝醬。

　　然而，如果你有食品加工器的話，在家做這樣的醬就非常容易，而且調理機的使用價值也會提高很多。如果做大量的醬，可以用塑膠袋包裝好，冷凍起來或放在密封罐裡，然後冷藏，但至多保質2週。如果只做少量，可參見下述。如果不想吃太辣的，就把辣椒籽去掉。

準備：約30分鐘
做 450 克/1 磅
烹飪：20分鐘

◎ 做 450 克/1 磅
◎ 450 克/1 磅紅辣椒，去梗
◎ 570 毫升/1 品脫/2.5 杯水
◎ 1 湯匙鹽
◎ 1 湯匙醋（任意品種）
◎ 1 茶匙糖（僅供選擇）
◎ 2 湯匙花生油或橄欖油
◎ 6 ～ 8 湯匙開水

辣椒放在燉鍋裡，倒入水沒過。煮沸後慢燉15分鐘。控水，將鹽、醋及糖（如果用的話）一起放進攪拌器裡（也許需要分批操作）。加入花生油或橄欖油及開水，攪拌成糊。

三種辣醬　2.辛辣醬
Harissa

像鹹辣醬一樣，也可以在熟食店裡購買到罐裝的辛辣醬。我個人認為罐裝的味道太酸。在《摩洛哥美食》（*Good Food from Morocco*）中，寶拉・沃爾弗特（Paula Wolfert）建議用鹹辣醬代替辛辣醬。這兩種醬事實上非常相似，一種是由另一種演變而成的。

做辛辣醬，先放0.5～1茶匙的烤孜然籽在研缽裡，再加1湯匙的優質橄欖油。用研棒將其搗碎後，加入1湯匙鹹辣醬。用力攪拌均勻，並伴隨多加點橄欖油。

三種辣醬　3.霹靂醬
Piri-Piri Sauce

先取2湯匙鹹辣醬，拌入1～2湯匙萊檬或檸檬汁。也可以加2～3湯匙碾碎的花生粒。東南亞不同國家的人們會用魚露或蝦醬來代替鹽做辣椒醬的底料。如果只打算做一頓飯所需的辣醬，就用4～6個小乾紅椒在熱水裡浸泡30分鐘，然後控水。辣椒切開後放入研磨機裡，加一點橄欖油或其他油及少許鹽。根據喜好加入孜然籽或魚露或蝦醬。攪成相當稀的醬汁。吃不完的話，可以放進冰箱冷藏2～3天；其中的油和鹽對醬的保質很有幫助。

花生醬 好做且經濟好吃的沙爹醬
Peanut Sauce

這是一款眾所周知和大受歡迎的沙爹烤肉醬。用它來配印尼沙律和任何烤肉、牛排漢堡搭配都很相宜。

　　如果你喜歡醬汁的味道辣一點，超市有很多不錯的即溶醬汁粉。如果要自己調製的話，還有很多捷徑，大部分方法中都要用到加熱時嘎嘣作響的花生黃油。為了避免這樣，我們下面介紹一種更簡單、更經濟也更好的做法。

準備：約40～45分鐘
製作約285毫升/ 0.5品脫 /1 杯醬
烹飪：15分鐘

◎ 112毫升/ 0.5杯植物油
◎ 225克/1 杯生花生
◎ 2瓣蒜，切碎
◎ 4棵蔥，切碎
◎ 一薄片蝦醬（僅供選擇）
◎ 鹽（可據口味添加）
◎ 0.5茶匙辣椒粉
◎ 0.5湯匙棕糖
◎ 1湯匙老抽醬油
◎ 450毫升/2杯水
◎ 1湯匙羅望子汁或半個檸檬汁

花生煸炒約4分鐘。用漏勺盛在篩網裡控油，放至冷卻。然後用攪拌器、磨咖啡豆機、研棒、研缽將花生仁搗碎或者碾碎。把油倒掉，留下1湯匙的量。

　　將大蒜、蔥和蝦醬片放在研缽裡搗碎，擱少許鹽，用剩下的油煸炒1分鐘。擱辣椒粉、糖、醬油和水。將其煮沸，然後加入碾碎的花生。慢燉至醬汁變稠，中間不時攪動一下；這需要花8～10分鐘。加入羅望子汁或者檸檬汁，如果需要，再多加點鹽。

　　待其冷卻後，裝在廣口瓶裡放進冰箱。可用于搭配沙爹烤肉或做拼盤的澆汁，做開胃小點心時，需重新加熱。它可在冰箱內冷藏保質1週。

香濃辣醬　撒些香料更能提味
Sambal Goreng Sauce

這是一道豐富的、奶油狀的調味醬，多加點香料可使其更加好吃。

準備：20分鐘
做約570毫升／1品脫／2.5杯
烹飪：1個小時

調料汁

◎ 4棵蔥（切碎）

◎ 2瓣蒜（切碎）

◎ 3個大紅椒（去籽切碎）或
0.5茶匙辣椒粉、1茶匙甜
辣椒粉

◎ 1茶匙蝦醬

◎ 2個油桐子，或澳大利亞
堅果，或去皮杏仁
（僅供選擇）

◎ 1茶匙薑末

◎ 1茶匙碎芫荽

◎ 1大撮香根莎草粉

◎ 0.5茶匙鹽

◎ 2湯匙花生油

◎ 2湯匙酸角水

◎ 2湯匙椰漿（參考下述）

其他配料

◎ 850毫升／1.5品脫／3.75
杯椰漿

◎ 5公分或檸檬草

◎ 2片新鮮檸檬葉

◎ 2個大紅番
（去皮去籽，切碎）

◎ 調味鹽

把所有做調料汁的配料攪拌成糊，倒進燉鍋裡。煮沸後慢燉5分鐘，不時地攪拌。加入椰漿、檸檬草和酸橙葉；再次煮沸，然後慢燉50分鐘，偶爾攪動一下。

加入碎番茄，再加點鹽；繼續慢燉10分鐘。適當調味，趁熱上桌；或者，待其冷卻後，冷藏起來，至需要時再取用。在冰箱冷藏能保質3～4天。食用時，重新加熱至快要沸騰，然後慢燉15分鐘，頻繁攪動一下。

杏仁醬 　適合各種主食的可口湯品

Almond Sauce

準備：約30分鐘

做大約570毫升/1品脫/2.5杯

烹飪：20分鐘

◎ 56克/0.5杯杏仁粉
◎ 850毫升/1.5品脫/3.75杯羊肉
　湯或雞湯
◎ 鹽和胡椒粉
◎ 1瓣蒜（搗碎）
◎ 2湯匙檸檬汁（或更多）

裝飾菜
◎ 2湯匙碎香芹
◎ 1湯匙烤松子或杏仁片
　（僅供選擇）

在燉鍋裡倒入杏仁粉和冷湯。煮沸後，用鹽和胡椒粉調味。慢燉20分鐘，不時攪動一下。加入檸檬汁。攪拌均勻後試味，如果覺得需要就再加點鹽和檸檬汁。趁熱食用，上桌前撒上裝飾菜。

淡咖哩汁　　既是主角更是好配角
Mild Curry Sauce

這種醬汁用來搭配本書很多菜肴都很不錯，我必須得說它應該算得上是非常適合。如果你想讓它再香濃一些，就加雙倍量的芫荽粉、孜然粉和辣椒粉，其他配料的用量保持不變。

準備：10分鐘
做570毫升/1品脱/2.5杯
或少點的量
烹飪：30～35分鐘

調料汁

◎ 3湯匙橄欖油或花生油
◎ 2湯匙水
◎ 4棵蔥或1個大洋蔥
　（切碎）
◎ 3瓣蒜（切碎）
◎ 1茶匙薑末
◎ 1湯匙麵粉或中筋麵粉
　或米粉
◎ 0.5茶匙辣椒粉
◎ 2茶匙芫荽粉
◎ 1茶匙孜然粉
◎ 0.5匙薑黃根粉
◎ 2湯匙杏仁粉
◎ 1茶匙鹽或更多
◎ 720毫升/3杯雞湯或水
◎ 200毫升/少於1杯的原
　味優酪乳
◎ 1片月桂葉
◎ 2顆丁香
◎ 2個綠豆蔻
◎ 2湯匙碎薄荷
　（僅供選擇）

將所有切碎的配料、油和2湯匙水放進攪拌器裡攪拌成糊。在燉鍋裡將其慢燉4～5分鐘，不時地攪動；然後加入所有的調料粉，攪拌2分鐘。加入麵粉，快速攪1～2分鐘；然後倒入高湯或水，一次倒一點，繼續攪至沒有結塊的狀態。用鹽調味，再慢燉15分鐘。

　　加入優酪乳，一次加1勺，快速攪拌，不要讓其凝固（如果它確實凝固住了，就整個倒進榨汁機裡，讓機器運行幾秒鐘，然後再放回醬汁鍋裡）。加入豆蔻、月桂葉和丁香；再慢燉3分鐘。

　　到這為止的步驟，可以提前24個小時先做好。準備食用時，稍微加熱一下，揀出豆蔻、月桂葉和丁香，適當調味，加入碎薄荷（如果使用的話）。

桃味燉菜　由蘋果燉菜改編的

Peach Khoresh

克勞迪婭‧羅登提供的這個食譜是由蘋果燉菜改編的，所以你當然也可以用蘋果做。我選用桃子是因為這道菜加在米飯和羊肉菜肴上很好看，而且也不會跟它們的烹飪底料重複。或者，由雞肉做成的這道菜，可以搭配任意雞肉和米飯的菜肴，它們通常都需要豐富的湯汁。這種燉菜的任意變體都可用來搭配白米飯。

準備：約10分鐘
做570毫升/1品脫/2.5杯的醬；作為燉菜搭配米飯的話，夠4～6人食用
烹飪：1.25～1.75個小時

◎ 3湯匙橄欖油或花生油或澄清黃油
◎ 3棵蔥或1個小洋蔥（切碎）
◎ 450克/1磅/2杯瘦羊肉或雞肉（切成小塊）
◎ 0.25茶匙卡宴辣椒或黑胡椒粉，或辣椒粉
◎ 0.5～1茶匙肉桂粉
◎ 鹽
◎ 4～5個桃子（去皮切片）
◎ 570毫升/1品脫/2.5杯水
◎ 2～3湯匙檸檬或萊姆檸檬汁

在燉鍋裡加熱油或黃油，將蔥或洋蔥煸至變軟。加入肉塊，炒至棕色；加入所有的調料粉和少許鹽。再用旺火爆炒1分鐘左右，倒入熱水；將其煮沸。撇去表面浮渣。

慢燉1個小時（如果用的是雞肉）或1.5個小時（針對羊肉），必要時再加些熱水。肉煮爛後，加入桃片和檸檬汁，繼續烹煮4～5分鐘。適當調味趁熱上桌。

大黃燉菜　可以巧搭的異國食材燉菜
Rhubarb Khoresh

在以前的書裡，我曾建議那些西方廚師在做很多印尼或馬來西亞菜時，找不到「belimbing wuluh」的話，就用大黃（rhubarb，編按：異國食材，中文翻譯爲大黃，但並非與中藥的大黃相同）來替代；它也是甜酸適中的，酸味稍濃一些。居住在熱帶地區的人們可能找不到大黃，那就反過來用「belimbing wuluh」代替。另一種可供選擇的是羅望子。

　　像其他燉菜一樣，它傳統上是搭配白米飯的。如果你喜歡不帶肉的醬汁，就把燉菜簡單過濾一下（當然是在加大黃之前），可以把濾出的肉拿去做炒飯或牛肉飯。濾出的醬汁很適合做本書中介紹的那些模製米飯的澆汁。

準備：10分鐘
做570毫升/1品脫/2.5杯
湯汁；作為燉菜搭配米飯，
可供4 ～ 6人食用
烹飪：1.5 ～ 1.75個小時

調料汁

◎ 2 ～ 3湯匙油或黃油
◎ 3棵蔥或1個洋蔥（切碎）
◎ 2瓣蒜（切碎，僅供選擇）
◎ 450克/1磅/2杯牛胸
　　肉，或可供燉製的牛肉，
　　去掉脂肪（切成小塊）
◎ 0.5茶匙辣椒粉
◎ 1茶匙芫荽粉
◎ 0.5茶匙豆蔻粉
◎ 1茶匙鹽

◎ 850毫升/1.5品脫/
　　3.75杯熱水或更多
　　（視需要而定）
◎ 225克大黃或
　　「belimbing wuluh」
　　或56克/2盎司/0.5杯
　　羅望子（僅供選擇）

在燉鍋裡加熱油或黃油，將蔥或洋蔥及蒜炒至變軟。加入牛肉用旺火爆炒2分鐘；再加入所有調料粉和鹽，繼續爆炒1分鐘。加入熱水，煮沸後，再撇去浮渣。

任其沸煮10分鐘，然後關小火，蓋鍋慢燉1.5個小時。中間揭幾次鍋蓋，看水是否充足，如果需要可多加些進去。

在燉肉的同時，把「belimbing wuluh」或大黃洗淨切成小塊，放在一邊備用。如果打算用羅望子，就在小鍋裡加112毫升/0.5杯水將其放入煮10分鐘。然後用濾網濾出棕色汁水，丟掉其中的固體物。

在烹飪完成前10分鐘，如果打算如上所述用這道燉菜裡的肉製作炒飯等，就把燉菜倒進碗裡，然後經過濾網濾回鍋中，以便將其中肉塊分離出來。然後把大黃或「belimbing wuluh」或羅望子水加到醬汁裡，最後煮10分鐘。適當調味，趁熱上桌。

炸洋蔥　也適合單吃的裝飾食物
Crisp-Fried Onions

本書很多食譜都把炸洋蔥作為裝飾食品。你當然可以購買成品：斯堪地那維亞式的炸洋蔥在大多超市裡是盛在塑膠盆中出售的，而泰國商店出售的則是用微帶紅色又不太像蔥的洋蔥製作的，在亞洲的很多國家裡也能見到。這種洋蔥的水分比那些歐式大洋蔥要少得多，所以不用加麵粉來炸。你可以自選洋蔥的種類，加工方法參考下列內容。

準備：10分鐘

做500克/1磅的量

烹飪：30～35分鐘

調料汁

◎ 1公斤/2磅/9杯洋蔥
（切片）

◎ 285毫升/0.5品脫/1.25
杯葵花籽油

用炒鍋來做這道炸洋蔥其實很簡易，炸鍋也可以。油燒熱，熱度要使放入的洋蔥能立即炸得嘶嘶作響。分3～4批來炸，要不停地翻動，每次炸3～4分鐘直至變爲淡棕色。用漏勺撈出放進墊了吸油紙的篩網裡控油。讓其冷卻，然後儲存進密封罐裡，能在1週內保持酥脆和新鮮。

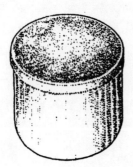

酥炸花生鯷魚　調味小品＋伴飲小點心

Crisp-Fried Anchovies with Peanuts

亞洲式的稻米餐食總會配有一些小調味品，它們還常加辣椒作爲裝飾。這道小點心不是濃香型的，但也很具風味，並十分鬆脆，可以擺上晚餐桌作爲調味品，也可作爲飲料小點心，都很不錯。

準備：做大約700克/
1.5磅的量
做500克/1磅的量
烹飪：30～35分鐘

調料汁

◎ 450克/1磅鯷魚乾
（去頭）
◎ 450克/1磅/3杯花生
◎ 112毫升/0.5杯葵花籽油
或花生油
◎ 0.5茶匙辣椒粉
（僅供選擇）

在炒鍋或炸鍋裡將花生分3批用旺火爆炒，每批炒4分鐘。用漏勺撈出放進篩網裡或放在吸油紙上控油。再往油鍋中放入鯷魚乾，也分3批，每批炒3～4分鐘。用同樣的方法控油。將花生和鯷魚都放至冷卻後再混合在一起。放進密封罐裡，加入辣椒粉（如果使用的話），並振盪搖勻。它能保質2週左右。

「火藥」（Gunpower） 果眞是辣如其名
Gunpowder

我爲查找這種辣味調料品，翻閱了很多印度烹飪書籍，但都沒發現令我滿意的資訊。它顯然是一種辣味「sambhar masala」的別名，又或是有些書上稱爲「mulagapodi」的變體。這道食譜是新德里「孔雀王朝喜來登酒店」（Maurya Sheraton）的一個印度南部的廚師給我的。

我總是用乾炒的方法來做「火藥」，但你也可以把每種原料分別用熱油炸好，放在吸油紙上控油，然後再碾碎。以下列出的配料用量只是大概值，尤其是你可根據個人的喜好增減辣椒的用量。以下列出的是適合我自己口味的用量。

準備：10分鐘
做大約340克／3杯的量
烹飪：50分鐘

調料汁

◎ 112克／1杯鷹嘴豆
◎ 112克／1杯黑豆
◎ 112克／1杯綠豆
◎ 0.5茶匙阿魏香料
　（asafoetida）
◎ 28克／0.25杯紅椒
◎ 0.5茶匙鹽或稍多

在炒鍋或炸鍋裡把豆子和辣椒乾炒一下，要不停地攪拌翻動，直至豆子變爲淡棕色——這大概要10分鐘左右。要一直翻炒。

待豆子和辣椒冷卻後，放進研磨機或食物調理機裡。如果是小機器，就分幾批操作，僅磨幾秒鐘就可以了。豆子呈粗粒或脆片狀即可，不用將其磨成粉狀。

加入阿魏香料和鹽，充分攪拌均勻。放在密封罐裡儲存，可以用做調味品。只要保持絕對乾燥，它的保質期就會非常的長。

{第三章}

配料、器具、技藝

Ingredients, Utensils, Techniques

｛第一節｝
找尋你的美味精靈　配料

***

多香果（Allspice）

它不是香料的混合物，而是一種美洲熱帶樹木（眾香樹）的漿果，它的味道倒很像幾種香料的綜合體，有時被稱爲眾香子。

辣燻腸

一種煙燻香腸，最早源於法國北部，是用醃漬的豬肉內臟灌製豬腸而製成的。

阿魏（Asafoetida）

這是一種大茴香的變種，其根部會分泌樹脂，乾了之後凝固成蠟狀塊，可以碾磨成粉。它最早源於伊朗和阿富汗，但今天很多中東國家都有出產。幾個世紀以來，它都是做藥用或提味用。阿魏濃烈的、難聞的氣味會在烹飪中逐漸消失。

茄子

這種草本茄屬植物所結的紫色果實現在廣爲人知了，在荷蘭有大量的種植。最早來自印度，在那裡被稱爲「brinjal」。加工時要小心茄蒂處長的小刺。

小豆

這種小紅豆（赤豆）可用於多種烹飪，在西方國家的很多超市裡都有出售。不要把它和紅芸豆弄混，那種豆比小豆要大。這個很英國化的名稱有時也會拼成「adzuki」。

竹筍

幾乎到處都能容易地買到竹筍罐頭（或者罐裝嫩筍），但在亞洲，人們更喜歡食用新鮮的竹筍。鮮筍的味道和口感超級棒，但要花費時間準備，過程甚至

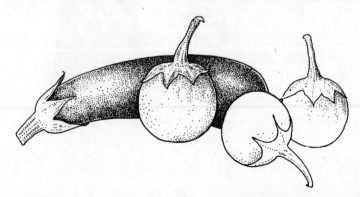

是很痛苦的。罐頭竹筍是已經處理好並預煮過，現在甚至可以買到切花刀的
竹筍，其外形很是漂亮。罐頭打開之後，沒用完的竹筍要放進冰箱，可儲存
7～10天，如果是浸在新鮮水裡的，每天要換一次水。

香蕉葉

大部分熱帶地區的國家會用嫩香蕉葉來烹調，或包裹食物。在西方的很多
亞洲商店裡可以買到已經處理成方形的香蕉葉，其中間的硬葉脈已經被剪掉
了。冰凍儲存的話，可保質幾個月。

羅勒

在東南亞至少有四個種類，西方能見到的是其中的兩種：一種稱為
「Ocimum basilicum」，其葉子是淺綠色的，花是白色的，最早來自於印度，
我想這是英語裡叫甜羅勒的那種；另外一種是「O.gratissimum」，莖稈是紫
色的，來自泰國和馬來西亞。甜羅勒幾乎到處可見，但第二種就需從泰國進
口，在大多數泰國商店裡都有出售。

月桂葉

月桂是一種月桂屬的樹木，它的很多近親都是有毒的，但只加一片月桂葉
會讓烹汁略帶苦味和香氣。

豆醬、豆汁

遠東國家會使用由幾種碾碎的、帶香味的豆子做成的醬汁。在東方商店裡
很容易買到。黃豆醬和黑豆醬都是由大豆發酵而成的。

豆芽

我們在超市裡買的豆芽都是綠豆生的。你也可以在家裡自己用濕布來生豆芽，大概要花3～4天的時間。它們富含水分，口感很脆。最好食用新鮮豆芽，當它們開始變黃或變軟的時候，就沒有什麼吸引力了。你必須要肯花時間將豆芽的棕色根部掐掉，這樣處理的話，外觀會更好看。

彩椒（Bell Pepper）

只是為了實用的目的，它是甜椒的另一個名稱。

黑胡椒

黑胡椒和白胡椒都是來自一種蔓生的胡椒科植物，原產於亞洲熱帶地區。白胡椒的加工成本很高，因此也較貴，但它缺乏香氣經常被用在不能用黑胡椒的淡色菜肴裡。整粒的胡椒遠比胡椒粉要香，因為它能將其中的香味脂保留得更為持久，很多菜肴都要求使用整粒胡椒。

金槍魚片

金槍魚是飛魚的別稱，鮪魚的近親。日本語稱為「katsuo」；它的肉很乾硬，可以削成薄片來做日本木魚花，是日式高湯或魚湯的基本原料。在西方、日式商店和一些好的亞洲食品店裡都可以買到金槍魚片。

麵包屑

如果是買成品，注意避免選擇那些人工染過色的麵包屑，因為那會影響食物的色相。為烹飪本書的一些食譜，你可以自己用新鮮白麵包，或放了一兩天變得乾硬的棕色麵包來做麵包屑。去掉麵包皮，將麵包切成小塊，在食物調理機裡快速旋轉一下。麵包屑可以用新鮮的，也可以用冷凍的。

牛胸肉

是指從牛肩底部切下的牛肉。

水牛肉

它不是指北美的野牛，當然更不是指北美的馴鹿，而是指亞洲的水牛，馬來語和印尼語叫做「kerbau」，而一些英國作家稱之為「carabao」。在機械化進入稻田之前，這些水牛代替人們來做那些重體力勞動，但也有一些是為了食用的。在東南亞國家，奶牛幾乎是最近才為人們所知的，而印度的印度教又把它作為聖物，所以在很多亞洲食譜裡，牛肉最早就是指水牛肉。它的肉相當粗糙堅硬，要在椰漿裡烹飪很久的一個原因就是要把它煮得爛一點。本書中任意一種用到牛肉的食譜都可用水牛肉代替。

碎小麥

在中東，用碾碎的小麥來做塔博勒沙拉。

皇帝豆（Butter Bean）

像大多乾豆一樣，在使用前必須浸泡3～4個小時。

油桐子

這是一種油性的熱帶堅果，大小和大榛子類似，但是外殼更為堅硬。它是很多印尼和馬來菜式的基本原料，在世界某些地方稱為「kemiri」或「buah keras」（近似「硬堅果」的意思）。它的植物學名稱是「Aleurites moluccana」。在其新鮮和未經加工的時候，略帶毒性，烹飪過後就不會對人體產生傷害了。在西方的很多亞洲商店裡是包裝成小袋出售的，但如果買不到，就用澳大利亞堅果代替。如果這兩種都買不到，就用杏仁代替。

豆蔻

伯克爾列出了6類豆蔻種，這就能解釋為什麼人們總是互相不認同對方所描述的豆蔻的形狀了。其中最好的，也是種植最廣泛的是「Elettaria

cardamomum」，它結出的是黑色的種子，其外皮顏色取決於加工方法及市場因素。從最優質的開始說起，它們依次是綠色、白色、棕色或近似黑色；然而黑色大豆蔻或許是刺激性氣味較少的、較廉價的豆蔻屬果實，它還是薑的近親。食譜會指導你怎麼使用它——是切開果實將種子取出碾碎，還是用整顆的豆蔻，例如做咖哩。後面一種情況，在食用前會將豆蔻揀出扔掉。

腰果葉

腰果樹不僅能生長出我們熟悉的腰果，還有腰果葉也是很有用的。在爪哇或其他地方，可以用於給稻米增添香味；但不幸的是，只有在種植地才可獲得這種葉子。

卡宴辣椒（Cashew pepper）

一種非常辣的粉狀紅辣椒，它可以作為一種使用標準，因為它所能達到的辣的程度是可以預估的，反之，鮮辣椒或乾辣椒往往會和預期的有或多或少的差距。

辣燻腸

是一種加了辣椒和其他香料的豬肉燻腸，在法國、路易斯安那、阿卡迪亞式的名稱，非常類似西班牙或墨西哥的蒜味辣腸。

雞豆、鷹嘴豆

是最有營養的植物之一。儘管它有很多種類、顏色，大小和形狀也很多樣（包括那種小的，裂開的印度豆瓣），但在超市裡出售的卻看起來都差不多。罐頭雞豆是把豆浸在大量的水裡，但乾豆就須浸泡了，經常需要泡一整夜；據說大量烹飪雞豆幾乎是不可能做到的。

辣椒

也可參見墨西哥胡椒。辣椒從大小、形狀、顏色和辣度來分就有非常多的種類。它們都是辣椒屬的，有些是變種，但那種非常小又非常辣的品種常是鳥辣椒；它們是在哥倫布發現美洲之後，第一批被帶入歐洲的食品。很難想像，如果是亞洲人那麼多年生活在沒有辣椒的情形下，會是怎樣的情形。不習慣吃辣椒的人無非是不喜歡它的辣味，但事實上，辣椒也有很多氣味和口味，這就是為什麼選擇合適的品種來烹飪的原因。

簡單地說，要記住辣椒的特性是：顏色往往和辣度沒有關係，但一般來說，越小的越辣；乾辣椒和其新鮮時是一樣辣的，最辣的部分是辣椒籽，所以如果你的客人不習慣吃太辣的，就把辣椒籽去掉。人們會漸漸習慣吃辣，

所以對吃辣新手來說，連吃咖哩都會很痛苦，甚至會令其口腔起泡；而對吃辣成癮的人來說，卻會有一種溫暖的快感。處理夠辣的辣椒時要懷謹慎之情──在之後要把手洗乾淨，因爲留在指間的辣味會在你用手接觸眼睛時使眼睛感到刺痛，儘管它並不會造成什麼實際的傷害。如果辣椒不小心進了眼睛，就用冷水徹底沖洗掉。如果吃到令滿嘴都覺得辛辣無比的辣椒時，米飯或生黃瓜可以最有效地幫助你消解辣味，冷水（或冰啤）卻不大好。

辣椒油

一種紅色的、非常辣的、有刺激性氣味的油，在西方的一些亞洲商店、熟食店，及百貨商場的美食街裡有小瓶裝的出售。

辣椒粉

當完整的辣椒不容易或不方便買到的時候，這是能獲得辣味的非常有效的方式。辣椒粉也有其辣度標準，當然計量起來也很容易；和卡宴辣椒基本上是一回事，辣椒粉經常是以大包裝、更廉價的方式出售。

大白菜（也叫包心菜）

長的、圓柱形的，捲得很緊的白色和綠色的葉子，在中式商店和很多綠色食品店及大型超市裡都能買到。

香菇

經常是已經用木炭處理過的乾香菇。它們的價格通常有些貴，但卻物有所值，因爲只須用一點，就能使整道菜平添很多香味，它的口感又軟又耐嚼，十分美妙。放在乾燥的地方能儲存很久；在烹飪前須用熱水浸泡至少20分鐘。

桂皮

是從一種樟屬肉桂樹上切下的非常薄的樹皮，很乾燥，呈碎片狀，經常會自然捲曲成「管狀」，也有磨成粉出售的。在密封容器裡儲存的話，可以保質很久，但肉桂粉就會用得很快了。在很多食譜裡，桂皮是和其他配料一起被碾磨或攪碎的。本書中大多醬汁和其他菜肴要求在烹飪過程中放入桂皮，然後在食用前揀出來將其扔掉。在有些國家，帶有濃烈味道但卻缺乏精緻香味的「桂皮」，也當作桂皮來賣；在英國最近也有這麼做的。這兩種桂皮的名字都是閃族語系，因爲這些香料是在印度和巴比倫及地中海中部之間進行貿易的。

蛤蜊

它有很多種尺寸。買的時候，要確保沒有張開或損壞的；當天吃當天買。用水龍頭沖洗乾淨（洗淨硬殼），蒸幾分鐘或用中溫烤箱加熱很短的時間後，

它就會張開。

澄清黃油

在商店裡買的黃油會含少量糖和牛奶蛋白質，這會妨礙油炸的效果。要去除這些物質，先把黃油慢慢加熱直至停止發泡，並有一層薄薄的沉澱物沉到鍋底。用棉布濾出黃油。

丁香

它是東南亞最重要的香料和貿易商品，歐洲進口這種香料已經至少有2000年的歷史了；其貿易史是人類愚蠢、暴力、嫉妒和貪婪的歷史，特別讓人沮喪。這種丁香樹木的乾花可以透過形狀和氣味被立即辨認出來。牙醫們直到最近還在用丁香油作為抗菌劑，這也能夠解釋為什麼廚師們總是很小心地不要使菜肴帶有太明顯的丁香味了。在西方出售的大部分丁香，都是來自桑吉巴島和馬達加斯加。

椰子

富含水分，果肉很軟的新鮮嫩椰子，在本書的食譜裡都沒有提到。已經變成棕色、硬的、有毛茸茸外殼的椰果幾乎到處都能買得到，也是最適合用來烹飪的。把椰子舉至耳邊輕輕搖晃，能聽到其中液體流動的聲音，如果是這樣，至少能證明這個椰子還大致沒有壞；如果沒有聲音，那麼很可能是太老了或者已經壞了。用重鈍器拍打椰子，使其外殼變鬆，從而與果肉分開。然後將外殼打碎，椰漿就會流出來，所以要在水槽裡或後門臺階上做這件事。如果果肉上還黏有外殼碎片，就用不鋒利的小刀將其去掉。白色果肉上有一層棕色外皮；要做椰漿的話，果肉碾碎後，皮就會剩下，但對於做淡色菜肴（尤其是甜品）來說，就應該剝去外皮。

奶油椰子

像是一種硬的白色人造奶油。它有自己的用途，但在本書的食譜裡，我沒有推薦使用它，除非是在烹飪尾聲為了加濃湯汁才可以使用非常小的量。

椰蓉

對於做椰漿非常有用。在超市購買有品牌的袋裝椰蓉，品質還是有保證的，但如果需要的量大就太貴了。大部分亞洲商店有大袋的無糖椰蓉出售，很便宜。在購買前先聞一下味道，如果它已經儲存得太久，聞起來就會有一種油脂腐臭的味道，即使隔著塑膠袋也能聞到。

椰漿

　　不是你從新鮮椰子裡喝到的椰汁。它是一種白色的牛奶狀液體，是從椰肉裡提取的，然後加上熱水製成，是東南亞烹飪中最基本的底料。你可以從亞洲商店裡買罐裝的或買「速成粉」簡單地摻入水即可；這些都不錯，但都不如自己親手用新鮮椰果或椰蓉製作的新鮮椰漿好。

◎**方法一　用新鮮椰子**　一個椰子可以做大約570毫升/1品脫/2.5杯的椰漿。將椰肉碾碎，倒入熱水，然後放至冷卻。用濾網包起一把椰肉，用力擠壓，直到擠乾汁水。要想椰漿濃一點，就少加點水，反之亦然（也可以用攪拌器來做：參見「方法二」）。

◎**方法二　用椰蓉**　用340克/5杯的椰蓉做大約570毫升/1品脫/2.5杯的「原汁榨取」濃椰漿。如果按以下描述重複操作，就會做出兩次榨取的同量的稀椰漿。如果把這兩種混合在一起，就會得到1.1升/2品脫/5杯的、一般濃度的椰漿。

◎**用攪拌器**　水需要很燙。將椰蓉和一半的水倒進攪拌器裡；攪拌20～30秒鐘，然後擠壓和濾出碎塊。再放回攪拌器裡加入剩餘熱水，重複以上步驟。

◎**不用攪拌器**　將椰蓉和水在鍋裡慢燉4～5分鐘。讓其冷卻一會兒，然後如上所述過濾。

◎**儲存和使用椰漿**　椰漿在冰箱冷藏不要超過48個小時，而在冷藏期間，濃「椰油」會浮至表面，可以簡單地把它和其餘液體攪勻即可。椰漿不能冷凍。如果你正在烹飪要冷凍的食品，就先省去椰漿，直到把食品解凍，準備重新加熱時，再加入椰漿。

芫荽

　　這種植物的葉子即使在英國也廣為人知，其種子有整粒或磨碎的，都很容易買到。泰式烹飪裡，芫荽根也常被使用。泰式商店裡也會進口帶根的新鮮芫荽，但在大多數綠色食品店裡，也可以買到至少連著一點根的芫荽。如果不是立即使用，就把它們切成幾段冷凍起來。芫荽葉不能冷凍。

玉米粉、玉米澱粉

　　這種白色的精粉是由碾碎的玉米仁做成的，它實際上就是純粹的澱粉；可以用來烘烤或勾芡。不要直接加到湯汁裡——它會結成塊。先把它摻點冷水攪成糊狀，再拌入湯汁裡。

燻豬肉香腸

一種義大利大香腸，它含有豬頭和豬嘴等處柔軟的外皮。

櫛瓜（Courgettes）

這是葫蘆科裡的小類屬之一，可以在自家花園裡種植，這樣你可以在它還非常嫩的時候摘食，又幾乎沒有什麼成本。當然一般也很容易買到或挑選到不超過12公分長的；要做釀櫛瓜的話，大一點的更有用。

乳酪

這是一種培養成略帶酸性但味道並不酸的奶油；超市裡有預製品出售。

烤麵包塊

白麵包去掉面包皮，切成約1公分的小塊，放進180℃/350 °F的烤箱裡烘烤10～15分鐘；或者用更小的麵包塊在油、或澄清黃油裡炸成均勻的棕色；或者將烤麵包片兩面都刷上融化的黃油再切成小塊。

孜然

這種小種子在很多亞洲烹飪方法裡都會用到：如果你經常用，那麼在印度商店裡會買到比較便宜的，在那兒，它被稱為「jeera」。不要和香菜籽弄混了，儘管看上去它們很相似。

綠小豆

參見綠豆。這是印度對所有豆瓣的稱呼——綠豆可以指除了豌豆和扁豆以外的任意一種小豆子。它們富含蛋白質，因此在不富裕的亞洲國家裡，占據很重要的地位。食譜裡總是會指定某種類型的綠豆——不同的類型有非常不同的口味和烹飪品質。

紅糖

含大量晶體的棕色糖。它過去常常是來自圭亞那（Guyana）的德梅拉拉（Demerara），但現在是對一系列不同類型和品質的棕糖的模糊稱謂。在東方菜肴裡，可以代替椰糖和棕櫚糖。

乾蝦仁

在英國，只能在亞洲商店裡才能買到，在那裡它們有時被稱為乾蝦或「ebi」。通常是以袋裝形式出售，已經經過去殼、鹽醃、烤製的加工，某種程度上來說它們是昂貴的；然而一袋也能用很長時間。用量要保守一些，按照食譜中的指示操作，否則味道會太重。

茴香

地中海國家、加州等地非常普通的植物，有很濃的刺激性氣味，味道很像茴芹。全部的植物都可食用，但在本書中，我們主要還是用適於吞咽的「甜」茴香或「佛羅倫斯」茴香的葉子部分——是從一種球莖長出來的。生吃和烹飪食用均可。順便提一下，韋弗利·魯特（Waverley Root）說古希臘稱這種茴香爲「馬拉松」，因爲馬拉松跑道附近總是長著大量的野生茴香。

檫葉粉

木葉磨出的精粉，路易斯安那州和美國海岸沿線地區的人們會使用它，尤其是做秋葵湯；在其他地方不容易買到，因此在本書中只是將其列爲僅供選擇的配料。

File Power

極其稀薄的麵糊，用在不計其數的中東菜肴裡。要把它做得足夠稀是很困難的，但很多地方極易買到袋裝成品，新鮮或冰凍的也有。像其他稀麵糊一樣，它暴露在空氣中也很快會乾掉並變脆，所以等要用的時候再打開包裝或再進行解凍。

魚露

在本書裡是指東南亞內陸國家用在很多風味菜肴裡的、有刺激性氣味的醬。泰國叫「nam pla」，越南叫「nuoc mam」，菲律賓叫「patis」。在西方的泰式商店或其他亞洲商店裡很容易買到，也不貴。它們基本等同於固體，聞起來甚至比馬來西亞和印尼用的蝦醬味道還要濃烈。

五香粉

一種著名的中式烹飪香料，所有中式商店和非中式的熟食店裡都有出售。它通常是由桂皮（見「桂皮」）、丁香、茴香、八角和薑或花椒製成的；吃起來有種甘草的味道，用量要保守一些。

粉質馬鈴薯

也叫蠟質馬鈴薯。有很多種值得推薦的品種，至少在英國就有廣泛可獲得的品種：家庭衛士（Home Guard）、馬里斯·皮爾（Maris Peer）、馬里斯·派珀（Maris Piper）、國王愛德華（King Edward）、彭特蘭·德爾（Pentland Dell）。

香根莎草

是一種植物（長莎草）的古英語名稱，它的根或根狀莖看似粉紅色的薑根。在西方的亞洲商店裡很容易買到新鮮的、或磨成粉狀的香根莎草；馬來西亞

和印尼語叫做「laos」或「lengkuas」，泰國語叫「ka」。它的乾根片也很容易取得——使用前在冷水裡浸泡一下，食用前再揀出來扔掉。

酥油

這種了不起的印式烹飪介質，非常類似澄清黃油，但帶有濃郁的香味。眞正在家裡用酸牛奶或水牛奶做酥油是很困難的，但很容易在印度商店裡買到罐裝或瓶裝的。澄清黃油是其合適的替代品。

醃食用小黃瓜

一種小的醃黃瓜，經常放在玻璃罐裡出售。

薑

現在到處都很容易買到鮮薑，而且很多已經磨成了薑粉。切掉一段根，去皮，然後碾碎或切碎或按食譜指定攪碎。

薑汁

是由碎薑擠出的汁。爲了方便擠汁，先把薑末在1～2茶匙溫水裡浸泡幾分鐘，然後把薑末放在搗蒜缽裡或用濾網擠壓出汁。

山羊肉

本書中很多亞洲熱帶地區的食譜要求用山羊肉，因爲以全世界的範圍來說，山羊是一種很常見的動物，而綿羊不是。本書很多食譜因此都指定用羔

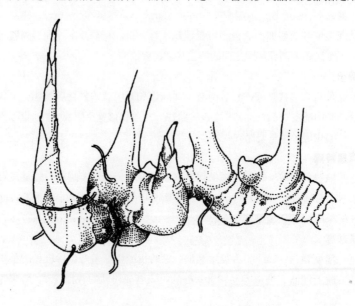

羊肉，甚至就算那道菜本來最早也是打算用山羊肉烹飪的。

墨西哥胡椒

一種辣椒，在北美被當作很辣的辣椒，但不是指世界上最辣的品種。在歐洲熟食店裡可以買到，通常是保存在玻璃罐裡的。本書特定食譜會指定使用它，但不是爲了它的辣味而是看重了它的香味。

酸橙葉（Kaffir Lime Leaf）

一種柑橘類植物泰國青檸的葉子，因爲有苦味，因而用在很多東南亞菜式裡。印尼語稱爲「daun jeruk purut」。歐洲有袋裝鮮葉或乾葉出售。

KENARI 堅果

Kenari 樹在印尼是種在路邊遮蔭的，它們長得既高大又濃密。其堅果爲油性，外觀和味道很像杏仁，所以在烹飪中可與之互相替代。

昆布

是一種日本海藻或海草，做金槍魚湯的最基本的原料。因此很容易購買──只要周圍有出售日本食品的商店。

韭蔥

不要選那些長得長大、看起來又很粗糙的韭蔥。嫩韭蔥應該修剪掉根和大部分綠葉，用冷水仔細沖洗乾淨，以去除其縫隙中所帶的泥土。

檸檬草

如今幾乎到處都很容易買到。在東南亞菜式中，存在著寬泛的酸味和苦味系列，而檸檬草（印尼語叫「sereh」，植物學名稱叫「Cymbopogon」）就是其中特別有用的一種。可以使用新鮮的、乾的或粉狀的。你或許還可以插一根在注水的玻璃瓶裡讓其生根，把它當作室內植物。它以大約15公分長的莖稈來出售；對於烹飪大部分菜看來說，只要它的1/3長度就足夠了。檸檬草的外層非常硬，如果是整根拿去烹飪的，記得在上桌前把它揀出來。對於做大部分菜看來說，其外層都應該削去，而只用中間柔軟的部分。

羅甘莓（Loganberry）

第一個羅甘莓是在19世紀80年代產自加州大法官羅甘的花園。是由一種野生黑莓和法官自己種的樹莓雜交而成的──這種意外的基因演變有時效果會很好。它最好是在購買當天就食用，而且不要買洗過的。

澳大利亞堅果

源於澳大利亞，但運到西方的這種堅果，多是在夏威夷爲商業用途種植

的。如今在英國，它還不是非常知名，也沒那麼容易買得到。它生吃很美味，然而在本書中的功能就是替代油桐子。

嫩豌豆、糖豌豆

一種可以帶殼食用的豌豆。

墨角蘭

這種香草（牛至屬）非常類似牛至，或者更準確地應該把它稱為甜味墨角蘭。它比牛至更甜，香味更淡，但綠色食品店或超市並不知道這種差別，也不為顧客提供選擇機會，所以實際上這兩種香草是被當作可互為替代的東西。

味醂（Mirin）

非常甜的日本米酒，僅用於烹飪，在日本商店或很多其他亞洲商店很容易買到；如果買不到，每1湯匙米林酒可用日本清酒，或干型雪莉酒加半茶匙糖來代替。

味噌（Miso）

發酵過的日本豆醬，是用煮熟的豆子碾碎製成的，常常還混有其他的穀粒，是日本主要食材之一。顏色淡的，常常很甜；大麥做的紅色豆麵醬，味

道很香；黑色的也很香。有很多風味和口感不同的品種，但主要有三種。亞洲商店和很多健康食品店裡都有多種類型出售，經常標爲「大豆醬」或類似的字樣。在冰箱冷藏可保質12個月。

琵琶

經常能見到的只有這種魚的魚尾，顯然是因爲賣魚者考慮到顧客如果看到它的頭，恐怕就再也不想吃這種魚或者不管怎樣也不想再出高價買它了。艾倫・大衛森的《北大西洋海鮮》書中有它的圖示，看起來確實很令人吃驚，這也是它被稱爲琵琶魚的原因，或者在美國一些地方，被稱爲美洲鮟鱇、大嘴魚或「律師」(Lawyer)。很明顯，美國人並不常吃這種魚，我眞爲他們感到可惜，因爲這種魚的肉質極其鮮美，幾乎有點類似龍蝦，也沒有小刺鮟鱇只有一根可輕易剔掉的軟骨。記得切去下尾部表面的那層薄膜鮟鱇如果買的時候還帶著的話。

白蘿蔔、水蘿蔔

一種大棵的、光滑的、圓柱形的白蘿蔔，帶有討人喜歡的淡淡烈味兒，可生吃也可熟吃，現在很多超市以及商店都有出售。它非常類似日本的大白蘿蔔，如果確實不是同一種的話——它們也都是蘿蔔屬的蘿蔔。

羊肚菌

這種小蘑菇看起來很像圓錐形的小海綿。在英國，秋天時可以高價買到新鮮的，乾菌則在高檔餐廳和熟食店裡終年有售。它們總是用於烹飪，是菌類中味道最佳的一種。

綠小豆、綠豆

這些綠小豆可以用來生綠豆芽，裂開時就變爲綠豆瓣，也可以碾成粉。每家印度商店都有賣，很多其他亞洲商店和健康食品店裡也有出售。

貽貝

這種小貝類的殼常呈藍黑色，世界各地都有，也可以養殖。「野生」貽貝存在被污染的可能性。買的時候，要挑殼無明顯異味並緊閉著或一碰就合起來、吐過沙的那種。擦淨外殼，並用小刀割掉捲鬚狀的「鬍子」。用刀撬開外殼，要立即食用或進行烹飪。

紫菜乾

一種紫菜屬海藻類，呈深棕色或綠色的帶狀或片狀，類似英國的紫菜。切成規則形狀的紫菜片是日本的基本食材之一，可用來裹壽司（光面朝外）。紫

菜可先在火上烤至酥脆，這可能由加工廠先做好，產品稱為「yaki-nori」。都是以密封包裝出售，包裝打開後，也要存進密封容器放在陰暗處儲存。

豆蔻

這是一種香料，僅生長在東印度群島，是經印度、阿拉伯最後傳到歐洲的、避開了貿易供應的控制路線；甚至最後傳到了其他熱帶地區，過程很不容易，但在19世紀60年代，馬來半島的種植因為病害而中止了。如今歐美進口的豆蔻都是格林納達（Grenada，編按：海島國家，位於加勒比海東南海域）種植的。豆蔻粉的香味會很快消失，所以最好買整顆的豆蔻，可儲存在廚房的抽屜裡。包裹在外面的豆蔻衣有種類似淡甜味的味道。有時以塊狀出售，更常見的是粉狀。

秋葵、貴婦指、羊角豆

這種植物最初來自非洲，但因為已經流傳到很多地方，所以在希臘和印度商店裡都可以買到新鮮的。它的錐形豆莢，吃起來有相當黏稠的口感，屬軟質的蔬菜，是做秋葵湯或克里奧湯（Creole soup）的基本原料。買的時候不要挑那些已經變成棕色的或超過10公分的豆莢，它們會很有韌性。要去莖，但不用切開。

橘花水

在一些專門出售中東或地中海中部食品的商店裡可以買到，或者在化學品商店裡能找到。

牛至

這種香料（牛至屬）類似墨角蘭，有時被稱為野生墨角蘭。從實用角度來說，它們基本相同。如果你自己有個香草花園的話，就不會同意我的這種說法了。

牡蠣醬

用牡蠣來做醬，就不可避免地使這種醬會賣得很貴，它們經常被標為「牡蠣風味醬」。在任何中式商店裡都能買得到，現在很多超市裡也增加了這種商品。

棕櫚糖

最早是用椰子的花汁製成的深紅棕色的糖，常被稱為棕櫚糖。現今在亞洲食品店出售的顏色會更白一些，但其形狀仍然是大的硬塊。可用手揉碎或用刀剁碎，然後照食譜指示將其溶解。

PANEER，PANIR

一種印度鄉村乳酪，儘管湯姆‧斯托巴特（Tom Stobart）在《烹飪百科全書》（*The Cook's Encyclopaedia*）中說它是「幾乎不能被稱為乳酪的凝乳」。在印度商店能夠買到，或按照湯姆‧斯托巴特提供的方法自己進行製作：

將牛奶煮沸，加些檸檬汁。一旦牛奶凝固住，就倒在一塊乾淨的布上，懸掛起來控乾。擠壓出其中的水分。在砧板或碟子之間來回壓盡最後的水分。放置乾燥，然後切成方塊捏成小團。

他還說，只用足夠使牛奶凝固的檸檬汁就行了，不要留至控水階段，因為它不久就會變酸。

紅辣椒粉

來自匈牙利的乾紅椒粉——由甜椒製成的，不是特別的辣，但帶有很多匈牙利菜肴所需的香味。本書中，有時會建議用它取代辣的辣椒粉——如果只想要辣椒的顏色而不是其辣味的話。

醃洋蔥

棕色皮白果肉的小洋蔥。

甜椒

鈴狀椒或彩椒的另一名稱。

松仁、松子

在歐洲，它是來自地中海石松的松果。在新鮮時和略微烤過之後味道最佳。在專售中東食品的熟食店和商店裡能夠買到，但價格很高。韓式菜肴裡經常會用到它。

斑豆

菜豆的一類變種，之所以稱為「斑豆」（有斑點的）是因為它帶有紅色斑點。使用前需浸泡3～4個小時。

開心果

我們把它當作土耳其、伊朗或阿富汗的產品，但是如今這種開心果樹是長在很多乾燥炎熱的國家裡——義大利南部、美國亞利桑那州和其他地方。貴得可怕，但物有所值。

車前草

從功效上來說，是可用於烹飪的香蕉的變種，通常是綠色的，有時也有黃色的或黑色的。

石榴汁

用新鮮石榴製作石榴汁，竅門是把石榴籽從其黃色發苦的果瓤中分離出來。

首先，切開果蒂處。然後垂直放好，用刀從下往上將外皮割幾道口。輕輕將其分成幾半，每半都掰彎外皮，將石榴種分離出來，放進濾網裡，再榨出其中的果汁。

南瓜

一種南瓜科植物（櫛瓜是另一種），最早源於美洲。形狀和大小都很多樣化。富含水分，因此在烹飪時會縮小。這也是爲什麼用它來做湯的原因。

榲桲（Quince）

一種類似蘋果和梨樹的「Pyrus cydonia」樹的黃色硬果實，芳香，但味道尖銳，用在烹飪中，但不能生食。

葡萄乾

在陽光下曬乾的葡萄。葡萄乾、無核小葡萄乾和蘇丹無籽葡萄，基本上都是用（有很多不同的傳統方式）不同的葡萄做成的同一類食品。

米粉

在任意亞洲商店和大多數熟食店裡都很容易買到；精米粉應該也一樣普遍。這兩者有很重要的區別，不能互相替代。米粉相對來說比較粗，精米粉會碾得更細一點，如果食譜裡要求用細米粉，那就要用這一種。

米紙

有兩種：一種是米粉做的，片很厚且易碎，包裝成15公分直徑的圓片，越南或其他地方用它來包裹春捲；另一種是非常薄可食用的薄紙，蛋白杏仁餅乾就是放在這上面烘烤的，它不是用米粉做的，而是用例如「Tetrapanax papyrifera」（偶爾生長在英國的花園裡，作爲「米紙植物」）或「Aralia papyrifera」這種植物的木髓製成的，它們的種子在中國唐朝時代被當成是美味佳肴。

米醋

中國和日本用米酒生產出一系列的醋。泛而言之，中國醋味道尖銳，日本醋則醇香，有時還很甜美。選擇適當的醋是很重要的，你會發現在本書中只有極其有限的食譜要求使用醋。當然，可以使用米醋來做西式的酸醬油或其他一般菜肴。

義大利鄉村軟酪

一種義大利乳清乳酪，經常以新鮮、未成熟、奶白色的形態出售，這也是

爲什麼本書中指定用它來代替比如「Paneer」。

玫瑰水

在中東很受歡迎的甜品，經常和橘花水一起使用，克勞迪婭‧羅登說：「它是一種很弱勢的配料，所以用量不要那麼保守。」

藏紅花

要按重量計算價格的話，它或許是世界上作爲一般用途的、最貴的食材；你可以買一小紙包約1克的藏紅花絲。它的香味很獨特，其橘的顏色也很搶眼，所以只需用很少的量。在西班牙和中東地區用它來做米飯菜有由來已久。粉狀的藏紅花如果價格便宜，那就可作爲一種簡單的植物染色劑，用薑黃根粉就更好了。

清酒

這個日本詞彙事實上可指代表任何一種酒精飲料；但對我們來說，它是指一種略帶顆粒、有清香味的液體，喝下去很舒服，尤其是用小瓷杯盛上的溫酒，我們也不會意識到它的酒精濃度：約爲15％～17％，比大多數葡萄酒的酒精濃度都高，更遠遠超過了啤酒。清酒其實就是一種稻米啤酒，只不過米粒代替了麥芽，並由曲黴菌將澱粉轉化成了糖分，這種菌在爪哇是用來做天貝的。然後再加入發酵粉，把糖轉化爲酒精。清酒不是完全發酵成熟的，剛做好時就可以飲用，但儲藏期限不要超過一年。要放在陰涼處儲存。一旦打開酒瓶，需在幾天內把它喝光。我們在這裡先不關心上酒和飲用的禮節了，但是因爲它含有一系列能軟化食物的胺基酸，因此經常被用在烹飪中。不必去購買什麼特定品級和類型的清酒，可以隨便買來一些既做飲用又做烹飪使用，日本人把任何一種清酒都當作適合出口的商品，所以至少一般品質都還不錯。

SALAM葉

這不是咖哩葉或酸橙葉，但也很類似，在烹飪中可用月桂葉替代。有一些亞洲商店裡出售其乾葉；烹飪時，在湯鍋裡放一片就足夠了。它的植物學名稱叫「Eugenia polyantha」。

魚醬

它在印尼和馬來西亞，是對一種熱辣調味品的一種稱呼。在亞洲商店裡可以買到成品，有些還不錯——比如「Yeo s」和「Koningsvogel」。當然自己做的會更好，而且還可以根據個人喜好增加或減少辣椒來控制辣的程度。

扇貝

貝類的一種，它的雙殼曾經與教派的名稱有關，如今也是一家石油公司的商標名稱，它有很多種類。如果是海裡的，那麼進到市場的就只有可食用的扇貝肉；如果購買的是帶殼的，就先將殼擦淨，再拿刀撬開外殼，用剪刀剪下扇貝肉。其橙紅色的卵也可食用，其他的可以丟掉。

海萵苣

石蓴屬的一類海草，英國是從布列塔尼（Brittany）進口的，但毫無疑問其他海岸地區也會有。大多數好的熟食店裡會有出售。

聖納羅辣椒（Serrano Chilli）

這是非常小、短而粗的、亮綠色的墨西哥辣椒。

蔥

儘管在英國賣得很貴，而且有時還很難買到，但它們也只是洋蔥裡很平常的一種，但風味很獨特；與亞洲商店裡出售的小紅洋蔥非常類似。如果買不到什麼特殊種類，普通的小洋蔥也可以。

紹興酒

一種標準的中國酒品，在任意亞洲商店裡都可以買到，非常貴，但保質期很長。可以用干型雪莉酒代替，但就不能稱為「正宗」了。

香菇

這種美味的日本蘑菇，如今在英國和其他很多地方已有商業種植。乾香菇可以保存很久，但鮮菇最好在1～2天內使用。菌稈很硬，可以切下熬湯。

蝦醬

這種精緻的、美味的、帶著難以言喻的刺激性氣味的鹹調味品，被廣泛地使用在東南亞風味菜肴中，與魚露的作用相似，但形態更接近凝固物。通常以大塊固體的形式出售，也標為「terasi」、「trassie」、「balachan」或「blachen」，也有5克的小片。這些小片就可以直接使用了。大塊通常在225克左右，需要切成5公分厚的片，再把每片切為4半；然後擺在鋁箔紙上，放進中溫烤箱裡烤或在爐上的炸鍋裡加熱5分鐘。它會散發出非常濃烈的氣味，儘管起初會令人很震驚，但吃過之後就會愛上它。烤過的蝦醬片須放在密封罐裡保存，需要時再取用。一般的菜肴用一片就足夠了。它的味道非常濃，所以用量要保守一點。它的保質期很長。

最好的牛腿肉

英式切法的牛肉，牛腿肌肉上的瘦肉部分。

酸模

一種味道尖銳的酸味綠色香草，和法式烹飪相關，但如今在英國也很普遍。要使用非常新鮮的，能做特別美味的湯和沙拉，但不要一次食用過多，因爲它的葉子富含草酸。

醬油

在英國，最好的、一般用途的醬油或許是「Kikkoman」，但其他知名品牌——「Amoy」牌、珍珠河大橋牌（Pearl River Bridge）等也還不錯。本書有幾個食譜要求用生抽和老抽醬油。所有的醬油都是很鹹的，但生抽相比較來說要淡一點，老抽則微帶甜味。「Kikkoman」（來自日本）牌的這兩種都有，但純粹主義者會喜歡在做中式菜肴時用中式醬油。珍珠河大橋牌的也有生抽和老抽之分，但卻忘記用英語在標籤裡注明這一區別。最簡單的區分方法是記住「superior soy」是生抽，而「soy superior」是老抽。法語裡「epais」是出現在老抽油醬的商標上，當然中文標注又是另外一種了。在印尼，醬油叫「kecap」（ketjap），而在荷蘭和英國的一些商店裡，可以買到標爲「kecap manis」的印尼式醬油——它是深色略帶甜味的那種。

西班牙洋蔥、黃洋蔥

一種很大棵、味道很淡的洋蔥。

蘇丹無籽葡萄、金無籽葡萄乾

一種乾的、甜味的無籽葡萄乾，最初是生長在土耳其。現代超市裡的無籽葡萄多是澳洲或者加州供應的，但都缺乏原產地的正宗風味。最好避免挑選那些看起來很光滑的無籽葡萄，因爲它們的表面有可能裹了礦物油。

甜玉米

除非菜譜上說明要用新鮮玉米穗軸上的玉米，罐裝玉米就很能令人滿意了。

甜辣椒（英國的彩椒，美國的鈴狀椒）

辣椒的一類變種，味道溫和，有許多種類，每個國家都有自己中意的品種。英國品種通常是圓形，呈綠色、紅色或黃色；美國品種則是像鈴鐺形狀。西班牙和土耳其的是又長又尖的，也叫甜椒，它們呈淺綠色，有時幾乎淺到像是白色。西班牙人通常是把它油炸，土耳其人則用它做釀甜椒或者將

其醃漬。

瑞士甜菜

甜根菠菜的一種，即甜根是從葉子或者葉子凸起處長出，而不是從根部長出來。

羅望子和羅望子水

這是阿拉伯名字，意思是「印度棗」，雖然羅望子的果實跟棗一點也不像。早期阿拉伯商人航運的是其乾果，其價值就在於它的酸味；如今還是一樣更容易買到羅望子的乾果肉。大部分亞洲商店裡都出售乾羅望子。很多食譜要求用羅望子水，而不是其乾果。製作羅望子水的時候，掰一片果肉，放在少量熱水中（粗略提示一下：果肉和水的比例大概是1：10）。擠壓和揉搓果肉，使果漿和味道滲到水裡；果肉越多，擠得越用力，水的顏色就越深。將水中的固體物丟掉。羅望子水在冰箱裡可保質1週。它的色相不怎麼好看，但是可以使食物的味道變得更好。

塔索（Tasso）

非常具有時令性的煙燻火腿。只在美國東南部的部分地方製作和出售。

天貝

一種發酵的豆製食品。

百里香

園種百里香（銀斑百里香），是常用於烹飪的一種；其他類的百里香固然也很好，很多野生的並不合適。

日本豆腐、豆腐

一種大豆製作的厚塊凝狀物，營養很豐富，味道和口感都很溫和。用香料烹飪時很易於吸味，所以味道鮮美。印尼語叫它「tahu」。亞洲國家的很多商店裡都出售這種豆腐，尤其是出售中國和日本食物的商店。它通常被儲存在冷水中；必須放置於冰箱冷藏，最多能保質3天。現在英國超市也製作和銷售各種品牌的新鮮豆腐（如「Cauldron」牌，它分為原味或者煙燻味）。冷藏保質期非常短的「絲滑的」或「適合長存」的日本式豆腐也很容易買到，在未開封時可以有較長的保存期。它非常的柔軟並且光滑，是製作奶油湯、蘸料湯和霜淇淋的理想原料。日本和一些其他亞洲商店裡也出售炸豆腐。你可以自己製作炸豆腐，豆腐切成大約2.5公分的方塊，油炸至其表面呈淡棕色即可。炸豆腐外焦裡嫩。商店裡面出售的炸豆腐可能比較油膩。可以用開水將豆腐塊上

多餘的油沖掉並用吸油紙拍乾。炸豆腐可以在冰箱裡面冷藏大約1週，不需要冷凍。

牛臀肉

是一種英式切法的牛肉。牛腿內側頂端的瘦肉，通常不帶骨頭。

薑黃根

另外一種根莖植物，類似薑。在中國和泰國商店裡可以買到新鮮的；但其實超市裡的薑黃根粉也不錯，而且使用起來很方便。如果你想要用新鮮的薑黃根，要先削皮，切碎，與其他原料混合來製作咖哩汁（舉例）。薑黃根染色能力很強，所以它是製作黃米飯非常完美的原料。如果衣服上染了薑黃根的汁，就很難洗掉。

URAD DAL

Urad Dal是裂開的豆瓣，合在一起完整的豆瓣就是豆子了。Urad Dal是用裂開的黑豆豆瓣製成的，但令人困惑的是成品卻呈白色（也可能混有黑色斑紋或者綠皮）。在印度它被認為是一種富含熱量的食物，非常適合在寒冷的天氣裡食用。在烹飪前通常不用浸泡。任何一家印度商店或者熟食店都有賣。

香草

另外一種昂貴的香料，尤其是如果你買到的是真正的美國南部香草蘭的莢果。它們經過單獨人工授粉，在成熟前就被採摘下來，並被包裝得很緊實以使其凝結出芬芳的水晶狀的香蘭素。適當成熟的豆莢可以儲存很長一段時間。頂級的香草精就是用這些豆莢萃取並和以酒精而得來。不過，一般商業用途的產品都用合成代替品，那樣更廉價，工藝也比較粗糙。在乳蛋糕或蛋糕中放一點香草可以在烹飪時散發出很濃郁的香味，而且可以多次重複使用。

香草糖

要想使糖也帶有真正的香草味，就在糖罐裡放2～3個香草蘭莢，用掉一些就添一些進去，以保證糖罐總是滿的。

葡萄葉

用於製作釀葡萄葉，你可以用任何一種新鮮的嫩葡萄葉，只要確保將上面噴灑的化學藥劑清洗乾淨就行了。或者買包裝和罐裝的葉子，它們通常是用鹽水浸泡著的。要沖洗乾淨，否則吃起來會很鹹。

空心菜

這是一種匍莖、蔓生、喜濕的植物（Ipomoea reptans or I.aquatica）。在印度和

馬來西亞被叫做「kangkung」。

蠟質馬鈴薯

　　見粉質馬鈴薯。英國能買到的適用品種有：Asperge、Ausonia、Bintje、Charlotte、Civa、Diana、Maris、Bard、Morag、Pentland Javelin、Shelagh、Spunta、Ulster Sceptre。

優酪乳

　　新鮮優酪乳其實是一種鮮活的產品，牛奶中活躍著兩種有益菌類（保加利亞乳桿菌和嗜熱鏈球菌），通常它們在放入牛奶前就已經用巴氏滅菌法處理過並勻漿化了的。它們可將牛奶中的糖分分解成乳酸；這是所有食物中最易消化的一種。原味優酪乳在烹飪中是最為理想的；必須在其包裝盒上提示的時間之前使用，否則細菌繼續繁殖，會破壞其味道。你當然也可以自己來製作優酪乳。在斯托巴特的《烹飪百科全書》或別處可以找到優酪乳的製作方法。

〔第二節〕

準備好廚房幫手　器具

你可以用常見的燉鍋輕易地做出很棒的米飯。本書裡幾乎每個食譜都可以使用最基本的廚房器具來進行準備和烹調。但如果你準備在很規範的基礎上做米飯或者亞洲菜式，那麼將會發現部分或許是全部的器具，都非常有用而且省力。

研棒和研缽

你可以使用歐式的研棒和研缽，那是用大理石或者類似材料，或木頭，或印尼式的「cobek」和「ulek-ulek」製成的，最好是用木製的那種（石製的容易在食物中留下小碎片）。日本的折缽是一種陶製的研缽，在其沒有上釉的內部是兩道平行的凹槽；可以用木製杵在裡面研磨芝麻。它還配有一把精細的竹刷用來清除凹槽裡的研磨碎屑。

食物調理機

這或許是一種最基本的設備了。很多食譜想當然地把它列為必選器具。我很難想像生活中如果沒有它將會怎樣。

電鍋

它們通常價格比較貴，但是能用很長時間，為準備宴會或平日經常需要做

米飯的話，它能幫你不少忙。

燉鍋

很多食譜裡面會特別說明具體需要哪種燉鍋──特別大、厚底的、深的或者敞口淺底的（保證翻炒的空間）。一兩個特別尺寸的鍋對你會很有幫助。

炒鍋

非常有用，幾乎所有遠東或者東南亞的烹調中都需要用到它。最理想的炒鍋是可以在瓦斯爐上使用的。但如果你不是用燃氣做飯，也可以買一個能在電磁爐上使用的炒鍋，或是能用在電子加熱設備中使用的嵌入式炒鍋。

蒸鍋

對於經常食用米飯又沒有電鍋的人來說，蒸鍋是非常方便的。如果你確信

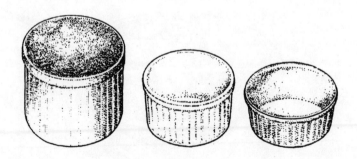

會經常使用到蒸鍋，那麼一個雙層的或者三層的蒸鍋是非常有用的，因爲它
有大量的空間。

煎餅鍋

如果你經常做煎餅，它是非常有用的，否則就沒有多大的用處了。你還可
以用平底鍋或者厚底炒鍋來做煎餅。

環形模具

最好的是一種由耐熱玻璃製成的、或不具粘性的環形模具。它必須是平
的，且不帶浮紋。

小模子

這種烤箱用的瓷製或玻璃製的直邊小碗，對於做蛋奶酥來說是非常有用
的，因爲你可以直接從烤箱中取出來食用，擺上桌，而它們也有很多其他的
用途。

金杯模具

你可以在泰式商店裡買到。大部分一套有2個或者4個杯具。

瑞士卷器皿

它是一種簡單的淺邊橢圓罐，可以將米壓成扁平狀，但並不是基本所需的
用具。

日本竹簾

在製作壽司的時候非常有用，它能把緊實和柔韌性二者結合得很好。

{第三節}

現學現賣輕鬆做　技藝

本書中的食譜都不要求特別的操作技藝和靈巧的手法，這裡描述的烹飪方法對於你來說可能很熟悉。在本書中出現一兩次的技藝或者操作過程（比如說煙燻），都已在相應的食譜中有所描述了。

備料——

切絲或者切成火柴桿狀

本書出現的這兩個術語基本上都是一個意思。通常都是準備蔬菜的時候，先將菜切成薄片，然後將薄片疊起來，再切成細絲。

切碎和切塊切碎（通常是用於切蔬菜，偶爾也用於切肉）

是指切成小立方體。要想把食物切成小塊，先要切成細絲或者火柴桿狀，然後再橫切；要切中等的或者較大的塊，相應要切得厚一點。切塊（通常用於切肉）是指切成稍微大點的立方體，食譜當中一般都會注明其具體大小。

去蝦線

黑色蝦線是指蝦腸。一手將蝦固定，使蝦背朝向你；用一把小尖刀沿蝦背中線切開，注意切深一點但不要切斷。像翻書那樣將蝦翻開，然後挑去或拉出蝦線；再把蝦用冷水沖洗乾淨。用這種方式去掉蝦線後，蝦在烹飪時會捲成好看的形狀。如果你不希望牠們捲起來，就將每隻蝦先去頭，然後拽出蝦線，這樣可以不用切蝦背。

剝馬鈴薯皮

在一個小鍋子或者碗裡注入剛燒開的沸水。馬鈴薯置於水中約2分鐘，再立即撈進冷水裡。放置幾秒鐘，然後就很容易去皮了。

烹飪方法——

熱焯

用這種方法一般不要超過2～3分鐘（通常用於處理蔬菜或者堅果類——比如杏仁或果仁）。

蒸

　蒸這是一種非常健康並且易於操作的烹飪方式。如果食物是放在小模子或小杯子裡的話，可以用米飯蒸鍋來蒸；如果是大點的容器，那麼最理想的是用雙層蒸鍋（需用烤爐來加熱，裡面蓄水的容器）。那種深的烘烤盤也可以當雙層蒸鍋使用；先在盤裡注入一些開水，然後放入盛滿食物的碗。有時需先在水裡放一塊折疊的毛巾或抹布或報紙，食譜中會提供具體指示。

　你也可以使用大燉鍋或炒鍋。燉鍋的優勢是鍋比較深，鍋蓋又可以扣得比較緊。在平底鍋或炒鍋裡蒸，要先放一個三腳架或者其他堅固的底座來做蒸架，這樣可保證放入的食物露在水面以上。用一個盤子倒扣在鍋裡也可以。如果食物是放在碗裡拿去蒸，蒸鍋裡的水必須只沒過碗外沿的一半，很明顯，不能讓水溢到碗裡。水燒開後，真正的蒸製才開始。如果蒸的時間需要很長，在水快乾的時候就要往鍋裡加些開水。

精選參考書目

01 作者無名氏，由哈里‧J‧卡曼編輯，《美國農業》（美國紐約：哥倫比亞大學出版社，1939年）。

Anonymous，ed.Harry J.Carman，*American Husbandry*（New York：Columbia University Press，1939）.

02 R‧巴克、R‧W‧赫特及B‧羅斯，《亞洲稻米經濟》（美國華盛頓特區：未來可用資源出版社，1985年）。

Barker，R.，and Herdt，R.W.，with B.Rose，*The Rice Economy of Asia*（Washington，DC：Resources for the Future，1985）.

03 默里‧R‧貝內迪克特，《1790～1950年的美國農業政策》（美國紐約：21世紀投資出版社，1953年）。

Benedict，Murray R.，*Farm Policies of the United States 1790～1950*（New York：The Twentieth Century Fund，1953）.

04 J‧伯廷等人著，《Atlas des cultures vivrieres》（法國巴黎：Mouton出版社，1971年）。

Bertin，J.，and others，*Atlas des cultures vivrieres*（Paris：Mouton，1971）.

05 弗朗西絲卡‧布雷，《稻米經濟：亞洲社會的技術和發展》（英國牛津：布萊克威爾出版社，1986年）。

Bray，Francesca，*The Rice Economies：Technology and Development in Asian Societies*（Oxford：Blackwell，1986）.

06 I‧H‧伯克黑爾，《馬來半島經濟作物辭典》（吉隆坡repr.：農業合作部出版社，1935年）。

Burkhill，I.H.，*A Dictionary of the Economic Products of the Malay Peninsula*（1935；repr.Kuala Lumpur：Ministry of Agriculture and Co-operatives，1966）.

07 羅伯特‧F‧錢德勒（編著），《熱帶稻米》（美國科羅拉多州玻爾得市和倫敦：西方觀點出版社，1979年）。

Chandler，Robert F.（ed.），*Rice in the Tropics*（Boulder，Colo，and

London：Westview Press，1979）.

08 K・C・常（編著），《中國文化中的食物》（美國康涅狄格州紐黑文市：耶魯
大學出版社，1977年）。

Chang，K.C.（ed.），*Food in Chinese Culture*（New Haven，Conn.：Yale
University Press，1977）.

09 健康部，《英國膳食之參考營養能量價值》（英國倫敦：皇家文書局出版社，
1991年）。

Department of Health，*Dietary Reference Values for Food Energy and
Nutrients for the United Kingdom*（London：HMSO，1991）.

10 艾恩特・納利奧奈兒・里斯，《大米和餐館》（義大利米蘭：ENR出版社，
1990年）。

Ente Nazionale Risi，*Rice and Restaurants*（Milan：ENR，c.1990）.

11 喬治・・法韋爾，《亞洲的面紗：今日菲律賓》（紐約和倫敦：普雷格出版
社，1967年）。

Farwell，George，*Mask of Asia：The Philippines Today*（New York and
London：Praeger，1967）.

12 J・D・弗里曼，《伊班族人的農業》（英國倫敦：皇家文書局出版，1955
年）。

Freeman，J.D.，*Iban Agriculture*（London：HMSO，1955）.

13 柯利弗德・格爾茨，《農業衰退：印尼生態進程的變化》（伯克利分校，加
州：加州大學出版社，1963年）。

Geertz，Clifford，*Agricultural Involution：The Processes of Ecological
Change in Indonesia*（Berkeley，Calif.：University of California Press，
1963）.

14 克里福德・吉爾茲，《劇院國家：19世紀巴厘島的劇院狀態》（美國新澤
西州普林斯頓鎮：普林斯頓大學出版社，1980年）。

Geertz，Clifford，*Negara：The Theatre State in Nineteenth-Century
Bali*（Princeton，NJ：Princeton University Press，1980）.

15 伊恩・C・格洛弗，《關於亞洲稻米培育的幾個問題》，出自V・N・米
斯拉・貝爾伍德和皮特・貝爾伍德編著的《史前印太地區的最新進步》
（牛津大學及新德里：IBH出版社，1979年）。

Glover，Ian C.，"Some problems relating to the domestication of rice in Asia"，in V.N.Misra and Peter Bellwood，eds，*Recent Advances in Indo-Pacific Prehistory*（Oxford University；and New Delhi：IBH Publishing Co.，c.1979）。

16 格雷和湯普森，《1860年以前的美國南方農業史》（美國華盛頓特區：卡內基學院出版社，1933年）。

Gray and Thompson，*History of Agriculture in the Southern United States to 1860*（Washington，DC：Carnegie Institute，1933）。

17 D·H·格利斯特，《稻米》（英國艾塞克斯郡哈洛區：朗曼出版社，1986年）。

Grist，D.H.，*Rice*（Harlow，Essex：Longman，1986）。

18 皮埃爾·古魯，《Riz et civilization》（法國巴黎：菲亞出版社，1984年）。
Gourou，Pierre，*Riz et civilisation*（Paris：Fayard，1984）。

19 盧西恩··M·漢克斯，《稻米和人類》（美國芝加哥：阿爾定·亞瑟頓出版社，1972年）。

Hanks，Lucien M.，*Rice and Man*（Chicago：Aldine Atherton，1972）。

20 桃樂西·哈特利，《英格蘭食物》（英國倫敦：麥克唐納出版社，1954年）。
Hartley，Dorothy，*Food in England*（London：Macdonald，1954）。

21 G·A·C·赫克洛茲，《東南亞蔬菜》（英國倫敦：艾倫&尤文出版社，1972年）。

Herklots，G.A.C.，*Vegetables in South-East Asia*（London：Allen & Unwin，1972）。

22 R·D·希爾，《從歷史地理學方面研究馬來西亞稻米》（馬來西亞吉隆玻：牛津大學出版社，1977年）。

Hill，R.D.，*Rice in Malaya：A Study in Historical Geography*（Kuala Lumpur：Oxford University Press，1977）。

23 羅伯特·E·胡克和伊利諾·H，《稻米：過去和現在》（菲律賓馬尼拉：國際稻米協會出版社，1990年）。

Huke，Robert E.and Eleanor H.，*Rice：Then and Now*（Manila：IRRI，1990）。

24 國際稻米協會，《1985年6月國際稻米協會會議上發表的論文：稻米的

穀質和市場》（菲律賓馬尼拉：國際稻米協會出版，1985年）。

International Rice Research Institute，*Rice Grain Quality and Markering：Papers presented at the IRRI Conference*，June 1985（Manila：IRRI，1985）.

25　湯瑪斯‧傑弗遜，《論文集》（美國新澤西州普林斯頓鎮：普林斯頓大學出版社，1958年；共24卷）。

Jefferson，Thomas，*Papers*（Princeton，NJ：Princeton University Press，1958；Z4 vols）.

26　塔克塔克‧庫瑪，《印度稻米史》（印度新德里：吉安出版社，1988年）。

Kumar，Tuktuk，*History of Rice in India*（Delhi：Gian Publishing House，1988）.

27　鄧尼斯‧T‧勞森，《無可替代》（南卡羅來納州喬治城縣：稻米博物館出版社，1972年）。

Lawson，Dennis T.，*No Heir to Take its Place*（Georgetown，SC：The Rice Museum，1972）.

28　弗蘭克‧利明，《今日中國農村》（英國艾塞克斯郡哈洛區：朗曼出版社，1985年）。

Leeming，Frank，*Rural China Today*（Harlow，Essex：Longman，1985）.

29　Wu Woot-Tsuen Leung等人著，《東亞食品列表》（美國華盛頓特區：聯合國糧食農業組織及美國健康教育福利部聯合出版社，1972年）。

Leung，Woot-Tsuen Wu，and others，*Food Composition Table for Use in East Asia*（Washington，DC：FAO and US Department of Health，Education，and Welfare，1972）.

30　G‧G‧馬丁（編著），《東南亞傳統農業》（美國科羅拉多州玻爾得市和倫敦：西方觀點出版社，1986年）。

Marten，G.G.（ed.），*Tradional Agriculture in South-East Asia*（Boulder，Colo，and London：Westview Press，1986）.

31　哈洛得‧麥吉，《食物與廚藝：蔬、果、香料、穀物》（紐約：查理斯‧斯克萊布諾的兒子，1984年，倫敦：喬治‧艾論＆阿尼威出版社，1936年）。

McGee，Harold，*On Food and Cooking：The Science and Lore of the Kitchen*（New York：Charles Scribner's Sons，1984；London：George Allen &

Unwin，1986）.

32　哈樂德‧麥吉，《新奇的烹飪》（美國伯克利市：北點出版社，1990年；倫敦和紐約：哈珀柯林出版社，1992年）。

McGee，Harold，*The Curious Cook*（Berkeley：North Point Press，1990；London and New York：Harper Collins，1992）.

33　利奧‧A‧米爾斯，《印尼新型稻米經濟》（印尼日惹市加箚馬達：加箚馬達大學出版社，1981年）。

Meats，Leon A.，*The New Rice Economy of Indonesia*（Gajah Mada，Yogyakarta：Gajah Mada University Press，1981）.

34　理查‧H‧莫爾，《日本農業：農村發展模式》（美國科羅拉多州玻爾得市和倫敦：西方觀點出版社，1991年）。

Moore，Richard H.，*Japanese Agriculture*：Patterns of Rural Development（Boulder，Colo，and London：Westview Press，1991）.

35　丹‧摩根，《糧食貿易》（英國倫敦：威登菲爾德＆尼科爾森出版社，1979年）。

Morgan，Dan，*Merchants of Grain*（London：Weidenfeld & Nicho1son，1979）.

36　加里‧努爾，《健康營養完全指南》（英國倫敦：阿靈頓出版社，1984年）。

Null，Gary，*The Cormplete Guide to Health and Nutrition*（London：Arlington，1984）.

37　經濟合作與發展組織，《中國農業》（法國巴黎：經濟合作與發展組織出版社，1985年）。

OECD，*Agriculture in China*（Paris：OECD，1985）.

38　牛津食品專題論文，《食品加工》，尤其注意1984～1985年和1989年卷，其中有多位作者寫的關於稻米及中世紀食品等的論文（英國倫敦：前景書籍出版社）。

Oxford Food Symposium，*Proceedings*，*particularly the volumes for 1984-1985 and 1989 containing papers by various authors on rice*，*Middle Eastern food*，etc.（London：Prospect Books）.

39　伊莉莎白‧‧A‧普林德爾，《稻婦》（英國倫敦：麥克米蘭出版社，1913年；美國南卡羅來納州哥倫比亞市：南卡羅來納大學出版社，1992年）。

Pringle，Elizabeth A.，*A Woman Rice Planter*（London：Macmillan，1913；Columbia，SC：University of South Carolina Press，1992）.

40 W·H·雷瑟，《文化英雄盤吉》（海牙：尼吉霍夫出版社，1982年；第二次出版）。

Rassers，W.H.，Panji，*the Culture Hero*（The Hague：Nijhoff，1982；2nd edn）.

41 韋弗利·魯特，《食物》（紐約：西蒙＆斯古斯特出版社，1980年）。

Root，Waverley，*Food*（New York：Simon & Schuster，1980）.

42 J·C·斯科特，《弱者的武器》（美國康涅狄格州紐黑文市和倫敦：耶魯大學出版社，1985年）。

Scott，J.C.，*Weapons of the Weak*（New Haven，Conn.，and London：Yale University Press，1985）.

43 雷伊·坦納希爾，《歷史中的食物》（英國米德爾塞克斯郡哈芒斯沃斯：企鵝出版社，1988年）。

Tannahill，Reay，*Food in History*（Harmondsworth：Penguin，1988）.

44 皮特·塔斯科，《日本內情》（英國倫敦：斯德格維克＆傑克森出版社，1987年）。

Tasker，Peter，*Inside Japan*（London：Sidgwick & Jackson，1987）.

45 鄧肯·A·沃恩和萊斯利·A·西奇，《叢林到農場的基因演變》，選自1991年1月1日《生態學》第41卷。

Vaughan，Duncan A.，and Sitch，Lesley A.，"Gene flow from the jungle to farmers"，in *BioScience*，vol.41，no.l，January 1991.

46 貝尼托·S·沃格拉，《種植稻米入門》（菲律賓馬尼拉：國際稻作研究所，1979年）。

Vergara，Benito S.，*A Farmer'S primer on Growing Rice*（Manila：IRRI，1979）.

47 瑪格麗特·維瑟，《一切取決於晚餐》（英國米德爾塞克斯郡哈芒斯沃斯：企鵝出版社，1986年）。

Visser，Margaret，*Much Depends on Dinner*（Harmondworth：Penguin，1986）.

48 安德魯··沃森，《早期伊斯蘭世界的農業改革》（英國劍橋市：劍橋大學出

版社，1983年）。

Watson，Andrew M.，*Agricultural Innovation in the Early Islamic World*（Cambridge：Cambridge Univerity Press，1983）.

49 C・安妮・威爾遜，《英國飲食》（英國倫敦：康斯塔伯出版社，1973年）。

Wilson，C.Anne，*Food and Drink in Britain*（London：Constable，1973）.

50 威特沃、余友泰、孫頷和王連錚合著，《溫飽十億人》（美國密歇根州安阿伯市：密歇根大學出版社，1987年）。

Wittwer，Yu，Sun and Wang，*Feeding a Billion*（Ann Arbor，Mich.：University of Michigan Press，1987）.

51 艾拉・阿爾格，《土耳其經典烹飪》（紐約：哈伯・柯林出版社，1991年）。

Algar，Ayla，*Classical Turkish Cooking*（New York：Harper Collins，1991）.

52 林德賽・貝爾漢姆，《馬鈴薯讚歌》（漢普郡艾迪索特：格拉弗敦出版社，1989年）。

Bareham，Lindsey，*In Praise of the PotatO*（Aldershot，Hants.：Grafton，1989）.

53 諾爾瑪・班哈伊特，《傳統牙買加烹飪》（英國米德爾塞克斯郡哈芒斯沃斯：企鵝出版社，1985年）。

Benghiat，Norma，*Traditional Jamaican Cookery*（Harmondsworth：Penguin，1985）.

54 蘇姬・班哈伊特，《中東烹調術》（英國倫敦：威登菲爾德＆尼科爾森出版社，1984年）。

Benghiat，Suzy，*Middle Eastem Cookery*（London：Weidenfeld & Nicholson，1984）.

55 瓦特卡琳・布米切特，《泰國風味》（英國倫敦：廷苑出版社，1988年）。

Bhumichitr，Vatcharin，*The Taste of Thailand*（London：Pavilion，1988）.

56 瓦特卡琳・布米切特，《泰式素食烹調術》（英國倫敦：廷苑出版社，1991年）。

Bhumichitr,Vatcharin，*Thai Vegetarian Cooking*（London：Pavilion，

1991）．

57 弗蘭西絲・比斯爾，《塞恩斯伯里氏食品》（英國倫敦：韋伯斯特國際出版公
司為塞恩斯伯里上市公司出版，1989年）。

Bissell，Frances，*Sainsbury's Book of Food*（London：Websters
Intemational for J.Sainsbury plc，1989）．

58 瑪姬・布萊克，《中世紀烹飪手冊》（英國倫敦：大英博物館出版社，1992
年）。

Black,Maggie，*Medieval Cookbook*（London：British Museum Press，
1992）．

59 珍妮佛・布倫南，《咖哩和夏枯草：英屬印度的烹飪手冊》（英國倫敦：海
盜出版社，1990年）。

Brennan，Jennifer，*Curries and Bugles*：A Cookbook of the British Raj
（London：Viking，1990）．

60 萊斯利・張伯倫，《俄羅斯食物和烹調》（英國米德爾塞克斯郡哈芒斯沃斯：
企鵝出版社，1983年）。

Chamberlain，Lesley，*The Food and Cooking of Russia*
（Harmondsworth：Penguin，1983）．

61 諾阿・辛赫瓦，《實用韓式烹飪》（美國新澤西州伊莉莎白市，好利姆出版
社，1985年）。

Chin-hwa，Noh，*Practical Korean Cooking*（Elizabeth，NJ：Hollym，
1985）．

62 安娜・德爾・康特，《義大利美食》（英國倫敦：環球出版社，1987年）。
del Conte,Anna，*Gastronomy of Italy*（London：Transworld，1987）．

63 安娜・德爾・康特，《義大利美食鑒賞》（英國倫敦：環球出版社，1991
年）。

del Conte,Anna，*Entertaining all-Italiana*（London：Transworld，
1991）．

64 艾倫・大衛森，《北大西洋海鮮》（英國倫敦：麥克米蘭出版社，1979年；英
國米德爾塞克斯郡哈芒斯沃斯：企鵝出版社，1980年）。

Davidson，Alan，*North Atlantic Seafood*（London：Macmillan，1979；
Harmondsworth：Penguin，1980）．

65 艾倫‧大衛森、諾克斯和夏洛特，《水果：專家指導和食譜》（英國倫敦：米切爾比茲利出版社，1991年）。

Davidson，Alan，and Knox，Charlotte，*fruit：A Connoisseur's Guide and Cookbook*（London：MitcheII Beazley，1991）.

66 漢娜‧格拉斯，《簡單的烹飪藝術》（1747年；英國倫敦：前景書籍出版社，1983年）。

Glasse，Hannah，*The Art of Cookery Made Plain and Easy*（1747；London：Prospect Books，1983）.

67 簡‧格里格森，《英國食品》（英國倫敦：麥克米蘭，1974年；英國米德爾塞克斯郡哈芒斯沃斯：企鵝出版社，1977年）。

Grigson，Jane，*English Food*（London：Macmillan，1974；Harmondsworth：Penguin，1977）.

68 內文‧哈里切，《內文‧哈里切的土耳其食譜》（英國倫敦：多林金德斯理出版社，1989年）。

Halici，Nevin，*Nevin Halicid's Turkish Cookbook*（London：Dorling Kindersley，1989）.

69 吉羅德‧霍爾特，《法國香草花園食譜集》（英國倫敦：考恩蘭‧奧克特普斯出版社，1989年）。

Holt，Geraldene，*Recipes From a French Herb Garden*（London：Conran Octopus.1989）.

70 瓊‧伊特赫，《稻米美食家》（東京：日本時報出版，1985年）。

Itoh，Joan，*Rice Paddy Gourmet*（Tokyo：Japan Times，1985）.

71 瑪德赫‧賈弗里，《印度風味》（英國倫敦：庭苑出版社，1985年）。

Jaffrey，Madhur，*A Taste of India*（London：Pavilion，1985）.

72 瑪德赫‧賈弗里，《東方素食烹飪》（英國倫敦：喬納森凱帕出版社，1983年）。

Jaffrey，Madhur，*Eastern Vegetarian Cooking*（London，Jonathan Cape，1983）.

73 J‧伊恩德‧賽格赫‧卡爾拉，《普拉薩德：和印度大師一起烹飪》（印度孟買：聯合出版社，1986年）。

Kalra，J.Inder Singh，*Prashad：Cooking with Indian Masters*（Bombav：

Allied Publishers，1986）．

74 卡洛琳·利戴爾和羅賓·韋爾，《冰凍食品：權威指南》（英國倫敦：霍德爾＆斯考格敦出版社，1993年）。
Liddell，Caroline，and Weir，Robert，*Ices : The Definitive Guide*
（London：Hodder & Stoughton，1993）．

75 綺麗兒·倫敦和梅爾·倫敦，《萬能的穀類和一流的豆類》（紐約：西蒙＆斯古斯特出版社，1992年）。
London，Sheryl and Mel，*The Versatile Grain and the Elegant Bean*
（New York：Simon & Schuster，1992）．

76 洛德斯·馬奇，《El libro de la paella y de los arroces》（西班牙馬德里：Alianza Editorial 出版社，1985年）。
March，Lourdes，*El libro de la paella y de los arroces*（Madrid：Alianza
Editorial，1985）．

77 吉爾·諾曼，《香料大全》（英國倫敦：多林金德斯理出版社，1990年）。
Norman，Jill，*The Complete Book of Spices*（London：Dorling
Kindersley，1990）．

78 伊莉莎白·蘭伯特·奧爾蒂斯，《墨西哥完全烹飪手冊》（紐約：巴拉丁出版社，1967年）。
Ortiz，Elisabeth Lambert，*The Complete Book of Mexican Cooking*
（New York：Ballantine，1967）．

79 伊莉莎白·蘭伯特·奧爾蒂斯，《拉丁美洲烹飪手冊》（倫敦：羅伯特黑爾出版社，1984年）。
Ortiz，Elisabeth Lambert，*The Book of Latin American Cooking*
（London：Robert Hale，1984）．

80 伊莉莎白·蘭伯特·奧爾蒂斯，《西班牙和葡萄牙食物》（倫敦：萊恩納德出版社，1989年）。
Ortiz；Elisabeth Lambert，*The Food of Spain and Portugal*（London：
Lennard Publishing，1989）．

81 伊莉莎白·蘭伯特·奧爾蒂斯，《加勒比式烹調術》（倫敦：企鵝書籍出版社，1977年）。
Ortiz，Elisabeth Lambert，*Caribbean Cooking*（London：Penguin

Books，1977）.

82 伊莉莎白・蘭伯特・奧爾蒂斯，《日本烹調術》（倫敦：柯林出版社，1986
年）。

Ortiz，Elisabeth Lambert.*Japanese Cookery*（London：Collins，
1986）.

83 斯瑞・歐文，《印尼菜式和烹調術》（倫敦：前景書籍出版社，1980年和1986
年）。

Owen，Sri，*Indonesian Food and Cookery*（London：Prospect Books，
1980 and 1986）.

84 斯瑞・歐文，《印尼和泰式烹調術》（倫敦：皮阿特庫斯出版社，1988年）。

Owen，Sri，*Indonesian and Thai Cookery*（London：PiatkUS，1988）.

85 斯瑞・歐文，《泰國、印尼和馬來西亞烹飪術》（倫敦：馬丁書籍出版社為
塞恩斯伯里上市公司出版，1991年）。

Owen，Sri，*The Cooking of Thailand,Indonesia and Malaysia*
（London：Martin Books for J.Sainsbury plc，1991）.

86 斯瑞・歐文，《異國盛宴》（倫敦：凱爾凱茜出版社，1991年）。

Owen，Sri，*Exotic Feasts*（London：Kyle Cathie，1991）.

87 利拉・珀爾，《大米、香料和苦橙：地中海菜式和節日》（美國俄亥俄州克
利夫蘭市和紐約：世界出版社，1967年）。

Perl，Lila，Rice，*spice and Bitter Oranges：Mediterranean Foods and
Festivals*（Cleveland，Ohio，and New York：World Publishing，1967）.

88 保羅・普魯多姆，《廚師保羅・普魯多姆的路易斯安那廚房》（紐約：威廉
姆摩婁出版社，1984年）。

Prudhomme，Paul，*Chef Paul Prudhomme's Lousiana Kitchen*（New
York：William Morrow，1984）.

89 內絲塔・拉瑪紮尼，《波斯烹調術》（美國弗吉尼亞州夏洛特維爾市：佛吉尼
亞大學出版社，1974年）。

Ramazani，Nesta，*Persian Cooking*（Charlottesville，Va：University Press
of Virginia，1974）.

90 克勞迪婭・羅登，《中東食物新書》（倫敦：海盜出版社，1985年；英國米德
爾塞克斯郡哈芒斯沃斯：企鵝出版社，1986年）。

Roden，Claudia，*A New Book of Middle Eastern Food*（London：
Viking，1985；Harmondsworth：Penguin，1986）．

91 海倫·薩蓓瑞，《Noshe Djan：阿富汗食物和烹飪》（倫敦：前景書籍出版
社，1986年）。

Saberi，Helen，*Noshe Djan：Afghan Food and Cookers*（London：
Prospect Books，1986）．

92 雷娜·薩拉曼，《希臘菜式》（倫敦：方塔納出版社，1983年）。

Salaman，Rena，*Greek Food*（London：Fontana，1983）．

93 漢城希爾頓國際酒店（食品飲料部），《韓國烹飪傳統》（漢城：SHI出版社，
1987年）。

Seoul Hilton International（Food and Beverage Department），*Culinary
Heritage of Korea*（Seoul: SHI，1987）．

94 瑪麗亞·喬斯·塞維拉，《巴斯克人的飲食起居》（倫敦：威登菲爾德＆尼
科爾森出版社，1989年）。

Sevilla，Maria Jose，*Life and Food in the Basque Country*（London：
Weidenfeld & Nicholson，1989）．

95 瑪格麗特·莎伊達，《波斯人的烹調傳奇》（英格蘭牛津郡泰晤士河邊的恒
利城：利尤斯出版社，1992年）。

Shaida，Margaret，*The Legendary Cuisine of Persia*（Henley-on-
Thames，Oxon：Lieuse，1992）．

96 威廉·舒特萊夫和阿克奧·奧亞吉，《天貝之書》（紐約：哈伯＆羅出版
社，1979年）。

Shurtleff，William，and Aoyagi，Akiko，*The Book of Tempeh*（New
York：Harper & Row，1979）．

97 威廉·舒特萊夫、阿克奧·奧亞吉合著，《天貝的歷史》（美國加利福尼
亞州拉斐特市：大豆製品中心出版社，1984年）。

Shurtleff，William，and Aoyagi，Akiko，*History of Tempeh*
（Lafayette，Ca.：Soyfoods Centre，1984）．

98 威廉·舒特萊夫、阿克奧·奧亞吉，《豆腐》（美國加利福尼亞州伯克利市：
拾速出版社，1975年）。

Shurtleff，William，and Aoyagi，Akiko，*The Book of Tofu*

（Berkeley，Ca.：Ten Speed Press，1975）。

99 瑪麗亞‧西蒙斯，《令人驚奇的穀物——稻米》
（紐約：霍爾特出版社，1991年）。

Simmons，Marie，*Rice, the Amazing Grain*（New York：Holt，1991）。

100 Yan-kit So，《中國經典菜式》（倫敦：麥克米蘭出版社，1992年）。

So，Yan-kit，*Classic Food of China*（London：Macmillan，1992）。

101 查梅因‧所羅門，《亞洲完全烹飪手冊》（悉尼：漢姆林出版社，1976年）。

Solomon，Charmaine，*The Complete Asian Cookbook*（Sydney：
Hamlyn，1976）。

102 湯姆‧‧斯托巴特，《烹飪百科全書》（倫敦：柏茲福德出版社，1980年）。

Stobart，Tom，*The Cook'S Encyclopaedia*（London：Batsford，1980）。

103 安‧塔烏斯什歐和弗蘭克‧塔烏斯什歐，《離開胡桃樹餐館》（倫敦：庭
苑出版社，1993年）。

Taruschio，Ann and Franco，*Leaves from the Walnut Tree*（London：
Pavilion，1993）。

104 Shizuo Tsuji，《日本烹調術：一門簡單藝術》（東京和紐約：考丹莎出版
社，1980年）。

suji，Shizuo，*Japanese Cooking : A Simple Art*（Tokyo and New York：
Kodansha，1980）。

105 伊恩德傑特‧弗瑪尼（編著），《世界家庭廚師：稻米和以稻米佐餐的菜
式食譜》（馬尼拉：國際稻作研究所和Suhay聯合出版，1991年）。

Virmani，Inderjeet（ed.），*Home Chefs of the World : Rice and Rice-
Based Recipes*（Manila：IRRI/Suhay，1991）。

106 安妮‧威廉，《讀者文摘之烹調術完全指南》（倫敦：多林金德斯理出版
社，1989年）。

WiIlan，Anne，*Reader's Digest Complete Guide to Cookery*（London：
Dorling Kindersley，1989）。

107 寶拉‧沃爾弗特，《摩洛哥美食》（倫敦：約翰‧莫雷出版社，1989年）；也
曾以《摩洛哥蒸粗麥粉及其他美食》的書名出版（紐約：哈伯‧羅出版社，
1973年和1987年）。

Wolfert，Paula，*Good Food from Morocco*（London：John Murray，

1989）；also published as Couscous and Other Good Food from Morocco（New York：Harper & Row，1973 and 1987）.

遠足飲食 Supper 08

稻米全書

作者──斯瑞‧歐文(Sri Owen)

譯者──王莉莉

主編──郭昕詠

行銷主任──叢榮成

特約編輯──林慧美

美術設計──IF OFFICE

社長──郭重興

發行人兼出版總監──曾大福

執行長──呂學正

出版者──遠足文化事業股份有限公司

地址:231 台北縣新店市民權路108-3號6樓

電話:(02)22181417

傳眞:(02)22181142

E-mail:service@sinobooks.com.tw

郵撥帳號:19504465

客服專線:0800221029

部落格:http://777walkers.blogspot.com/

網址:http://www.sinobooks.com.tw

法律顧問──華洋國際專利商標事務所 蘇文生律師

印製──成陽印刷股份有限公司 電話:(02)22651491

初版一刷──中華民國100年12月

定價──399元 Printed in Taiwan

稻米全書 / 斯瑞.歐文(Sri Owen)作;王莉莉
譯. -- 初版. -- 新北市:遠足文化,民100.12 面;
公分. --(遠足飲食Supper;8)
譯自:The rice book
ISBN 978-986-6731-90-7(平裝)
1.稻米 2.食譜
434.11   100023955